研究生系列教材

电磁波调控方法与应用研究

DIANCIBO TIAOKONG FANGFA YU YINGYONG YANJIU

翟会清　朱　诚
王雅妮　徐　鹏　编著

西安电子科技大学出版社

内 容 简 介

本书介绍了电磁场与微波技术学科中的热点研究方向及研究成果，全书共五章，包括电磁波调控前沿理论及应用、新型电磁 MIMO 阵列调控前沿技术、超材料在吸透波方面的应用、基于超表面的波束赋形调控研究、基于天线阵和超表面的涡旋电磁波调控研究等内容。

本书注重理论联系实际，将技术理论、实现方法与仿真实例结合起来介绍，相关内容覆盖了本学科的最新研究成果，兼具理论性与工程性。

本书可供电磁场与微波技术专业的高年级本科生与研究生使用。

图书在版编目（CIP）数据

电磁波调控方法与应用研究 / 翟会清，朱诚，王雅妮等编著. -- 西安：西安电子科技大学出版社，2025.9. -- ISBN 978-7-5606-7788-0

Ⅰ. O441.4

中国国家版本馆 CIP 数据核字第 2025V228K5 号

策　　划　陈　婷　刘玉芳
责任编辑　赵婧丽
出版发行　西安电子科技大学出版社（西安市太白南路 2 号）
电　　话　(029) 88202421　88201467　　　邮　　编　710071
网　　址　www. xduph. com　　　　　电子邮箱　xdupfxb001@163.com
经　　销　新华书店
印刷单位　西安创维印务有限公司
版　　次　2025 年 9 月第 1 版　　　　　2025 年 9 月第 1 次印刷
开　　本　787 毫米×1092 毫米　1/16　　印　　张　16.5
字　　数　388 千字
定　　价　45.00 元

ISBN 978-7-5606-7788-0

XDUP 8089001-1

＊＊＊如有印装问题可调换＊＊＊

PREFACE 前　言

　　电磁波由于其独特的性质，在无线通信、卫星通信、探测、导航、生物医学、材料分析等方面具有十分广泛的应用。近年来电磁设备发展迅速，进一步提出了小型化、一体化、多频带、宽频带、多功能等应用需求。传统的设计技术越来越难以满足目前严苛的设计需求，因此探究新型的电磁波调控方法具有十分重要的意义。对电磁波的自由度进行调控，可以实现不同的功能，从而满足电磁设备的设计需求。

　　本书详细介绍了电磁场、微波、天线、超材料、轨道角动量等领域内的理论研究进展和成果，对实际科学问题和关键技术进行了详细的分析，并给出了解决方案。本书共有 5 章内容。第 1 章介绍了电磁波调控前沿理论及应用，以电磁时间反演技术研究历史为切入点，详述了时间反演法基本理论，论证了基于空间滤波的反演技术理论可行性，阐述了基于频域共轭算法的时域脉冲信号反演，分析了复杂电磁环境中的自适应调控，进行了入侵目标探测定位的实验验证，同时还列举了液晶材料在可重构天线中的应用。第 2 章介绍了新型电磁 MIMO 阵列调控前沿技术，围绕着高隔离、低剖面、高增益及大角度扫描的 MIMO 阵列展开研究，阐述了实现天线间去耦以及天线低剖面设计的理论分析，通过设计实例，详述了基于电磁波调控实现高隔离的 MIMO 终端天线及 MIMO 基站天线的方法，并介绍了电磁超材料对电磁波调控的方法。第 3 章介绍了超材料在电磁波吸收与透射领域的最新研究进展和应用前景，详述了 FSS 和 FSR 的设计原理、实现方法，通过仿真实例，分别对超材料在电磁波吸收领域的应用和在电磁波透射领域的应用进行了实验验证，阐述了超材料吸透波的发展与创新，以及 FSR 在隐身技术中的应用。第 4 章介绍了基于超表面的波束赋形调控研究，包括电磁超表面及阵列天线的基本理论，超表面在电磁波调控中应用的原理，以及基于超表面的低副瓣波束赋形、差波束赋形、一维波束赋形、二维波束赋形研究，并结合遗传算法设计实现多波束赋形的超表面。第 5 章介绍了基于天线阵和超表面的涡旋电磁波调控研究，包括涡旋电磁波的调控研究、双频双模 OAM 阵列天线、电磁超表面阵列天线 OAM 调制器、全空间 OAM 涡旋波束调控，此外还介绍了基于全息阻抗表面的波束调控。

　　本书由翟会清教授、朱诚副教授、王雅妮、徐鹏编著，陈诗瑞、闫昳璠、郝文渊、李媛媛也参与了本书的编写工作。全书编写分工如下：第 1 章和第 3 章由翟会清教授编写，第 2 章由王雅妮编写，第 4 章和第 5 章由朱诚副教授和徐鹏编写；王雅妮负责全书的统稿工作。本书内容主要基于翟会清教授和朱诚副教授在国外高校交流访问期间的研究成果以及四位编著者在国内进行研究的成果，内容涵盖了电磁场与微波技术学科的前沿热点问题，也是国内外高校、研究机构、企业公司所关注的热点和难点，并有助于培养提升读者的国际视野和竞争力。

由于作者水平有限，书中难免有不妥之处，恳请各位读者提出宝贵的意见和建议。

作　者

2025 年 6 月

CONTENTS 目 录

第1章

电磁波调控前沿理论及应用

时间反演技术已逐步应用到电磁学领域和无线通信系统中，它所具有的自适应时空聚焦特性，可以应用于大容量无线通信、密集多端口阵列、自适应波束/场综合、远距离无线输能、远场雷达成像、超分辨探测、智能电磁逆设计等领域。

液晶是一种介于液体和晶体之间的高分子材料，同时具有液体的流动性和固态晶体的分子方向性。将介电特性可调的液晶材料作为微波电路的基板，可以实现器件的可重构。因此，将液晶材料特性与天线结构设计相结合可以实现基于液晶材料的天线可重构设计。

本章将详细介绍电磁时间反演技术的理论及应用，并通过实验进行验证；同时，本章还介绍了利用液晶材料实现可重构的基本方法及其在可重构天线中的应用。

1.1　电磁时间反演技术研究历史

时间反演(Time Reversal，TR)技术即通过对波进行数学处理使其波矢方向反转的技术。它起源于声学领域，自 20 世纪 80 年代起在电磁学领域快速发展。关于 TR 的研究，主要是对 TR 对称性、相位共轭、时间反演腔(Time Reversal Cavity，TRC)、时间反演镜(Time Reversal Mirror，TRM)、自适应聚焦等的研究。

1959 年，E. P. Wigner 指出 TR 态并非时间的倒流，而是运动方向的倒转，其正反运动过程都遵循相同的因果性；1965 年，A. Parvulescu 和 C. S. Clay 在海洋中完成了声学 TR 实验；1977 年，P. B. Fellgett 研究了 TR 在物理系统中的应用，提出了 TR 相位滤波的概念；1980 年，D. A. B. Miller 提出了一个基于四波混频的非线性方案，用来实现光脉冲的 TR 操作；1990 年，S. Ariyavisitakul 分析了在衰减慢、色散大的室内信道中采用 TR 反馈的方式实现高速无线电通信的可能性；1992 年，M. Fink 讨论了 TRC，次年又公开了关于 TRM 的研究；1994 年，C. V. Bennett 等人通过时间透镜实现了 TR 操作；同年，M. Fink 基于声学 TR 实现了利用 TR 超声波的自聚焦特性来击碎目标。

1991 年，C. Prada 等人提出了迭代 TRM 方法，实现了对单一目标的精确成像；1995 年，M. Forest 和 W. J. R. Hoefer 提出了新的数值计算方法(即传输线矩阵的 TR 对称性分析），自此自适应 TR 技术被引入计算电磁学领域；1996 年，C. Prada 提出了基于 TR 传输算子矩阵的特征值分解来实现多个散射目标的可选择性聚焦成像；2004 年，G. Lerosey 等人在高 Q 值的腔体中完成了包络 TR 电磁波的聚焦实验；同年，P. Kyritsi 等人在多人单出的系统架构下验证了 TR 通信技术可以有效缓解信道响应的延时扩展；2005 年至 2012 年，R. C. Qiu 小组围绕 TR-MISO-UWB 通信和 TR-MIMO-UWB 通信开展了一系列的研究；2009 年，O. Kuzucu 等人基于四波混频理论在光纤中实现了色差补偿和自相位调制的 TR 操作；2011 年，Y. Sivan 和 J. B. Pendry 基于空间周期调制分析了 TR 技术的效率问题；2011 年至 2012 年，I. H. Naqvi 等人研究了 UWB 室内 TR 通信的鲁棒性，指出只要变化前后的信道具有部分相干性，则系统稳定；2013 年，王秉中等人对时间反演技术的研究进行了综述式概述，总结了电磁场四域对称性与 TR 对称性的关系，这有助于形成新的 TRM 设计原理，除此之外还报道了电磁边界的对称性对 TR 空间聚焦模式的影响，即边界的对称性可能导致 TR 电磁波出现多点聚焦模式或连续聚焦模式。

近年来，电磁 TR 技术蓬勃发展，已被广泛应用于雷达探测和成像系统，TR 的自适应聚焦特性也被广泛应用于通信系统的研究。基于时间反演电磁波的空时同步聚焦特性，可以构建密集多端口阵列，即在单元间距远小于波长的情况下实现数据的独立传输。一种实现时间反演密集多端口阵列的方法是在天线近场设置微散射结构，通过该结构实现凋落波和传输波之间的转化。2015 年，王任等人提出了一种共用辐射器多端口阵列，并实现了车内密集多通道传输[1]；另一种实现时间反演密集多端口阵列的方法是使用色散延迟线、脉冲整形电路等器件在天线后端构造辅助信道[2, 3]。时间反演电磁波具有在初始源位置处聚焦的特性，基于此，刘小飞等人提出了用于远场雷达成像的时间反演多信号分类法（Time Reversal-Multiple Signal Classfication，TR-MUSIC）和时间反演算子分解法（Decomposition of the Time Reversal Operator，DORT）等雷达成像算法，并将其用于地下探测、光学全息扫描等[4-8]。2016 年至 2017 年，学者们提出了高阶复频率平移、Newmark-Beta-FDTD（纽马克-贝塔时域有限差分法）等方法，用于仿真不同场景下时间反演电磁波的传播[9][10]。通过在目标近场设置波数调制结构，可以将目标发射或散射的凋落波转化为传输波并传输到远场，再结合时间反演技术即可恢复出物体的精细结构，从而实现超分辨率探测[11]。基于时间反演技术，利用光栅结构、谐振环阵列等周期/非周期亚波长阵列，均可以实现 1/10 波长量级的超分辨率探测[12, 13]。利用基于时间反演电磁波的空时同步聚焦特性，可以实现任意形状的场赋形[14, 15]。使用时间反演技术，还可以产生 Bessel 波束等非衍射波[16-18]。利用基于时间反演电磁波的自适应点聚焦特性，可以在保持受能位置场强满足需求的同时使非受能位置保持较低功率，实现远距离高效无线输能[19, 20]。基于时间反演自适应聚焦，还可实现追踪式无线输能[21]。

近年来，电磁时间反演的应用已拓展至器件设计领域，可以将电磁器件的端口场转换成内部场[22]；可以基于时间反演，由器件的目标特性逆向构造出器件的初始结构，从而实现高效的智能逆设计[23]；将时间反演和主成分分析等方法结合，可以实现宽带器件的智能电磁逆设计[24]。电磁时间反演理论已逐渐完善，针对电磁时间反演的研究已逐渐成为一个相对独立的学科领域——时间反演电磁学。

1.2　时间反演法基本理论

1.2.1　波动方程的时间反演解

　　研究时间反演有多重角度，而从波的角度出发研究时间反演是一种直接而有效的方法。接下来以波动方程作为出发点，对时间反演这一过程进行理论推导和分析。在不影响原理性的前提下，为使推导过程不至于太复杂，使用标量函数进行推导。

　　设 $\phi(r, t)$ 为电磁场中的标量位函数，那么无源区域的标量波动方程为

$$\nabla^2 \phi(r, t) - \frac{1}{v^2} \frac{\partial^2}{\partial t^2} \phi(r, t) = 0 \tag{1-1}$$

该波动方程的通解可写为

$$\phi(r, t) = \frac{g_1\left(t - \dfrac{r}{v}\right)}{r} + \frac{g_2\left(t + \dfrac{r}{v}\right)}{r} \tag{1-2}$$

其中，$v^2 = 1/(\mu\varepsilon)$，μ 为相对磁导率，ε 为相对介电常数，$g_1(x)$、$g_2(x)$ 为任意函数。若记

$$\begin{cases} \phi_1(r, t) = \dfrac{g_1\left(t - \dfrac{r}{v}\right)}{r} \\[4mm] \phi_2(r, t) = \dfrac{g_2\left(t + \dfrac{r}{v}\right)}{r} \end{cases} \tag{1-3}$$

则 $\phi_1(r, t)$、$\phi_2(r, t)$ 都是波动方程的解，分别代表相向传播的两类波。现在，对 $\phi_1(r, t)$ 作如下时间反演变换：

$$\phi_1(r, -t) = \frac{g_1\left(-t - \dfrac{r}{v}\right)}{r} = \frac{g_1\left[-\left(t + \dfrac{r}{v}\right)\right]}{r} = \frac{G_1\left(t + \dfrac{r}{v}\right)}{r} \tag{1-4}$$

显然，$\phi_1(r, -t)$ 也是波动方程的一个解，属于 $\phi_2(r, t)$ 类的解。相似地，如果对 $\phi_2(r, t)$ 作时间反演变换，$\phi_2(r, -t)$ 也是波动方程的一个解，属于 $\phi_1(r, t)$ 类的解。同理，对于通解式(1-2)作时间反演变换，所得的 $\phi(r, -t)$ 也是波动方程的解。进一步，如果时间反演不是用 $-t$ 置换 t，而是更一般地用 $T-t$ 置换 t（T 为一常数），同样可知 $\phi(r, T-t)$ 也是波动方程的解。

　　类似地，均匀、无色散及各向同性的无源区域，电磁场满足下列齐次矢量波动方程

$$\begin{cases} \nabla^2 \boldsymbol{E}(r, t) - \mu\varepsilon \dfrac{\partial^2}{\partial t^2} \boldsymbol{E}(r, t) = \boldsymbol{0} & (1-5\text{a}) \\[4mm] \nabla^2 \boldsymbol{H}(r, t) - \mu\varepsilon \dfrac{\partial^2}{\partial t^2} \boldsymbol{H}(r, t) = \boldsymbol{0} & (1-5\text{b}) \end{cases}$$

　　如果 $\boldsymbol{E}(r, t)$ 是矢量波动方程的一个解，对其作时间反演变换得 $\boldsymbol{E}(r, -t)$。将

$E(r, -t)$ 代入方程(1-5a)左侧，其中，E 对时间的偏导数仅体现在第二项且是二阶的，则有

$$\nabla^2 E(r, -t) - \mu\varepsilon \frac{\partial^2}{\partial t^2} E(r, -t) \stackrel{\tau=-t}{=} \nabla^2 E(r, \tau) - \mu\varepsilon \frac{\partial^2}{\partial(-\tau)^2} E(r, \tau)$$

$$= \nabla^2 E(r, \tau) - \mu\varepsilon \frac{\partial^2}{\partial(\tau)^2} E(r, \tau) = 0 \qquad (1-6)$$

即 $E(r, -t)$ 也是矢量波动方程的一个解。同样，如果 $H(r, t)$ 是矢量波动方程(1-5b)的一个解，对其作时间反演变换所得的 $H(r, -t)$ 也是矢量波动方程的一个解。进一步，如果时间反演不是用 $-t$ 置换 t，而是更一般地用 $T-t$ 置换 t（T 为一常数），同样可知 $E(r, T-t)$、$H(r, T-t)$ 也是波动方程的解。

1.2.2 标量波动问题的时间反演腔及空时聚焦

波动问题的时间反演理论与实践最早是在声学问题中开展的。声波是标量波动问题，其声压场满足标量波动方程；而电磁波是矢量波动问题，其电磁场矢量（E，H）满足矢量波动方程。根据电磁理论，无源区域的场可以用两个独立标量位来表示，而标量位满足标量波动方程。因此，可以从标量波动问题出发，叙述时间反演腔的基本原理。时间反演腔的基本原理是，首先由腔体表面记录下信号并进行存储，经过时间反演逆序操作后再返回目标场。

根据基尔霍夫（Kirchhoff）公式，一个封闭区域内任意一点的波动解，可以通过区域内的源信息和封闭面上的场及其法向导数信息得到。考虑如图 1-1 所示的闭合腔体，体积 V' 由封闭面 S' 所包围，假定介质均匀、无耗，r 是 S' 内的任意一点，表面单位法向矢量 n 指向体积外。

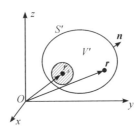

图 1-1 源场分布示意图

源 $\rho(r, t)$ 分布在 V' 内的阴影部分，也可以由式(1-7)给出其频域表达式，即

$$\rho(r, \omega) = \frac{1}{2\pi} \int_{-\infty}^{+\infty} \rho(r, t) e^{-j\omega t} dt \qquad (1-7)$$

可以看出，时域反演与频域共轭是等价的。在频域，标量场关系满足下列亥姆霍兹方程：

$$(\nabla^2 + k^2) \phi(r, \omega) = -\rho(r, \omega) \qquad (1-8)$$

其中，$k^2 = \omega^2/v^2 = (2\pi/\lambda)^2$，$k$ 为波数，λ 为波在介质中的波长。根据标量格林定理，有

$$\iiint_V [\phi(r') \nabla'^2 \psi(r') - \psi(r') \nabla'^2 \phi(r')] dV'$$

$$= \oiint_S [\phi(r') \nabla'^2 \psi(r') - \psi(r') \nabla'^2 \phi(r')] \cdot n' dS' \qquad (1-9)$$

并令 $\psi(\boldsymbol{r}') = \phi(\boldsymbol{r}', \omega)$、$\phi(\boldsymbol{r}') = G(\boldsymbol{r}', \boldsymbol{r})$，$G(\boldsymbol{r}', \boldsymbol{r})$ 是与亥姆霍兹方程(1-9)对应的格林函数，可得

$$\iiint_V \left[G(\boldsymbol{r}', \boldsymbol{r}) \nabla'^2 \phi(\boldsymbol{r}', \omega) - \phi(\boldsymbol{r}', \omega) \nabla'^2 G(\boldsymbol{r}', \boldsymbol{r}) \right] \mathrm{d}V'$$

$$= \oiint_S \left[G(\boldsymbol{r}', \boldsymbol{r}) \nabla'^2 \phi(\boldsymbol{r}', \omega) - \phi(\boldsymbol{r}', \omega) \nabla'^2 G(\boldsymbol{r}', \boldsymbol{r}) \right] \cdot \boldsymbol{n}' \mathrm{d}S' \tag{1-10}$$

式(1-10)左边可以化简为

$$\iiint_V \left[G(\boldsymbol{r}', \boldsymbol{r}) \nabla'^2 \phi(\boldsymbol{r}', \omega) - \phi(\boldsymbol{r}', \omega) \nabla'^2 G(\boldsymbol{r}', \boldsymbol{r}) \right] \mathrm{d}V'$$

$$= \phi(\boldsymbol{r}, \omega) - \iiint_V G(\boldsymbol{r}', \boldsymbol{r}) \rho(\boldsymbol{r}', \omega) \mathrm{d}V' \tag{1-11}$$

考虑到格林函数的对称性，$G(\boldsymbol{r}', \boldsymbol{r}) = G(\boldsymbol{r}, \boldsymbol{r}')$，可得

$$\phi(\boldsymbol{r}, \omega) = \iiint_V G(\boldsymbol{r}, \boldsymbol{r}') \rho(\boldsymbol{r}', \omega) \mathrm{d}V' +$$

$$\oiint_S \left[G(\boldsymbol{r}, \boldsymbol{r}') \nabla' \phi(\boldsymbol{r}', \omega) - \phi(\boldsymbol{r}', \omega) \nabla' G(\boldsymbol{r}, \boldsymbol{r}') \right] \cdot \boldsymbol{n}' \mathrm{d}S' \tag{1-12}$$

式中，体积分项代表体积 V' 内的源分布 $\rho(\boldsymbol{r}', \omega)$ 在 $\boldsymbol{r}$ 处产生的场，面积分项代表体积 V' 外的源(也是封闭面 S' 上的等效次级辐射源)在 $\boldsymbol{r}$ 处产生的场。时间反演腔模型如图 1-2 所示。

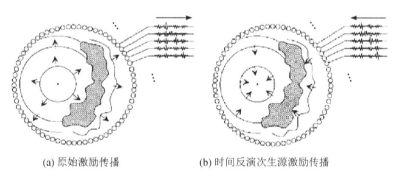

(a) 原始激励传播　　　　　　(b) 时间反演次生源激励传播

图 1-2　时间反演腔模型

如果在时间反演腔内某位置 $\boldsymbol{r} = \boldsymbol{r}_s$ 处放置一原始激励点 $\delta(\boldsymbol{r} - \boldsymbol{r}_s)$，在包围该点源的闭合腔面 S 上记录由该点源产生的场 $G(\boldsymbol{r}, \boldsymbol{r}_s)|\boldsymbol{r} \in S$，如图 1-2(a)所示；再把接收到的场进行时间反演(等效于在频域取共轭)，得到 $G^*(\boldsymbol{r}, \boldsymbol{r}_s)|\boldsymbol{r} \in S$；然后将 $G^*(\boldsymbol{r}, \boldsymbol{r}_s)|\boldsymbol{r} \in S$ 作为次生源置于闭合腔面 S 上，在闭合腔内场点 $\boldsymbol{r}$ 记录由其产生的场，该场仅由时间反演源 $G^*(\boldsymbol{r}, \boldsymbol{r}_s)|\boldsymbol{r} \in S$ 产生，称之为时间反演场，记为 $G^{\mathrm{TR}}(\boldsymbol{r}, \boldsymbol{r}_s)$，如图 1-2(b)所示。对于时间反演场 $G^{\mathrm{TR}}(\boldsymbol{r}, \boldsymbol{r}_s)$，式(1-13)中，面积分项中的表面次生源 $\phi(\boldsymbol{r}', \omega) = G^*(\boldsymbol{r}, \boldsymbol{r}_s)|\boldsymbol{r} \in S$，体积分项中的源为零，所以有

$$G^{\mathrm{TR}}(\boldsymbol{r}, \boldsymbol{r}_s) = \oiint_S \left[G(\boldsymbol{r}, \boldsymbol{r}') \nabla' G^*(\boldsymbol{r}', \boldsymbol{r}_s) - G^*(\boldsymbol{r}', \boldsymbol{r}_s) \nabla' G(\boldsymbol{r}, \boldsymbol{r}') \right] \cdot \boldsymbol{n}' \mathrm{d}S'$$

$$= \iiint_V \left[-G(\boldsymbol{r}, \boldsymbol{r}')(\boldsymbol{r}' - \boldsymbol{r}_s) + G^*(\boldsymbol{r}', \boldsymbol{r}_s)\delta(\boldsymbol{r} - \boldsymbol{r}') \right] \mathrm{d}V'$$

$$= G^*(\boldsymbol{r}, \boldsymbol{r}_s) - G(\boldsymbol{r}, \boldsymbol{r}_s) \tag{1-13}$$

当观测时间反演场的场点 r 与原始激励源点 r_s 之间的距离无限接近，空间中的散射和反射可以忽略时，有

$$G(r, r_s) \approx \frac{\mathrm{e}^{-jk|r-r_s|}}{4\pi|r-r_s|} \tag{1-14}$$

从而有

$$G^{\mathrm{TR}}(r, r_s) = G^*(r, r_s) - G(r, r_s) \approx j\frac{\sin k|r-r_s|}{2\pi|r-r_s|} = \frac{j}{\lambda}\left(\frac{\sin k|r-r_s|}{k|r-r_s|}\right) \tag{1-15}$$

式(1-15)表明，时间反演场在原始激励源点 r_s 处实现空间聚焦，场值从 r_s 处向外迅速递减，首次过零点出现在距 r_s 半径为 $\lambda/2$ 的整个球面 $k|r-r_s|=\pi$ 上，如图 1-3 所示。

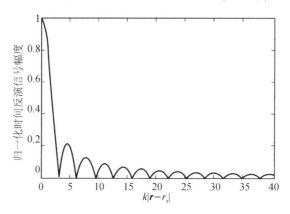

图 1-3　$G^{\mathrm{TR}}(r, r_s)$ 的幅度随 $k|r-r_s|$ 的变化情况

若上述时间反演实验中第一步的原始激励源为

$$\rho(r, \omega) = I(\omega)\delta(r-r_s) \tag{1-16}$$

则根据选加原理，时间反演场应为

$$\phi^{\mathrm{TR}}(r, t) = \int_{-\infty}^{+\infty} I^*(\omega)G^{\mathrm{TR}}(r, r_s, \omega)\mathrm{e}^{j\omega t}\mathrm{d}\omega \tag{1-17}$$

当观测时间反演场的场点 r 与原始激励源点 r_s 之间的距离无限接近，空间中的散射与反射可以忽略时，有

$$
\begin{aligned}
\phi^{\mathrm{TR}}(r, t) &= \int_{-\infty}^{+\infty} I^*(\omega)\left(\frac{\mathrm{e}^{jk|r-r_s|}}{4\pi|r-r_s|} - \frac{\mathrm{e}^{-jk|r-r_s|}}{4\pi|r-r_s|}\right)\mathrm{e}^{j\omega t}\mathrm{d}t \\
&= \frac{1}{4\pi|r-r_s|}\int_{-\infty}^{+\infty} I^*(\omega)\mathrm{e}^{j\omega t}(\mathrm{e}^{j\omega\frac{|r-r_s|}{v}} - \mathrm{e}^{-j\omega\frac{|r-r_s|}{v}})\mathrm{d}t \\
&= \frac{1}{4\pi|r-r_s|}\left[i\left(-t-\frac{|r-r_s|}{v}\right) - i\left(-t+\frac{|r-r_s|}{v}\right)\right]
\end{aligned}
\tag{1-18}
$$

式中，$i(t)$ 是 $I(\omega)$ 的傅里叶反变换。当 $r=r_s$ 时，有

$$\phi^{\mathrm{TR}}(r_s, t) = -\frac{1}{2\pi v}\frac{\mathrm{d}i(-t)}{\mathrm{d}t} \tag{1-19}$$

这意味着聚焦点处的时间反演场 $\phi^{\mathrm{TR}}(r_s, t)$ 与 $i'(-t)$ 呈线性关系，即 S 面上所有接收的信号经过时间反演后重新发射，会在同一时刻 t 到达 r_s 处，具有时间聚焦特征。

由上述时间反演腔模型可知：在封闭区域的某一源产生波动并向外传播，假设在包围该区域的封闭面上能够全面接收这些信息，当波动信号全部通过后，将记录的信号进行时间反演后作为次生源从封闭面上向区域内发射，由此产生的波动将能够在原来的源点处实现空间聚焦和时间聚焦。人们已经将这一特性用到水下声学通信、地下目标探测、超声波医学探测与超声波碎石等领域。

1.2.3 矢量波动问题的时间反演腔及空时聚焦

电磁波是矢量波动问题，其电磁场矢量$(\boldsymbol{E}, \boldsymbol{H})$满足矢量波动方程。使用并矢格林函数可以对矢量波动问题的时间反演腔模型的空间聚焦特性和时间聚焦特性进行证明。

依然考虑如图 $1-1$ 所示的闭合腔体，体积 V' 由封闭面 S' 所包围，假定介质均匀、无耗，$\boldsymbol{r}$ 是 S' 的任意一点，表面单位法向矢量 $\boldsymbol{n}$ 指向体积外。电流源分布在 V' 内的阴影部分，电流密度矢量为 $\boldsymbol{J}(\boldsymbol{r}, t)$，其频域表达式可由式$(1-20)$给出

$$\boldsymbol{J}(\boldsymbol{r}, \omega) = \frac{1}{2\pi} \int_{-\infty}^{+\infty} \boldsymbol{J}(\boldsymbol{r}, t) \mathrm{e}^{-\mathrm{j}\omega t} \mathrm{d}t \qquad (1-20)$$

在频域，电场矢量 $\boldsymbol{E}$ 满足下列矢量波动方程：

$$\nabla \times \nabla \times \boldsymbol{E}(\boldsymbol{r}, \omega) - k^2 \boldsymbol{E}(\boldsymbol{r}, \omega) = -\mathrm{j}\omega\mu \boldsymbol{J}(\boldsymbol{r}, \omega) \qquad (1-21)$$

与矢量波动方程$(1-21)$对应的点并矢格林函数 $\overline{\overline{G}}(\boldsymbol{r}, \boldsymbol{r}')$ 满足下列矢量波动方程：

$$\nabla \times \nabla \times \overline{\overline{G}}(\boldsymbol{r}, \omega) - k^2 \overline{\overline{G}}(\boldsymbol{r}, \omega) = \delta(\boldsymbol{r} - \boldsymbol{r}') \overline{\overline{I}} \qquad (1-22)$$

式中，$\overline{\overline{I}}$ 为单位并矢。

根据矢量格林定理，有

$$\iiint_V [P(\boldsymbol{r}') \cdot \nabla' \times \nabla' \times Q(\boldsymbol{r}') - Q(\boldsymbol{r}') \cdot \nabla' \times \nabla' \times P(\boldsymbol{r}')] \mathrm{d}V'$$

$$= \oiint_S [Q(\boldsymbol{r}') \times \nabla' \times P(\boldsymbol{r}') - P(\boldsymbol{r}') \times \nabla' \times Q(\boldsymbol{r}')] \cdot \boldsymbol{n}' \mathrm{d}S' \qquad (1-23)$$

令 $P(\boldsymbol{r}) = \boldsymbol{E}(\boldsymbol{r}, \omega)$、$Q(\boldsymbol{r}) = \overline{\overline{G}}(\boldsymbol{r}, \boldsymbol{r}')\boldsymbol{a}$（$\boldsymbol{a}$ 为任意常矢量），可得：

$$\iiint_V [\boldsymbol{E}(\boldsymbol{r}', \omega) \cdot \nabla' \times \nabla' \times \overline{\overline{G}}(\boldsymbol{r}', \boldsymbol{r})\boldsymbol{a} - \overline{\overline{G}}(\boldsymbol{r}', \boldsymbol{r})\boldsymbol{a} \cdot \nabla' \times \nabla' \times \boldsymbol{E}(\boldsymbol{r}', \omega)] \mathrm{d}V'$$

$$= \oiint_S [\overline{\overline{G}}(\boldsymbol{r}', \boldsymbol{r})\boldsymbol{a} \times \nabla' \times \boldsymbol{E}(\boldsymbol{r}', \omega) - \boldsymbol{E}(\boldsymbol{r}', \omega) \times \nabla' \times \overline{\overline{G}}(\boldsymbol{r}', \boldsymbol{r})\boldsymbol{a}] \cdot \boldsymbol{n}' \mathrm{d}S' \qquad (1-24)$$

由于并矢满足关系式 $\boldsymbol{u} \cdot \overline{\overline{D}}\boldsymbol{v} = \boldsymbol{v} \cdot \overline{\overline{D}}^{\mathrm{T}}\boldsymbol{u}$，再考虑到并矢格林函数满足互易定理 $\overline{\overline{G}}^{\mathrm{T}}(\boldsymbol{r}, \boldsymbol{r}') = \overline{\overline{G}}(\boldsymbol{r}', \boldsymbol{r})$，式$(1-24)$左边可以做如下化简：

$$\iiint_V [\boldsymbol{E}(\boldsymbol{r}', \omega) \cdot \nabla' \times \nabla' \times \overline{\overline{G}}(\boldsymbol{r}', \boldsymbol{r})\boldsymbol{a} - \overline{\overline{G}}(\boldsymbol{r}', \boldsymbol{r})\boldsymbol{a} \cdot \nabla' \times \nabla' \times \boldsymbol{E}(\boldsymbol{r}', \omega)] \mathrm{d}V'$$

$$= \boldsymbol{E}(\boldsymbol{r}, \omega) \cdot \boldsymbol{a} + \mathrm{j}\omega\mu \iiint_V \overline{\overline{G}}(\boldsymbol{r}, \boldsymbol{r}') \boldsymbol{J}(\boldsymbol{r}', \omega) \mathrm{d}V' \cdot \boldsymbol{a} \qquad (1-25)$$

所以，有

$$\boldsymbol{E}(\boldsymbol{r}, \omega) \cdot \boldsymbol{a} = -\mathrm{j}\omega\mu \iiint_V \overline{\overline{G}}(\boldsymbol{r}, \boldsymbol{r}') \boldsymbol{J}(\boldsymbol{r}', \omega) \mathrm{d}V' \cdot \boldsymbol{a} +$$

$$\oiint_S [\overline{\overline{G}}(\boldsymbol{r}', \boldsymbol{r})\boldsymbol{a} \times \nabla' \times \boldsymbol{E}(\boldsymbol{r}', \omega) - \boldsymbol{E}(\boldsymbol{r}', \omega) \times \nabla' \times \overline{\overline{G}}(\boldsymbol{r}', \boldsymbol{r})\boldsymbol{a}] \cdot \boldsymbol{n}' \mathrm{d}S'$$

$$(1-26)$$

式中，体积分项代表体积 V' 内的源分布 $J(r', \omega)$ 在 r 处产生的场，面积分项代表体积 V' 外的源（也就是封闭面 S' 上的等效次级辐射源）在 r 处产生的场。

类似于前述的时间反演场 $G^{\mathrm{TR}}(r, r_s)$ 获取过程，如果在 $r = r_s$ 处放置的原始激励点源为 $\delta(r - r_s) i(\omega)$（$i(\omega)$ 为点源的电流强度矢量，为一常矢量），那么在包围该源的闭合腔面 S 上记录由该点源产生的场 $E(r, r_s)|r \in S = -\mathrm{j}\omega\mu \overline{\overline{G}}(r, r_s) i|r \in S$，将接收到的场进行时间反演，得到 $E^*(r, r_s)|r \in S = \mathrm{j}\omega\mu \overline{\overline{G}}^*(r, r_s) i^*|r \in S$。然后取出 $r = r_s$ 处的原始激励源，将 $E^*(r, r_s)|r \in S = \mathrm{j}\omega\mu \overline{\overline{G}}^*(r, r_s) i^*|r \in S$ 作为次生源置于闭合腔面 S 上，在闭合腔内场点 r 记录由其产生的场，该场仅由时间反演源 $E^*(r, r_s)|r \in S = \mathrm{j}\omega\mu \overline{\overline{G}}^*(r, r_s) i^*|r \in S$ 产生，称之为时间反演场，记为 $E^{\mathrm{TR}}(r, r_s)$。

对于 $E^{\mathrm{TR}}(r, r_s)$，式（1-26）中体积分项中的源为零，面积分项中的表面次生源 $E^*(r, r_s)|r \in S = \mathrm{j}\omega\mu \overline{\overline{G}}^*(r, r_s) i|r \in S$，所以有

$$E^{\mathrm{TR}}(r, r_s) \cdot a = \oiint_S [\overline{\overline{G}}(r', r) a \times \nabla' \times E(r', r_s) - E(r', r_s) \times \nabla' \times \overline{\overline{G}}(r', r) a] \cdot n' \mathrm{d}S'$$

$$= E^*(r, r_s) \cdot a - \mathrm{j}\omega\mu \overline{\overline{G}}(r_s, r) a \cdot i^*$$

$$= \mathrm{j}\omega\mu [\overline{\overline{G}}^*(r, r_s) - \overline{\overline{G}}(r, r_s)] i^* \cdot a \tag{1-27}$$

因为 a 为任意常矢量，所以时间反演电场的频域表达式为

$$E^{\mathrm{TR}}(r, r_s; \omega) = \mathrm{j}\omega\mu [\overline{\overline{G}}^*(r, r_s) - \overline{\overline{G}}(r, r_s)] i^*(\omega) \tag{1-28}$$

并矢格林函数：

$$\overline{\overline{G}}(r, r_s; \omega) = \left(\overline{\overline{I}} + \frac{\nabla\nabla}{k^2}\right) G(r, r_s) \tag{1-29}$$

当观测时间反演场的场点 r 与原始激励点 r_s 之间的距离无限接近，空间中的散射与反射可以忽略时，有

$$G(r, r_s) \approx \frac{\mathrm{e}^{-jk|r - r_s|}}{4\pi|r - r_s|} \tag{1-30}$$

从而有

$$E^{\mathrm{TR}}(r, r_s; \omega) = \mathrm{j}\omega\mu \left\{\left(\overline{\overline{I}} + \frac{\nabla\nabla}{k^2}\right)[G^*(r, r_s) - G(r, r_s)]\right\} i^*(\omega)$$

$$\approx -\frac{\omega\mu}{\lambda}\left[\left(\overline{\overline{I}} + \frac{\nabla\nabla}{k^2}\right)\left(\frac{\sin k|r - r_s|}{k|r - r_s|}\right)\right] i^*(\omega) \tag{1-31}$$

式（1-31）表明，时间反演场在原始激励源点 r_s 处实现空间聚焦，场值从 r_s 处向外迅速递减。首先，式中并矢的第一项 $[(\sin k|r - r_s|)/(k|r - r_s|)]\overline{\overline{I}}$ 具有与标量时间反演场相同的空间聚焦分布，首次过零点出现在距 r_s 半径为 $\lambda/2$ 的整个球面 $k|r - r_s| = \pi$ 上；其次，式中并矢的第二项 $\nabla\nabla[(\sin k|r - r_s|)/(k|r - r_s|)]$，由于两次梯度微分算子的作用，与第一项相比，其值从 r_s 处向外递减更快，所以，时间反演场的空间聚焦特性在矢量场表现得更加明显。

由傅里叶逆变换，时间反演电场的时域表达式应为

$$E^{\mathrm{TR}}(r, r_s; t) = \mu \frac{\partial}{\partial t} \int_{-\infty}^{+\infty} [\overline{\overline{G}}^*(r, r_s) - \overline{\overline{G}}(r, r_s)] i^*(\omega) \mathrm{e}^{\mathrm{j}\omega t} \mathrm{d}\omega \tag{1-32}$$

观察式(1-32)，它的计算结果已与 S 面无关，即 S 面上所有接收器的信号经过时间反演后重新发射，会在同一时刻 t 到达 r 处，具有时间同步特征。所以在空间聚焦点 $r=r_s$ 处，时间反演电磁波同时具有空间聚焦特性和时间聚焦特性。

1.3　基于空间滤波的反演技术理论可行性分析

时间反演本质上是对信号在空间域和时间域上的双重匹配滤波过程。该匹配滤波不是对发射信号进行匹配，而是对波传输的信道进行匹配。下面从声波的角度来论证时间反演过程是一个匹配滤波的过程。

声场中任意观测点 (r, z) 处的声压 $p_{ps}(r, z)$ 为

$$p_{ps}(r, z; t) = \sum_{j=1}^{M} \int G_{\omega}(r, z, z_j) G_{\omega}^*(R, z_j; z_{ps}) \mathrm{e}^{-\mathrm{i}\omega T} \times S^*(\omega) \mathrm{e}^{\mathrm{i}\omega t} \mathrm{d}\omega \quad (1-33)$$

匹配滤波器的传递函数为

$$H(\mathrm{i}\omega) = \mu \cdot Z^*(\mathrm{i}\omega) \mathrm{e}^{-\mathrm{i}\omega T} \quad (1-34)$$

$$h(t) = \mu * z(T-t) \quad (1-35)$$

其中，μ 为常数，T 为观测时刻，$Z^*(\mathrm{i}\omega)$ 为已知信号 $z(t)$ 的频谱。

从式(1-34)和式(1-35)可以看出匹配滤波器传递函数的特点：它的频域特性与输入信号的频谱呈共轭关系；它是输入信号的镜像，且在时间上位移 T。这样就保证了滤波器的输入信噪比在 T 时刻达到最大。

考察式（1-33）中 $G_{\omega}(r, z, z_j) G_{\omega}^*(R, z_j; z_{ps}) \mathrm{e}^{-\mathrm{i}\omega T}$ 这一部分，不难发现 $G_{\omega}^*(R, z_j; z_{ps}) \mathrm{e}^{-\mathrm{i}\omega T}$ 是对 $G_{\omega}(R, z_j; z_{ps})$ 进行匹配滤波时匹配滤波器的传输函数。当 $r=R$、$z=z_{ps}$，即考察声源位置时，有 $G_{\omega}(r, z, z_j) = G(R, z_{ps}, z_j)$。根据声场的互易原理，就可以得到 $G(R, z_{ps}, z_j) = G(R, z_j, z_{ps})$。这就是说，时间反演过程是一个匹配滤波的过程，匹配滤波不是对发射信号进行匹配，而是对波传输的信道进行匹配，并且这一匹配只在原波源的位置处进行，使时间反演后的信号能量聚集。另外，垂直阵的各阵元都进行了空间匹配滤波的过程，将各阵元的结果相加，也是一个空间滤波的过程，加强了聚焦的效果，这与波束形成技术有异曲同工之处。

1.4　基于频域共轭算法的时域脉冲信号反演

由于时间反演技术能够在空间和时间上聚焦波，它不仅引起了物理学家的极大兴趣，而且引起了工程师的极大兴趣。具体来说，时间反演利用通道互易性来实现"聚焦"，这通常涉及三个步骤。首先，信号通过前向信道传播；其次，通过前向通道后的信号及时反演；最后，时间反演信号通过反向信道传输。通道信息通过前向行程收集。如果前向通道和反向通道共享相同的传递函数(即互反通道)，则在反向行程期间通道被补偿，因为时间反演

表现为空间-时间匹配滤波器(时间反演相当于频域的复共轭)。

时间反演既适用于声波,也适用于电磁波。在声学中,时间反演已被广泛研究,并在水下通信及目标探测、成像方面通过实验验证了其有效性。电磁学中时间反演的研究也有很长的历史。特别是近年来,大量关于电磁波时间反演的研究工作被报道,这在很大程度上是由脉冲型超宽带技术的发展所推动的。许多研究表明,将时间反演与超宽带相结合,可以开发出多种新型通信和雷达系统,包括但不限于多输入多输出通信、室内通信、森林环境通信、埋藏目标探测、探地雷达、乳腺癌诊断等。事实上,与时间反演相关的时空聚焦能力似乎有着无限的应用前景。近年来,研究人员不断提出基于时间反演的创新方法和系统。例如,在雷达探测中,时间反演可以实现复杂的"压缩传感",这比传统传感技术允许的测量量要少得多。又如,由于时间反演可以有效地征服高色散信道,因此在金属盒等复杂环境下时间反演具有实现高速无线通信的潜力。

本节设计了一种紧凑、低成本的超宽带短脉冲(纳秒和亚纳秒)时间反演电子电路系统。该系统采用频域方法避免了采样率过高的问题。具体来说,该系统首先得到输入脉冲的离散谱;然后在频域实现时间反演;最后利用离散连续波元合成逆时脉冲。该系统由通用电路和商用电路组成,因此可以在系统片上实现。利用 3~10 GHz 频段脉冲进行电路、电磁联合仿真,验证了其性能。采用 Advanced Design System(ADS)和两个全波麦克斯韦方程组求解器分别对该系统进行了电路、电磁仿真,并对仿真结果进行了耦合和集成。在电路部分,考虑了大多数现实电路的非理想性。仿真结果表明,虽然现实电路不可避免地会引入时间反演误差,但这些误差并不影响电磁波传播过程中的"聚焦"现象。仿真结果还表明,该系统可用于时变通信和雷达的实际应用。

▌ **1.4.1　时间反演系统**

如图 1-4 所示,输入是由一系列短脉冲(持续时间为纳秒或亚纳秒级)组成的周期性信号。时间反演系统有三个主要模块:

(1)傅里叶变换模块,获得输入信号的离散频谱;

(2)数字信号处理模块,处理在(1)中获得的频谱;

(3)傅里叶逆变换模块,利用(2)中的频谱来合成输出,输出是输入信号中每个脉冲都反演的周期性信号。

除上述三个主要模块之外,还有包络检波器模块,用于获取输入信号中脉冲的位置,以便于信号处理。

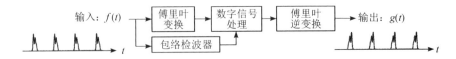

图 1-4　时间反演系统的框图

假设输入信号具有周期性,并且每个周期内都有一个短脉冲,如图 1-5 所示。间隔内的短脉冲有开始时间和结束时间。由于是周期性的,所以输入信号可以用傅里叶级数表示为

$$f(t) = \sum_{m=-\infty}^{+\infty} c_m \mathrm{e}^{\mathrm{j}m\omega_0 t} \tag{1-36}$$

其中，$\omega_0 = \dfrac{2\pi}{T_0}$，$c_m = \displaystyle\int_T^{T_0} f(t) \mathrm{e}^{-\mathrm{j}m\omega_0 t} \dfrac{\mathrm{d}t}{T_0}$。此外，假设输入信号的离散频谱实际上被限制在最小频率和最大频率内。

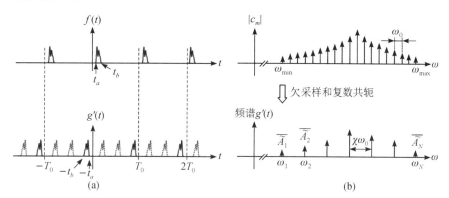

图 1-5　时间反演系统中的信号示意图

在所提出系统的傅里叶变换模块中选择子集 $\{c_m\}$，$\{\widetilde{A}_1，\widetilde{A}_2，\cdots，\widetilde{A}_N\}$ 表示该子集的元素，且为 $f(t)$ 的傅里叶级数。当 $\omega_n = \omega_1 + (n-1)\chi\omega_0$ $(n = 1, 2, \cdots, N)$ 时

$$N = \left\lceil \frac{\omega_{\max} - \omega_{\min}}{\chi\omega_0} \right\rceil + 1 \tag{1-37}$$

$$\chi = \left\lfloor \frac{2\pi}{\omega_0 (t_b - t_a)} \right\rfloor \tag{1-38}$$

首先，用「·⌉和⌊·」两个运算符分别找到比自变量更小和更大的最近整数。接下来，在数字信号处理模块中对选定的光谱样本进行复共轭。最后，在傅里叶逆变换模块中使用处理后的频谱样本来构造 $g'(t)$：

$$g'(t) = 2\mathrm{Re}\left\{ \sum_{n=1}^{N} \overline{\widetilde{A}}_n \mathrm{e}^{\mathrm{j}\omega_n t} \right\} \tag{1-39}$$

式中，$\overline{\widetilde{A}}_n$ 是 $\widetilde{A}_n$ 的复共轭。由于采样不足，$g'(t)$ 的时间周期为 T_0/χ，可以通过去除 $g'(t)$ 中不必要的脉冲来获得期望的 $g(t)$ 的输出，包络检测器模块有助于确定要去除哪些脉冲。（在图 1-5 中，用虚线表示了 $\chi = 3$ 时 $g'(t)$ 中不必要的脉冲。）

拟议时间反演系统的详细示意图如图 1-6 所示。包络检波器模块遵循标准幅度进行调制器设计，其中，低通滤波器的输出包含窄脉冲，并且这些窄脉冲的粗略位置被测量得 t_k，傅里叶变换模块利用本地振荡器来找到输入信号的频谱样本。具体来说，本地振荡器的频率为 $\omega_n - \omega_0/4$，$n = 1, 2, \cdots, N$。后面跟着振荡器的混频器起着下变频器的作用，在第 n 个振荡器进行下变频后，输入信号的频谱如图 1-7 所示。注意：$f'(t)$ 的光谱样本在转换后从 $-\omega_n$ 被移动到 $-\omega_0/4$ 处，ω_n 被移动到 $\omega_0/4$ 处。以 $\omega_0/4$ 频率为中心并具有足够小的带宽的 BPF（Band-pass-filter，带通滤波器）滤出频谱样本 $\widetilde{A}_n$。在图 1-7 中，BPF 的频率响应由两个带虚线的脉冲表示。由于 BPF 的输出是低频信号（即以 $\omega_0/4$ 频率振荡），因此可以很容易地检测其幅度和相位，并将其表示为复相量 A_n，显然：

$$A_n = \widetilde{A}_n \mathrm{e}^{-\mathrm{j}\phi_n} \tag{1-40}$$

其中，ϕ_n 是第 n 个振荡器的相位。

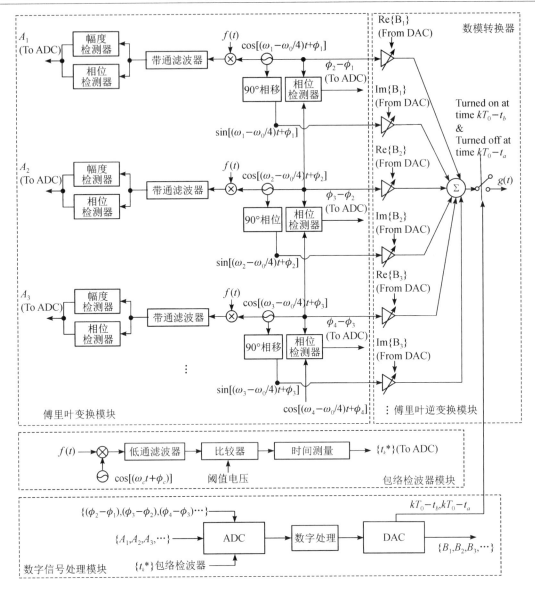

图 1-6 拟议时间反演系统的详细示意图

振荡器的频率必须锁定到预设值。如图 1-7 所示,第 n 个振荡器的频率由偏置信号 $\omega_n-(\omega_0/4)+\Delta\omega$ 控制。该振荡器与输入信号 $f(t)$ 混合;混频器的输出进入中心频带为 $\omega_0/4$ 并具有高品质因数的 BPF。由于输入信号是周期性的,因此当 $\Delta\omega=0$ 时,BPF 的输出最大化。显然,BPF 的带宽越窄,相位误差就越小。但是,如果 BPF 品质因数过高,则需要大量的时间才能达到稳定状态,因此锁定速度低。在实践中,应选择中等带宽,

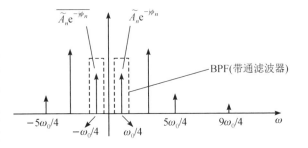

图 1-7 下变频后的频谱图示(第 n 个振荡器)

以使图 1-7 中的 BPF 能够以足够的精度捕获所需的谱线。

假设第 1 个振荡器 ϕ_1 的相位为零；其他振荡器的相位通过图 1-6 中的相位检测器获得。$\omega_{n-1}-(\omega_0/4)$ 和 $\omega_n-(\omega_0/4)$ 之间的振荡器相位检测器电路框图如图 1-8(a) 所示。两个连续波信号相乘，并且只有差频分量在 BPF 之后保留。值得注意的是，在 BPF 之后的输出是以 $\omega_n-\omega_{n-1}=\chi\omega_0$ 频率振荡的。当将该信号与适当选择的阈值电压进行比较时，会产生周期性脉冲，如图 1-8(b) 所示。显然，比较器输出中的边缘定时与相位差 $\phi_n-\phi_{n-1}$ 直接相关，即

$$\phi_n-\phi_{n-1}=-\phi_{BPF}-\frac{t_1+t_2}{2}(\omega_n-\omega_{n-1}) \tag{1-41}$$

其中，ϕ_{BPF} 是图 1-8 中 BPF 在频率 $\omega_n-\omega_{n-1}$ 下的相位响应。图 1-8 中时间测量电路的组成如图 1-9 所示。上升/下降沿对斜坡信号和数字计数器进行采样。斜坡信号具有周期 T_0/χ。当斜坡信号被采样时，其输出电压与 0 和 T_0/χ 之间的时间呈线性关系。同时，时钟信号与斜坡信号具有相同的周期 T_0/χ，计数器计数经过 T_0/χ 次数。斜坡信号和时钟均每隔 T_0 重置一次。因此，斜坡信号和数字计数器的采样共同测量范围为 $[0,T_0]$。此外，必须在输入信号和每个混频器之间放置隔离器或缓冲器，以避免多个本地振荡器之间耦合。

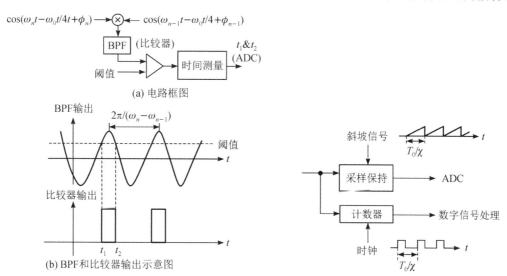

图 1-8　相位检测器电路框图　　　　　图 1-9　时间测量电路框图

傅里叶逆变换模块利用与傅里叶变换模块中振荡器相同的振荡器集合。图 1-10 中的加法器电路组合了振荡器的输出。加法器后的合成信号为

$$g'(t)=\frac{R_F}{R}\mathrm{Re}\left\{\sum_{n=1}^{N}B_n\mathrm{e}^{\mathrm{j}\left[\left(\omega_n-\frac{\omega_0}{4}\right)t+\phi_n\right]}\right\} \tag{1-42}$$

其中，R_F 和 R 是图 1-10 中的两个电阻。所需的输出是合成信号通过乘以窗口函数 $W(t)$ 获得的

$$g'(t)=g(t)=g'(t)W(t) \tag{1-43}$$

$$W(t)=\begin{cases}1,&t\in[kT_0-t_b,kT_0-t_a]\ (k=\cdots,-1,0,1,2,\cdots)\\0,&\text{其他}\end{cases} \tag{1-44}$$

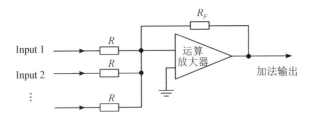

图 1-10　傅里叶逆变换模块中加法器的框图

数字信号处理模块具有两个主要功能，它们即获得系数 $\{B_n\}$ 和找到切换定时 kT_0-t_b、$kT_0-t_a(k=\cdots,-1,0,1,2,\cdots)$。系数应选择为

$$B_n=\overline{A}_n\,\mathrm{e}^{-\mathrm{j}2\phi_n}\,\mathrm{e}^{\mathrm{j}\frac{\omega_0}{4}\left[(2k+1)T_0-t_k^*\right]} \tag{1-45}$$

为了找到 t_a 和 t_b，在数字信号处理模块中使用由傅里叶变换模块获得的信号重构时域信号：

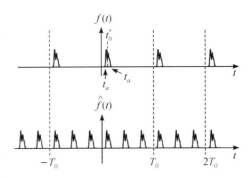

$$\hat{f}(t)=2\mathrm{Re}\left\{\sum_{n=1}^{N}A_n\,\mathrm{e}^{\mathrm{j}(\omega_n t+\phi_n)}\right\}$$
$$=2\mathrm{Re}\left\{\sum_{n=1}^{N}\widetilde{A}_n\,\mathrm{e}^{\mathrm{j}\omega_n t}\right\} \tag{1-46}$$

显然，$\hat{f}(t)$ 信号是输入信号 $f(t)$ 的欠采样版本，周期为 T_0/χ，换句话说，就是在一个输入信号的周期内存在 χ 个脉冲，$\hat{f}(t)$ 和 $f(t)$ 之

图 1-11　算法查找 t_a 和 t_b 示例

间的关系如图 1-11 所示，当 $\chi=3$ 时，为了识别哪一个脉冲与输入信号一致，执行以下傅里叶变换：

$$\hat{F}_m=\frac{\chi}{T_0}\int_{t_0}^{t_0+\frac{T_0}{\chi}}\hat{f}(t)\,\mathrm{e}^{-\mathrm{j}m\omega_0 t}, \quad m=\cdots,-1,0,1,2,\cdots \tag{1-47}$$

1.4.2　结合频域分析窄脉冲时间反演的时间聚焦

本小节在电磁波传播的背景下对所提出的时间反演系统进行了评估。无线通信示例的几何结构如图 1-12 所示。通信发生在 1 个基站和 3 个用户之间，基站由 13 个天线单元组成，每个用户有 1 个天线。所有天线都可以假设为电学上很小且在平面上具有全向辐射方向图的定向赫兹偶极子。3 个用户分别位于 (1.65 m，1.65 m，0)、(1.125 m，1.65 m，0) 和 (1.65 m、0.95 m，0) 处。基站角落处天线元件的坐标为 (0.15 m、0.15 m，0)；并且元件之间的距离为 0.06 m。由两个完全导电的板制成的角反射器被放置在 3 个用户周围以使问题配置复杂。两块板的长度均为 1.5 m，宽度均为 0.01 m。角反射器的尖端位于 (1.8 m，1.8 m，0) 处，因此实现空分多路接入并不容易。

$$I_z(t)=\mathrm{e}^{\frac{(t-t_a)^2}{2\sigma^2}}\cos(\omega_c t)\,\mathrm{A},\ t\in\left[0,T_0\right] \tag{1-48}$$

其中，$\sigma=138\times10^{-12}$ s，$t_a=0.9996\times10^{-9}$ s，$\omega_c=2\pi\times6.5\times10^{9}$ rad/s。用户 1 辐射的场由基站中的所有 13 个元件收集。接下来，所有 13 个元件对它们接收到的信号进行时间反演

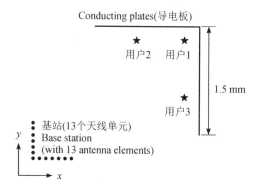

图 1 - 12　无线通信示例的几何结构

并重新辐射它们。在图 1 - 13 中，将理想时间反演和实际时间反演后的信号相互比较，其中仅绘制了角天线元件处脉冲串中的一个脉冲。

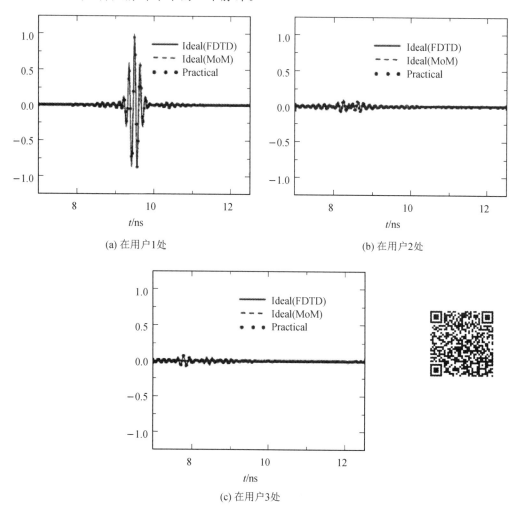

图 1 - 13　当基站和用户 1 之间存在链路时，在 3 个用户处接收的信号

基本上，理想时间反演和实际时间反演是相互匹配的。在这个通信示例中，它们之间的微小差异并不显著。当来自基站的 13 个元件的辐射到达 3 个用户时，它们在用户 1 处是建设性的，但在其他两个用户处是破坏性的。在 3 个用户处接收到的信号（沿$-z$ 方向的电场，并通过 3 个用户之间的最大强度进行归一化）如图 1-13 所示，三组数据如下：

　　（1）具有理想时间反演的 FDTD 求解器的结果。

　　（2）具有理想时间反演的 MoM 解算器的结果。

　　（3）具有实际时间反演的 FDTD 求解器的结果。

　　这三组数据有很好的一致性，它们都表明信号在用户 1 处很强，但在其他两个用户处很弱。这意味着，在排除用户 2 和用户 3 的情况下，可以在基站和用户 1 之间建立通信链路。类似的结果如图 1-14 和图 1-15 所示。当基站分别与用户 2 和用户 3 通信时，这两个结果都展示了空分多址现象。也就是说，当基站和用户 2 之间存在链路时，其他两个用户接收到的信号很少；并且类似的现象适用于用户 3。在图 1-13 至图 1-15 中，理想时间反演和实际时间反演的结果总是非常匹配的。因此，时间反演系统可以在实际时间反演无线通信中实现空分多址。

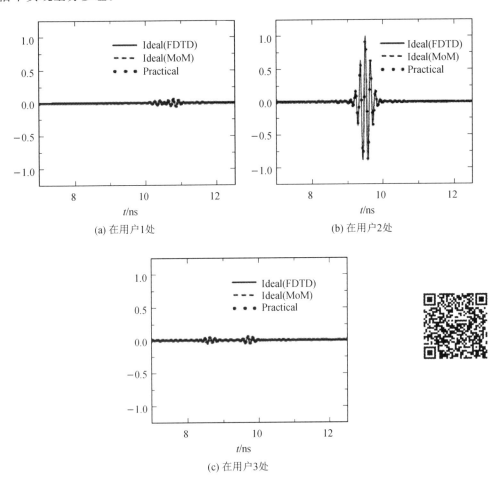

图 1-14　当基站和用户 2 之间存在链路时，在 3 个用户处接收的信号

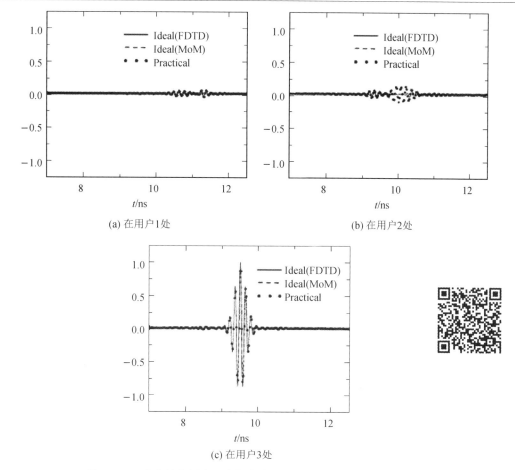

(a) 在用户1处　　　　　　　　　　　　　　(b) 在用户2处

(c) 在用户3处

图 1-15　当基站和用户 3 之间存在链路时，在 3 个用户处接收的信号

1.4.3　迭代反演技术增强聚焦实现多目标"选择性"

　　迭代时间反演雷达探测的几何图形如图 1-16 所示。在自由空间中，有一个雷达和两个目标，两个目标都是立方体形状的，由完美的导体制成。左侧立方体边长为 0.03 m，中心位于(0.135 m，0.915 m，0)处；右侧的立方体较大（边长为 0.045 m），其中心位于(0.4575 m，0.9225 m，0)处。雷达由 13 个天线元件组成。

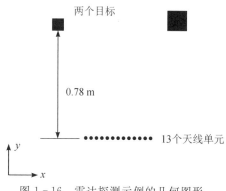

图 1-16　雷达探测示例的几何图形

每个天线表现为一个定向赫兹偶极子。最左边元素的位置坐标为(0.21 m，0.12 m，0)；元件之间的距离为 0.015 m。为了开始雷达探测，中心元件发射周期性脉冲来照射两个目标。变速器由电流源激励。由两个目标散射的场被雷达中的所有 13 个元件接收，在所有元件上进行时间反演，且反向信号由所有天线元件辐射出去，来自 13 个元件的辐射被聚焦到两个目标上。由于这两个目标的大小不同，预计在较大的目标处会有更强的场。上述过程可以递归地重复。也就是说，场被两个目标散射，雷达接收散射信号，接收到的场被时间反演并辐射以再次照射目标。随着迭代次数的增加，两个目标之间的对比度会越来越大。

在图 1-17 中，在第一次、第二次和第三次迭代之后绘制了沿 $y=$ m 的场强。具体地说，场强由某个位置在时间历史中的最大值表示。同样在图 1-17 中，场强通过沿 $y=$ m 的所有位置中的最大值进行归一化。如前一示例所示，三组数据如下：

（1）具有理想时间反演的 FDTD 求解器的结果。

（2）具有理想时间反演的 MoM 解算器的结果。

（3）具有实际时间反演的 FDTD 求解器的结果。

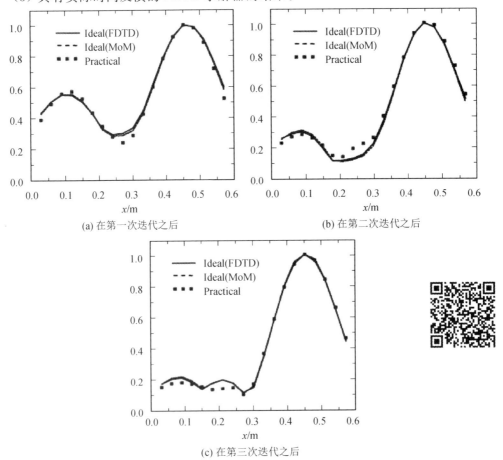

图 1-17　$y=0.9$ m 处雷达探测结果

这三组数据相互一致，都清楚地显示了迭代聚焦现象：第一次迭代后，有两个焦点；随着迭代次数的增加，左焦点变得越来越弱。时间反演电路系统可以应用于实际雷达场景。

1.5　复杂电磁环境中的自适应调控

　　时间反演技术是指阵列接收到信号源发射的信号，将其在时域上取反（频域上取共轭），再从相应的接收阵元发射出去，从而使先接收到的信号后发送、后接收到的信号先发送，进而使阵列中各阵元发射的信号同时到达信号源位置，即在原来位置形成聚焦。

1.5.1　单点和多点的聚焦性论证分析

　　为了验证时间反演技术在电磁环境下单一目标的成像跟踪，这里选用了工作频段在 2.2～2.7 GHz 的印刷偶极子天线，天线的结构与仿真参数如图 1-18 所示。利用该天线构成了较简单的天线阵列。如图 1-19(a)所示，接收天线和发射天线分布在同一个平面内，接收天线共 8 个。由发射天线发射 1 个信号，根据每个接收天线与发射天线间的 S 参数计算出接收天线接收的信号的幅度和相位，将每个接收天线所接收的信号进行频域共轭处理，从而实现时域上的反演功能。8 个接收天线同时分别发射反演后的信号，通过对空间电场分布情况进行成像处理，时间反演聚焦成像结果如图 1-19(b)所示。该图能够比较真实准确地反映出发射天线的位置。

(a) 印刷偶极子天线

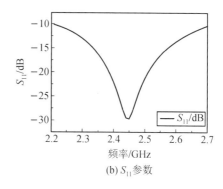

(b) S_{11} 参数

图 1-18　发射天线与接收天线结构

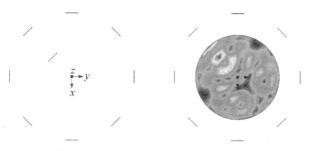

(a) 单发射源情况　　　　(b) 时间反演聚焦成像结果

图 1-19　单发射源的成像跟踪

电磁波在复杂空间环境中传播，经介质的散射效应、反射效应后，接收端接收到各个不同路径相互叠加的信号，这种现象称为多径效应。同一信号源不同传播路径的信号相互叠加，会使信号能量加强或减弱，进而导致时延扩展和畸变失真等。时间反演技术为实现多径环境下能量聚焦提供了新思路。时间反演是一种新颖的方法，它将信源发送的信号进行存储，进行时间反演之后再重新发出去，这一过程能够自动实现多径补偿，完成各路径中信号在信源处的同相叠加。如图 1-20(a)所示，同样利用图 1-18(a)所示的印刷偶极子天线构成天线阵列，其中，接收天线和发射天线分布在同一个平面内，接收天线共 12 个，并在该平面内随机添加了 6 个材料为铜的障碍物作为散射体。时间反演聚焦成像结果如图 1-20(b)所示。该图能够比较真实准确地反映出发射天线的位置。

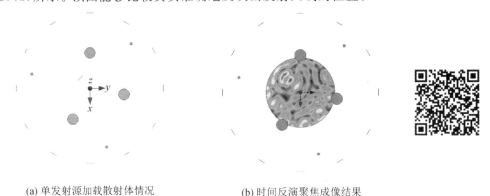

(a) 单发射源加载散射体情况　　　　　　(b) 时间反演聚焦成像结果

图 1-20　单发射源加载散射体的成像跟踪

　　上述实验仅验证在某一平面内的时间反演聚焦成像结果。为了初步验证单发射源在立体空间内的聚焦成像跟踪，同样利用图 1-18(a)所示的印刷偶极子天线构成天线阵列，天线摆放形式如图 1-21(a)所示。接收天线共 15 个，分布在三维空间内，均处在某一球面上。时间反演聚焦成像结果如图 1-21(b)所示，从仿真结果来看，可以在三维空间实现目标的探测和跟踪，也论证了在三维情况下应用时间反演技术实现目标跟踪和目标探测的可行性。

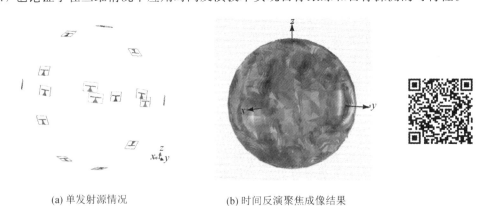

(a) 单发射源情况　　　　　　　　　(b) 时间反演聚焦成像结果

图 1-21　单发射源三维空间上的成像跟踪

　　时间反演技术不仅能实现单发射源的聚焦定位，还可以实现多发射源的聚焦定位。为了初步验证多发射源的聚焦成像跟踪，利用偶极子天线构成天线阵列。其结构如图

1－22(a)所示，共有 44 个接收天线，3 个发射天线间隔一定距离分布，激励信号相同，发射信号的时域波形图如图 1－22(b)所示。天线 3 接收的时域信号如图 1－22(c)所示，将其反演处理后的时域信号如图 1－22(d)所示。其余的接收天线所接收的时域信号也均进行反演处理，并将反演处理后的信号分别作为各接收天线的激励信号，反演聚焦成像结果如图 1－22(e)所示。从仿真结果来看，时间反演技术反演后的信号可以实现多目标的探测和跟踪，也论证了运用时间反演技术实现多目标跟踪和多目标探测的可行性。

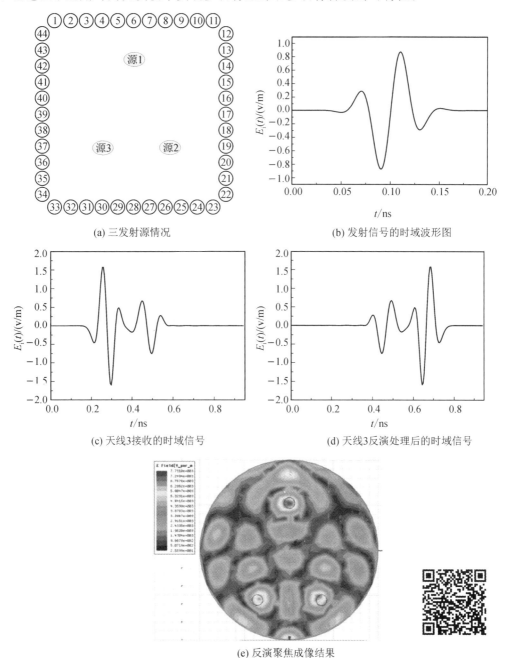

(a) 三发射源情况

(b) 发射信号的时域波形图

(c) 天线3接收的时域信号

(d) 天线3反演处理后的时域信号

(e) 反演聚焦成像结果

图 1－22　三发射源的成像跟踪

时间反演技术不仅能实现信号在空间上的聚焦，也能实现信号在时间上的聚焦。为了验证时间反演技术在电磁环境下单一目标信号的时间聚焦，利用偶极子天线构成天线阵列。天线的摆放位置如图 1-23(a) 所示，目标 1 即为发射源的位置，其发射信号的时域波形为调制高斯脉冲。周围 20 个天线接收目标 1 发射的信号，并将接收的时域信号经反演处理后重新发射，能量在目标 1 所在位置进行正向叠加，从而实现聚焦，反演聚焦成像结果如图 1-23(b) 所示。提取聚焦点的时域波形，如图 1-23(c) 所示，同时也提取某一非聚焦点的时域波形，如图 1-23(d) 所示。可以很明显地看出，聚焦点的时域波形与非聚焦点的时域波形不同，聚焦点的时域波形与发射源发射信号的时域波形形式基本相同，而非聚焦点的时域波形与发射源发射信号的时域波形形式差别较大，此种现象可以初步证明经反演处理后的信号重新发射后，在目标 1 所在位置同步实现了能量的正向叠加，进一步说明时间反演技术也能实现信号在时间上的聚焦。

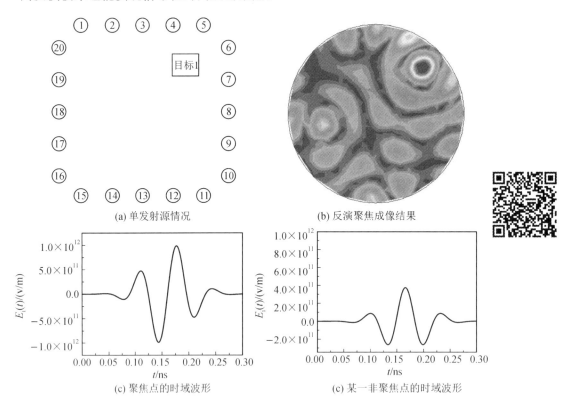

图 1-23　单发射源聚焦性研究

以上分析仅针对于单发射源的情况，环境情况较为简单。为了验证时间反演技术在电磁环境下多目标信号的时间聚焦，在如图 1-23(a) 所示的结构基础上增加一个发射源，并将其标记为目标 2，目标 2 结构及发射信号波形均与目标 1 相同。其结构与聚焦结果如图 1-24 所示。

从图 1-24 所示结果可以看出，两个聚焦点的时域波形基本相同，且均与发射信号的时域波形形式基本相同，但与非聚焦点的时域波形形式不同。非聚焦点的时域波形与发射源发射信号的时域波形形式差别较大，此种现象可以初步证明，双发射源发射的信号被接收天线接收并经反演处理，然后重新发射后，在目标 1 和目标 2 所在位置同步实现了能量的正向叠加。

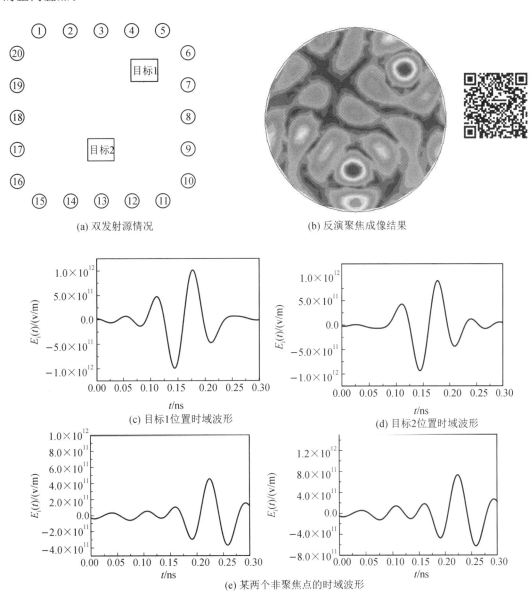

(a) 双发射源情况　　　　　　　　　　(b) 反演聚焦成像结果

(c) 目标1位置时域波形　　　　　　　　(d) 目标2位置时域波形

(e) 某两个非聚焦点的时域波形

图 1 - 24　双发射源聚焦性研究

1.5.2　基于时间反演技术的入侵目标探测与跟踪

时间反演聚焦不仅能应用于可主动发射信号的入侵目标探测定位上，也能应用于散射体的探测定位上。

如图 1-25 所示，入侵目标进入之前，宽带发射元发射窄脉冲电磁波，信号接收阵元接收信号；入侵目标进入之后，空间电磁环境发生变化，宽带发射元发射相同的窄脉冲电磁波，信号接收阵元接收的信号将会发生变化，这部分变化是由入侵目标的进入引起的。

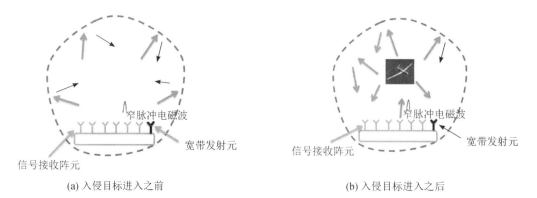

(a) 入侵目标进入之前   (b) 入侵目标进入之后

图 1-25 入侵目标进入前后环境

如图 1-26(a)所示，用散射体模拟入侵目标的探测。入侵目标入侵之前，发射源发射信号，周围 44 个天线接收信号。入侵目标进入之后，发射源发射同样的信号，周围 44 个天线接收到的信号发生改变。对每个接收天线两次接收的信号做同样的处理，进入后的情况减去进入前的情况，从而有效地消除了接收环境对入侵目标探测的影响。移除发射源，并将接收天线设置为发射天线，对相减后的信号进行时间反演处理，并将处理后的信号分别对应地设置为每个天线的激励，能量在入侵目标位置处叠加，观察整个探测区域的电磁场分布，便可得出聚焦点的位置，即入侵目标的位置。聚焦成像结果如图 1-26(b)所示。

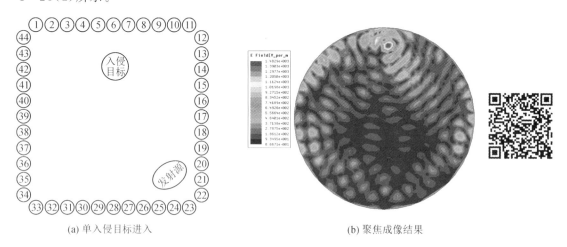

(a) 单入侵目标进入   (b) 聚焦成像结果

图 1-26 单入侵目标进入情况

采用时间反演技术可以对复杂电磁环境入侵目标进行探测。如图 1-27(a)所示，当无入侵目标时，原始环境中有 4 个圆柱形散射体(注：图中标注为"环境×")存在，发射源发射信号，其余 44 个天线作为接收天线。此情况下，每个天线接收信号，其中天线 3 的接收信号时域波形图如图 1－27(b)所示。

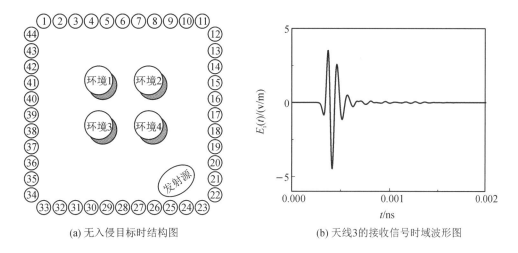

(a) 无入侵目标时结构图　　　　　　　(b) 天线3的接收信号时域波形图

图 1－27　无入侵目标时的原始环境

当有两个入侵目标时，发射源发射相同的信号，其余 44 个天线作为接收天线，结构图如图 1－28(a)所示。将每个天线在有/无目标时的时域接收信号相减后，得到时域反演波形，利用该波形对两个入侵目标进行探测。以天线 3 为例，入侵目标进入前，天线 3 接收到的时域波形图如图 1－28(b)所示，入侵目标进入后，天线 3 接收到的时域波形图如图 1－28(c)所示，入侵目标进入后的信号减去入侵目标进入前的信号，对应天线 3 的信号如图 1－28(d)所示，对相减得到的信号做时间反演处理后的信号如图 1－28(e)所示。移除发射源和待探测区域内的所有散射体，将时间反演信号对应作为每个天线的激励，其聚焦成像结果如图 1－28(f)所示。从聚焦成像结果可以看出，只有两个入侵目标的位置有亮点出现，原来的环境中 4 个散射体位置均没有亮点出现，这个探测结果证明了时间反演技术在探测复杂电磁环境下入侵目标的可行性。

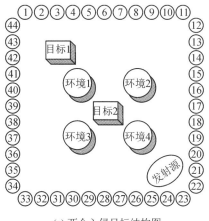

(a) 两个入侵目标结构图

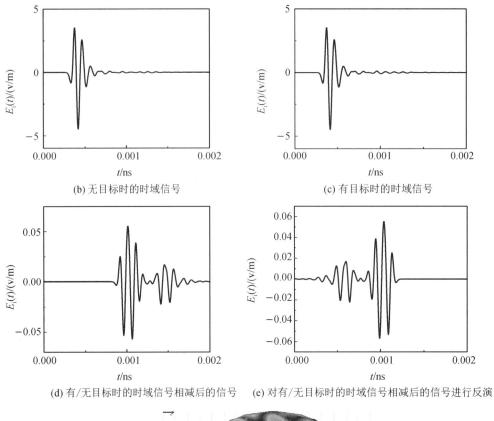

(b) 无目标时的时域信号

(c) 有目标时的时域信号

(d) 有/无目标时的时域信号相减后的信号

(e) 对有/无目标时的时域信号相减后的信号进行反演

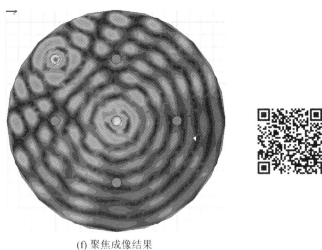

(f) 聚焦成像结果

图 1-28 两个入侵目标进入情况

在上述实验验证中，仅使用规则形状的散射体进行模拟实验。为了更好地模拟战时的要求，我们将入侵目标设置成直升机和导弹来实施反演聚焦定位。方法也和前述方法类似，聚焦定位的结果如图 1-29 所示。直升机相对于规则形状的散射体来说，其结构更为复杂，但从聚焦定位结果来看，基本上准确地显示了入侵直升机的位置，从而说明了时间反演技术具有很强的实用性。

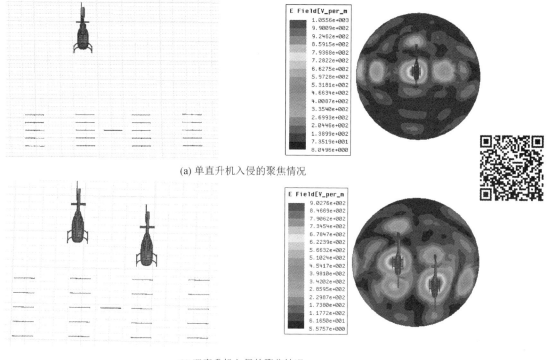

(a) 单直升机入侵的聚焦情况

(b) 双直升机入侵的聚焦情况

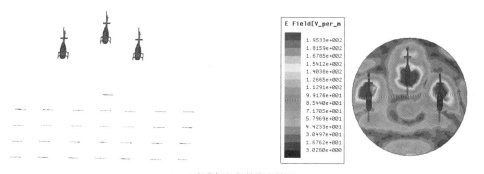

(c) 三直升机入侵的聚焦情况

图 1-29　单架及多架直升机入侵时的聚焦定位结果

　　上面所述的环境比较单一，而真正的环境是复杂多变的。以上研究是在只有入侵目标的情况下进行的，其实在真正的入侵目标入侵之前待探测空域可能已经存在一些物体，这些物体很可能会干扰对真正入侵目标的探测。但是，在实验中利用时间反演技术，通过接收天线，提取了入侵目标入侵前的时域信号，这部分信号能够代表原始环境的电磁情况，也提取了入侵目标入侵后的时域信号，这部分信号则代表了入侵目标入侵后环境的电磁情况。将入侵目标入侵后的时域信号与原始环境的时域信号相减，不管环境多么复杂多变，相减之后就只剩下入侵目标带给环境的变化量。这种方法很好地避免了复杂环境对入侵目标探测的影响。

仿真中假设在入侵目标侵入之前已经存在其他目标，此时通过聚焦定位已经确定了该物体的位置，在入侵目标侵入之后原来的目标就可以当作已知目标，而且入侵前后的时域信号相减之后得到的只是新入侵目标带来的变化量，也就是我们所需要的待反演信号。已知目标存在时入侵目标的探测如图 1-30 所示。

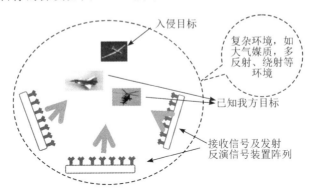

图 1-30　已知目标存在时入侵目标的探测

如图 1-31 所示，原始环境中存在两架直升机，假设这两架直升机为我方直升机，为在探测空域内工作的已知目标，代表着探测空域内的原始环境，如图 1-31(a)所示。此时有敌方导弹入侵我方探测空域，如图 1-31(b)所示。经过时间反演处理后的聚焦结果如图 1-31(c)所示，只在导弹位置出现了聚焦亮点，而在原始环境中存在的两架直升机处均没有亮点出现。上述操作实现了对探测空域内入侵目标的准确探测和打击。

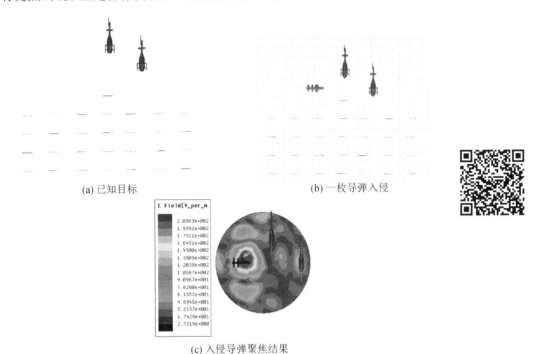

图 1-31　导弹入侵目标的聚焦定位

　　基于上述对单入侵目标的有效识别和辨认，对更复杂环境以及多个入侵目标存在情况进行模拟仿真。在本次模拟仿真中假设原复杂环境中存在 5 架直升机，入侵目标也从 1 枚导弹增加到 2 枚导弹，其余的接收天线阵和发射源都不变。复杂环境中入侵目标的存在情况如图 1 - 32 所示。

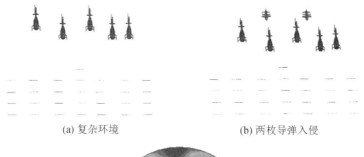

(a) 复杂环境　　　　　　　(b) 两枚导弹入侵

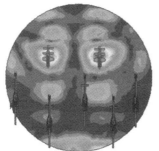

(c) 入侵目标聚焦结果

图 1 - 32　复杂环境中入侵目标的存在情况

　　从图 1 - 32 中的聚焦成像结果来看，聚焦点所显示的位置和预设位置几乎保持一致，排除原始环境中存在的物体干扰，可以判断出入侵目标位置，从而进行处理和打击。这也说明基于电波反演技术的入侵目标静态探测是可以实现的。

　　综上所述，时间反演聚焦技术的应用以及入侵目标入侵前后接收天线处时域信号相减等方法，能够很明显地将入侵目标聚焦定位出来，不管入侵目标的数量如何，都可以实现定位，从而进一步实现跟踪。同时，时域信号相减的方法可以很好地将环境对接收天线处的影响消除，能够更好地得到待反演信号，所以不管环境如何复杂，都可以实现对入侵目标的聚焦定位。

1. 基于宽频带的隐身入侵目标的聚焦定位

　　目前主要的隐身手段为外形隐身技术、涂覆隐身吸波材料和主动电磁隐身技术等。其中，吸波材料隐身技术通过在需隐身的物体表面涂覆一层或多层具有电磁波吸收能力的材料，达到降低隐身目标回波的作用，目前主要采用的是等离子体吸波材料。吸波材料能够将接收到的发射装置所发出信号的绝大部分信号消耗吸收掉，以至于没有或很少有反射波，接收装置接收不到其反射波就无法实现准确的定位探测。但是，吸波材料的吸波具有频率的限制，且有一定的工作带宽。吸波材料对工作频带内的信号呈现出吸波隐身特性，对工作频带之外的信号呈现出散射特性。基于吸波材料的这种特性，如果将探测波设置为宽频带信号，其工作频率在吸波频率范围之外的话，则可以大大提高对隐身目标的探测能力，从而实现隐身目标的聚焦定位。同时，为了便于对隐身目标的控制，其吸波材料并不是全方位都涂覆，存在只在某些特定方位实现隐身特性的情况。鉴于此，如果在空间不同方位设置多个信号波发射装置，探测信号波就可以从空间的不同方位发射，这样在其无涂覆吸波材料的方位同样也会实现聚焦定位的目标。

采用吸波频段在 9.5～10.5 GHz 的吸波材料进行验证实验，其吸波率如图 1 - 33 所示。

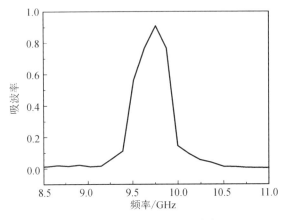

图 1 - 33　吸波材料的吸波率

如图 1 - 34(a)所示，入侵目标涂覆隐身材料，利用时间反演技术后的聚焦结果如图 1 - 34(b)和(c)所示。从上面的结果可以看出，在电场强度最大值相同的情况下，信号波在吸波材料工作频带内的聚焦情况没有工作频带外的聚焦明显，这充分说明了隐身入侵目标只是窄带内隐身的。如果发射源所发射的信号是宽带的，那么结合时间反演技术可以很好地将入侵目标定位出来。

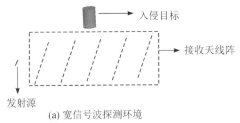

(a) 宽信号波探测环境

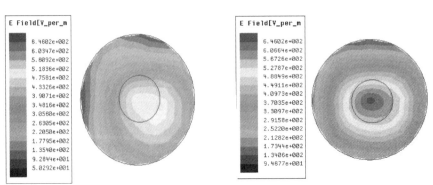

(b) 吸波材料工作频带内的聚焦结果　　　(c) 吸波材料工作频带外的聚焦结果

图 1 - 34　宽频带信号探测结果

2. 基于全方位辐射信号波的隐身入侵目标的聚焦定位

隐身目标除其表面吸波材料对特定频段信号呈现吸波特性外，还存在其隐身特性只针对特定方位隐身的情况。所以对于这种情况，可以针对探测空域全方位角发射信号波，在其隐身的方位，信号波将会被吸收而无法反射，接收天线也不会得到其反射波，但是，无吸波材料的方位同样可以反射信号波，从而进一步实现聚焦。如图 1-35(a)所示，假设入侵目标的下表面是吸波材料，上表面是金属材料，没有涂覆吸波材料，实验中从上下两个方位发射信号波，其聚焦结果如图 1-35(b)和(c)所示。

(a) 全方位信号探测环境

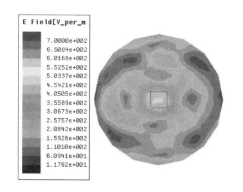

(b) 有吸波材料方位信号波聚焦结果

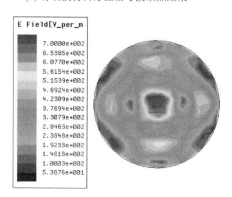

(c) 无吸波材料方位信号波聚焦结果

图 1-35　全方位探测结果

从上面的聚焦结果可以看出，针对入侵目标的全方位照射同样可以在非隐身方位实现很好的聚焦结果，而在其隐身方位的聚焦结果则不是很明显。

1.5.3 入侵目标时域探测与赋形

假设入侵目标的运动方向如图 1-36 所示，选择 4 个不同的时刻作为聚焦定位的时刻，这 4 个时刻分别为 t_1、t_2、t_3、t_4，图 1-37 是 4 个时刻的仿真结果图。由图可知，对于目标动态移动，采用空时聚焦原理依然可以有效地确定物体移动的轨迹，从而对目标进行有效跟踪。

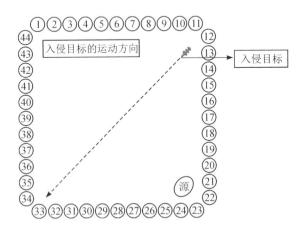

图 1-36 入侵目标跟踪结构图

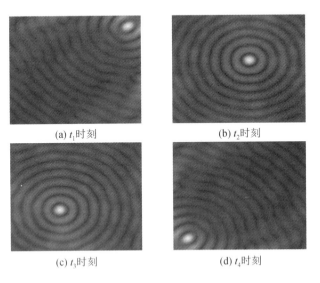

(a) t_1时刻 (b) t_2时刻 (c) t_3时刻 (d) t_4时刻

图 1-37 二维动态目标移动的仿真结果

由于实际中入侵目标的数目和方向并不是唯一的，所以为了验证该方法的实用性，对多入侵目标（3 个目标）存在的情况进行了验证。如图 1-38 所示，假设 3 个入侵目标分别从不同的方向入侵到待检测空域，同单入侵目标存在的情况一样，也选择 4 个不同时刻来进行聚焦定位验证，其时刻分别为 t_1、t_2、t_3、t_4，最终的定位仿真结果如图 1-39 所示。

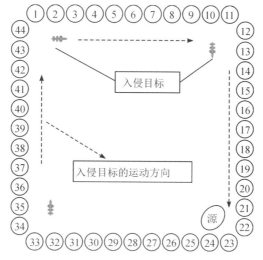

图 1-38　二维动态多目标移动结构图

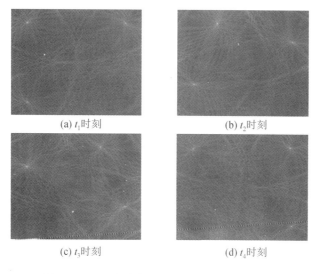

图 1-39　二维动态多目标移动的仿真结果 1

同时，为了更好地模拟现实情况，在仿真中也夹杂了一些干扰物，如图 1-40 所示。

同多目标存在时的检测方法相同，这里也选择了 t_1、t_2、t_3、t_4 4 个不同时刻来对入侵目标进行定位，从而进一步实现对目标的跟踪定位，其定位仿真结果如图 1-41 所示。

时间反演聚焦只能显示出目标的具体位置，但是探测的空域有可能会同时出现多组目标，在已知目标和未知目标同时存在的情况下，所有目标通过时间反演聚焦均能实现定位，此时聚焦显示的位置信息对我方的用处有限，不能从多个聚焦亮点的位置处判断出哪些聚焦亮点代表入侵目标。鉴于这种情况，可以采用多种不同的方法并将其结合使用，以实现对探测空域中所存在的目标的有效鉴别。

如果所接收到的信号波形和所发射的信号波形是一样的，那么可以断定该目标为我方的目标；如果所接收到的信号波形与我方发射的原始信号波形不同的话，那么可以断定其不是已知的目标，需要再结合频域聚焦对位置的定位做进一步的指示。

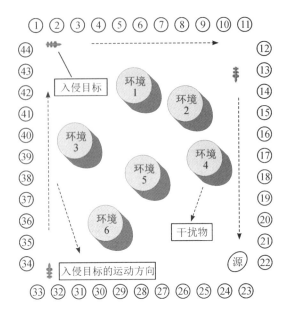

图 1-40 存在干扰物情况下的多目标移动结构图

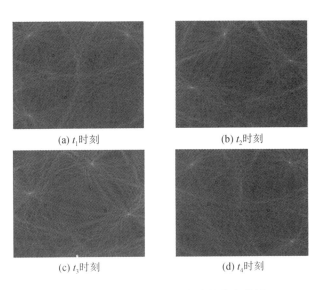

(a) t_1时刻   (b) t_2时刻

(c) t_3时刻   (d) t_4时刻

图 1-41 二维动态多目标移动的仿真结果 2

为了更好地验证时域聚焦的特性以及将聚焦点与非聚焦点处的波形区分开，我们在实验中选择了三种脉冲信号源，其时域表达式如下所示：

$$E_i(t) = -\cos(\omega t)\mathrm{e}^{-\frac{4\pi(t-t_0)^2}{\tau^2}} \tag{1-49}$$

$$E_i(t) = \cos(\omega t)\mathrm{e}^{-\frac{4\pi(t-t_0)^2}{\tau^2}} \tag{1-50}$$

$$E_i(t) = -A(t-t_0)e^{-\frac{4\pi(t-t_0)^2}{\tau^2}}$$ （1-51）

式（1-49）～式（1-51）中的时域波形及其反演信号时域波形图如图 1-42 所示。

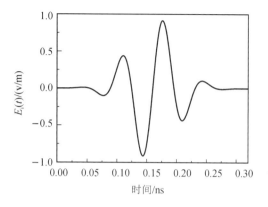

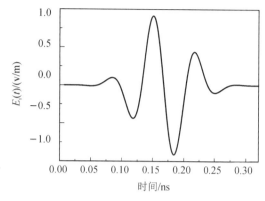

(a) 式(1-49)的时域波形及其反演波形

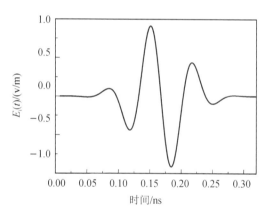

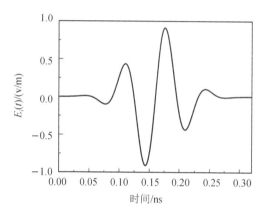

(b) 式(1-50)的时域波形及其反演波形

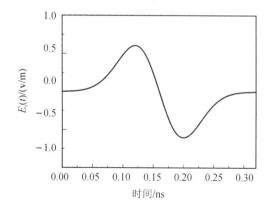

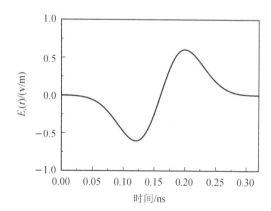

(b) 式(1-51)的时域波形及其反演波形

图 1-42　激励波形和反演信号波形

单源（目标）、双源（目标）和三源（目标）的聚集情况如图 1 - 43 所示。

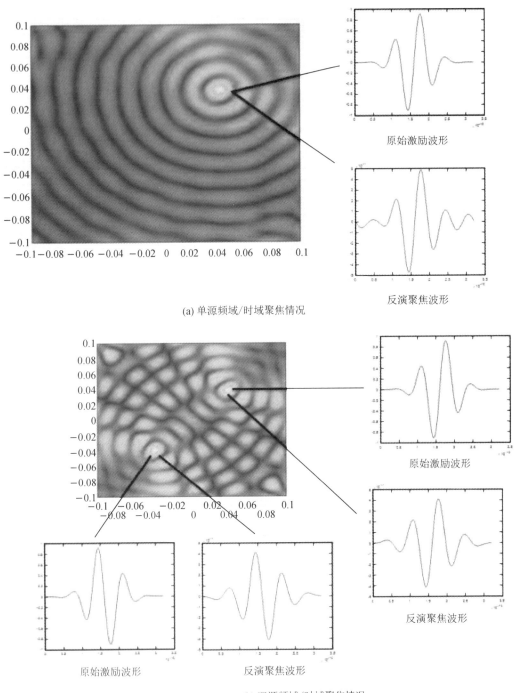

(a) 单源频域/时域聚焦情况

(b) 双源频域/时域聚焦情况

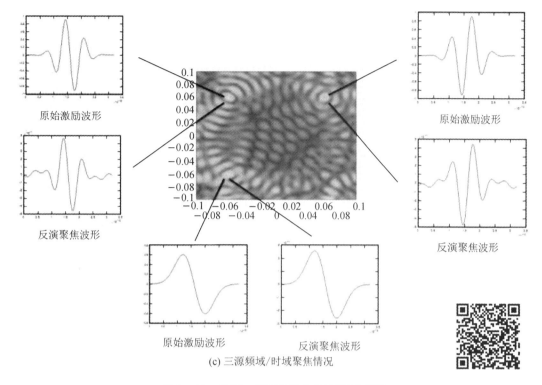

（c）三源频域/时域聚焦情况

图 1－43　单源、多源的频域/时域聚焦情况

　　从上面的结果可以看出，反演聚焦点处的时域信号和所发射的波形有关，发射源发射什么样的信号波，聚焦之后的波形和原来发射的波形一样，唯一的区别只是聚焦之后的波形在幅度上比原始波形要大。我们可以通过最终聚焦点的时域波形来确定目标是否为已知的目标。

　　基于上面所提到的运用时间聚焦技术，根据检测空域中频域聚焦场强的不同可以判断是否有入侵目标进入我方领空，同时在多目标存在但是敌我目标很难区分的情况下，结合时域聚焦性可以从定位到的位置采集数据，从时域角度去判断目标是已知的我方目标还是未知的敌方目标。根据时间聚焦性原理，如果在检测区域中不同的位置含有不同数目的发射源，同时这些发射源以不同的形状排列，那么最后会不会也能将发射源所组成的这种不同的形状聚焦出来呢? 在本次实验中假设空域中的发射源呈"L"形或"田"字形结构分布，其结构图和聚焦定位结果如图 1－44 所示。

　　从图 1－44 的结果可以看出，尽管检测区域内的发射源所构成的形状不同，但是最终都会将该形状聚焦定位出来。假如将一组天线阵列加载到飞机、舰艇等装备上，其可以根据要求有选择性地发射信号探测源，该信号探测源对敌方来说可以作为干扰信号，对我方来说就是所需要接收的信号。将最终聚焦定位出来的形状和发射源所组成的形状对比，如果相同，就可以断定该目标为我方的装备设施；反之，则可以判定为敌方的装备设施。其检测结构及聚焦定位结果如图 1－45 所示。

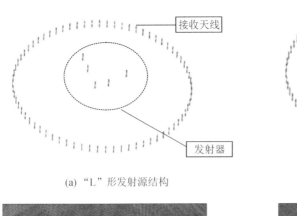

(a) "L"形发射源结构

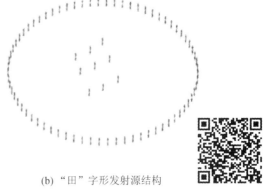

(b) "田"字形发射源结构

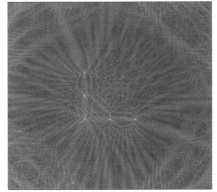

(c) "L"形发射源结构聚焦定位结果

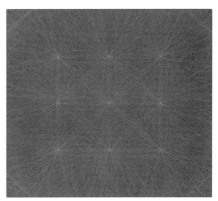

(d) "田"字形发射源结构聚焦定位结果

图 1-44　入侵目标赋形鉴别结果

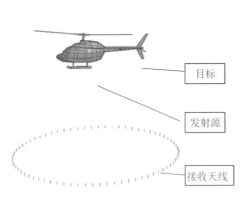

(a) 加载赋形发射源的入侵目标及检测结构

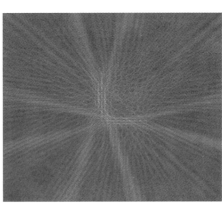

(b) 聚焦定位结果

图 1-45　入侵目标加载了"L"形发射源的探测结果

从图 1-45 所示的聚焦定位结果可以看出，入侵目标加载了"L"形的发射源，而最终可以将该"L"形的发射源定位出来。该方法可以很好地实现对入侵目标的区分。

1.5.4　采用迭代型反演技术对散射截面进行分类处理

迭代法又称辗转法，是用计算机解决问题的一种基本方法，其本质是不断用变量的旧值递推新值的过程，迭代法与直接法相对应，可一次性解决问题。迭代法利用计算机运算，具有速度快、适合做重复性操作的特点。使用迭代法让计算机对一组指令（或一定步骤）进行重复执行，在每次执行这组指令（或这些步骤）时，都能从变量的原值推出它的一个新值。

发射源发射信号探测波，接收阵列天线将接收到的信号进行反演，如果不进行迭代的话，利用时间反演技术处理后，将会在原始发射源的位置得到相对应的聚焦。但是，结合医学超声聚焦治疗中"多次声波激励增强目标响应"的机制，并根据检测物的大小各不相同从而其雷达散射截面也不同的特点，这里提出了迭代的方法，以实现多目标或大目标的区分定位，即发射源将接收天线阵所接收回来的反演信号多次发射出去，得到接收装置的多次反演信号。其目的是将发射源的雷达散射截面局部扩大，从而使得聚焦点位置的信号强度随着迭代次数的增大而不断线性增大，最终将该大目标定位出来。迭代法原理图如图 1-46 所示。

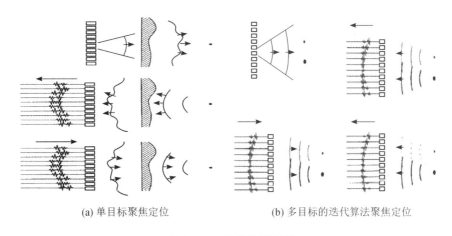

(a) 单目标聚焦定位　　　　　　　　(b) 多目标的迭代算法聚焦定位

图 1-46　迭代法原理图

运用迭代法以及时间反演聚焦技术，对多目标进行区分聚焦定位，其迭代前、一次迭代定位、二次迭代定位结果分别如图 1-47、图 1-48、图 1-49 所示。

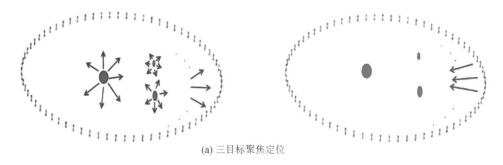

(a) 三目标聚焦定位

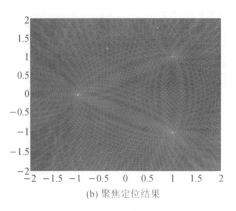

(b) 聚焦定位结果

图 1-47　迭代前三目标聚焦定位

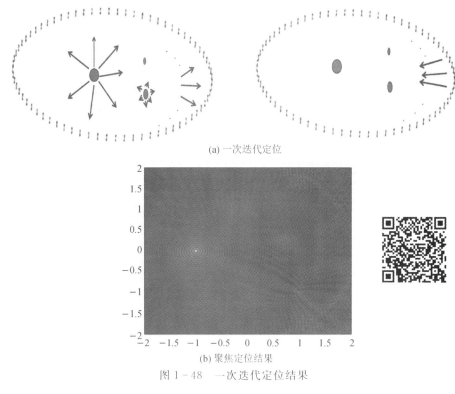

(a) 一次迭代定位

(b) 聚焦定位结果

图 1-48　一次迭代定位结果

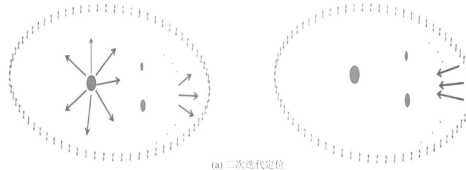

(a) 二次迭代定位

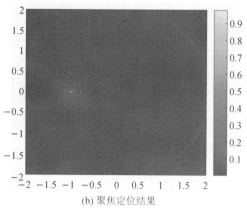

(b) 聚焦定位结果

图 1 - 49　二次迭代定位结果

考虑到吸波材料不可能达到 100% 的吸波率这一特点，可以将迭代法运用到隐身入侵目标的检测中。运用迭代法之前接收天线所接收到的隐身入侵目标反射的信号探测波比较少而且强度较小，所以不能很好地实现对其聚焦定位，但是在迭代法的帮助下可以将这种微弱的反射波经过多次迭代放大，从而运用时间反演聚焦的方法实现对该隐身入侵目标的定位跟踪。

1.5.5　接收天线数量对聚焦定位精度的影响

接收天线的数量对聚焦定位的结果有一定的影响。为了验证接收天线的数量对聚焦定位结果的影响，结合偶极子天线对单目标和多目标的时域、频域的聚焦结果进行分析。接收天线的数目为 44 个时，单发射源的聚焦结果如图 1 - 50(a) 所示；接收天线的数目为 204 个时，其聚焦结果如图 1 - 50(b) 所示。

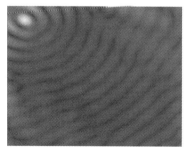
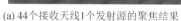

(a) 44 个接收天线 1 个发射源的聚焦结果　　　(b) 204 个接收天线 1 个发射源的聚焦情况

图 1 - 50　单发射源在不同数量接收天线时的聚焦结果

从上面的聚焦结果可以看到，接收天线的数量对聚焦结果的精度影响很大。接收天线越多，其聚焦定位的结果误差越小，与真正的位置相差较小；接收天线较少时，聚焦结果范围较大，误差也较大。多发射源在接收天线数量不同时的聚焦结果如图 1 - 51 所示。

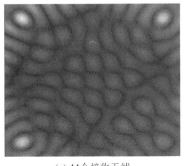

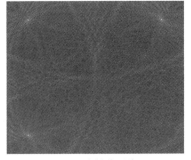

(a) 44个接收天线　　　　　　　(b) 204个接收天线

图 1-51　多发射源在接收天线数量不同时的聚焦结果

　　由以上例子可以看出，在进行时间反演技术的运用时，因为入侵目标的大小、形状都是不固定的，所以为了更好地将入侵目标的位置定位出来，要求接收天线尽可能多，这样使得反演的信号在聚焦点处正向叠加的结果更明显，周围的干扰也会更大可能的相互抵消，能够更加突出入侵目标的位置，提高定位精度。

1.6　入侵目标探测定位的实验验证

　　超宽带天线的研究是当前世界天线研究领域的热点之一。在目前已有的超宽带天线中，单极子天线虽然实现了较宽的工作频带，但是它的辐射方向图特性严重影响了超宽带天线的工作性能。近年来，Vivaldi（锥削槽）天线已经被广泛应用于超宽带通信系统领域。Vivaldi 天线作为一种非周期、渐变、端射的行波天线，其最显著的特点是具有很宽的阻抗带宽，同时，它还具有低交叉极化、对称的 E 面和 H 面方向图等良好的辐射特性，其平面结构完全可由印刷工艺加工，重量轻，成本低，易于与微波电路集成。近几年的研究表明，渐变的外边缘（如指数型边缘、圆弧型边缘等）可以改善天线的低频匹配特性。周期性的矩形开槽边缘又称波纹边缘，结构较为简单，可以改变辐射臂的电流分布情况，从而改善天线的辐射性能或实现天线小型化。

　　我们选用 Vivaldi 天线来实现 2～18 GHz 天线阵列单元的设计。在运用 HFSS 软件进行仿真时，为了更好地得到仿真结果，对 Vivaldi 天线进行分频段仿真分析。一般来说，Vivaldi 天线高频时的阻抗特性要好于低频时的阻抗特性。其中 2～18 GHz 的仿真情况参考原始结构的对踵型 Vivaldi 天线，如图 1-52 中的天线 1 所示，其 VSWR 结果如图 1-53 所示，天线 1 在 6.5 GHz 处电压驻波比等于 3，整个频段内电压驻波比波动较大，特别是低频段，能量几乎被全反射。图 1-52 中天线 2 在天线 1 的基础上将末端加宽，其末端的宽边辐射具有比原始结构的对踵型 Vivaldi 天线更好的驻波特性，其电压驻波比结果如图 1-53 所示。天线 2 在 2.2～10 GHz 的频段内 VSWR 均小于 3，并且整个频带内的驻波比波动比较小。将天线 2 末端的棱角去掉，得到末端为圆弧状的对踵型 Vivaldi 天线（即天线 3），可消除天线末端的不连续性，其仿真结果如图 1 - 53 所示。天线 3 的电压驻波比波形与天线 2 的相似。我们希望在天线 3 的末端开槽，使天线工作到 2 GHz，并且优化天线在 2 GHz 左右的阻抗匹配，即形成天线 4。天线 4 所设计的矩形槽与 x 方向成 45°夹角。从图 1 - 53 中天线 4 的仿真结果可以看出，加载槽并没有达到我们预期的目的，并且工作频段内的波形很不稳定。总之，在保持天线尺寸不变的前提下，无论是开槽还是改变天线末端的结构，都没有使天线在 2～2.2 GHz 频段的匹配得到显著改善，但是从这些改变之后的仿真结果可以看出，其高频逐渐趋于稳定并达到 VSWR 小于 3。因此，接下来的问题关键就是如何才能有效增大天线开口宽度，使天线的低频阻抗匹配得到优化。

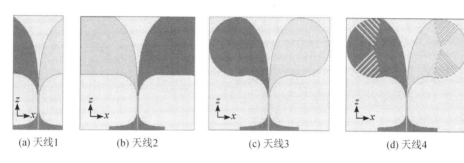

(a) 天线1　　　　(b) 天线2　　　　(c) 天线3　　　　(d) 天线4

图 1 - 52　前期研究的四种天线形式

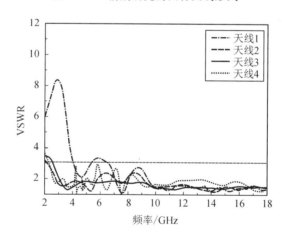

图 1 - 53　前期研究的四种天线的 VSWR 曲线

　　加载枝节可以增加电流路径从而实现天线的小型化。我们通过仿真优化发现，在天线辐射贴片外边缘加载矩形贴片可以实现该天线的小型化。在天线 2 和天线 3 的基础上我们设计了三种小型化天线，即天线 5、天线 6 和天线 7，其结构如图 1 - 54 所示。从图 1 - 55 中的仿真 VSWR 曲线可以看出，天线 6 和天线 7 在 2～10 GHz 的电压驻波比均小于 3，满足项目的设计要求，但是天线 7 在整个工作频段内的阻抗匹配得更好，所以天线 7 即为最后确定的天线。为了更好地解释天线小型化的原理，图 1 - 56 给出了天线 7 在有矩形枝节时和无矩形枝节时的 VSWR 曲线对比图，可以看出，加载矩形枝节后天线的 VSWR≤3 的最低频点从 2.5 GHz 降为 2 GHz，且在低频段实现了更好的匹配。图 1 - 57 给出天线 7 在 2 GHz 的电流分布图，可以看出加载矩形枝节确实能有效地延长天线的电流路径，增加天线的电长度，从而改善低频的阻抗匹配性，达到小型化的目的。

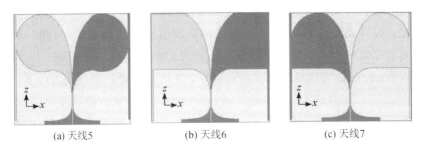

(a) 天线5   (b) 天线6   (c) 天线7

图 1-54 改进的三种小型化 Vivaldi 天线

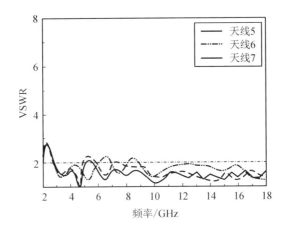

图 1-55 改进的三种小型化 Vivaldi 天线的 VSWR 曲线

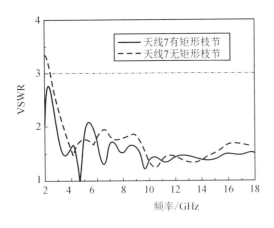
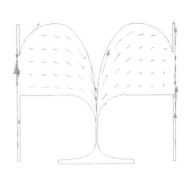

图 1-56 天线 7 有/无矩形枝节时的 VSWR 曲线对比图   图 1-57 天线 7 在 2 GHz 的电流分布

    天线 7 即最后确定的天线，其尺寸为 66.1 mm×75.5 mm×0.254 mm，采用介电常数为 2.2 的 Rogers RT/duroid 5880 作为介质板，其仿真模型及加工实物图如图 1-58 所示。Vivaldi 天线理论上具有无限带宽，实际中天线的带宽只受末端截断的影响，所以一般来说，Vivaldi 天线高频时的阻抗特性要好于低频时的阻抗特性。Vivaldi 天线的自身结构决定了在相当高的频段内天线的频域特性不会明显恶化。天线 7 在 2～18 GHz 的 VSWR 仿真结果和测试结果如图 1-59 所示。由该图可以看出，天线 7 在 2~18 GHz 的范围内 VSWR 都小于 3，实现了较好的匹配特性。

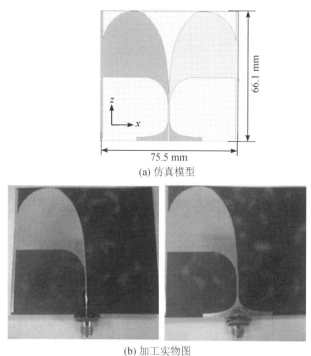

(a) 仿真模型

(b) 加工实物图

图 1-58　超宽带天线的结构

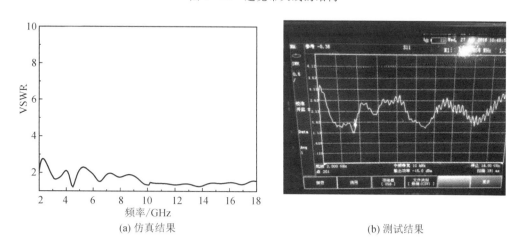

(a) 仿真结果　　　　　　　　　　　　　(b) 测试结果

图 1-59　超宽带天线的仿真结果与测试结果

图 1-60 给出了天线在 2 GHz、7 GHz、10 GHz、12 GHz、15 GHz 和 18 GHz 的 E 面方向图和 H 面方向图。由图可以看出所设计的超宽带 Vivaldi 天线在工作频带 2~18 GHz 内具有很好的辐射方向图，有效地保持了超宽带天线在高频的工作性能。

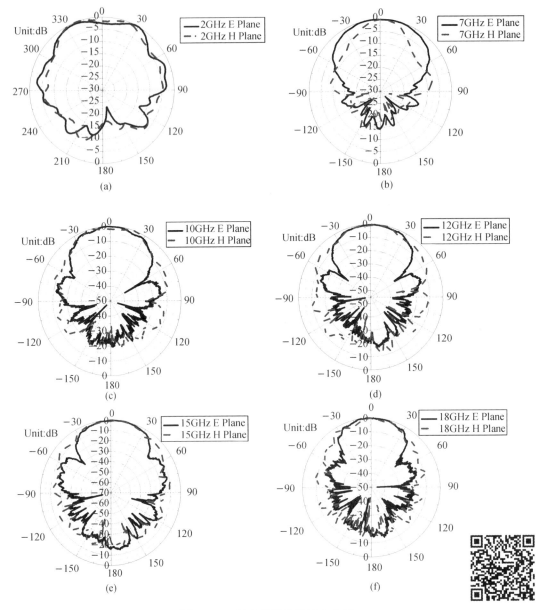

图 1-60　超宽带天线测试方向图

综上所述，这里所设计的超宽带天线在 2～18 GHz 频带范围内的 VSWR 小于 3，并且具有明显的小型化和稳定的辐射方向图特性。

1.6.1　单目标入侵的仿真和实验模型及探测结果

如图 1-61 所示，设置 1 个天线作为发射源，另外 16 个天线作为接收源，天线均在同一个平面上。在实验过程中，通过处理天线间的 S 参数来实现入侵目标的聚焦成像。

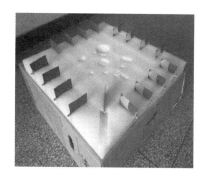
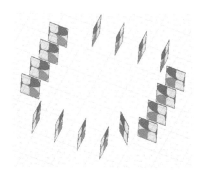

图 1-61　原始环境

　　利用两种不同的散射体来进行实验验证，其中两种入侵目标（散射体）所在位置基本相同，入侵目标的形状和材质不相同，入侵目标 1 为长方体的铁块，入侵目标 2 为铝箔包裹的圆柱体，如图 1-62 所示。图 1-63(a)显示的是原始环境中某一天线的 S_{12} 参数，图 1-63(b)显示的是入侵目标 1 进入后同一天线的 S_{12} 参数。对比两图可以发现，由于入侵目标 1 的进入，电磁环境发生了改变，接收天线接收的信号也产生了变化，这部分变化正是由入侵目标的进入引起的。发射天线标记为天线 1，接收天线标记为 i，分别记录入侵目标进入前后的 S_{1i}。进行数据处理后提取入侵目标进入前后 S_{1i} 的变化，在电磁仿真软件中利用这些数据实现入侵目标的探测定位。

(a) 入侵目标1　　　　　　　　　　(b) 入侵目标2

图 1-62　实验模拟不同入侵目标

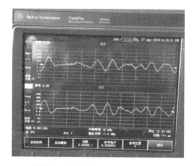
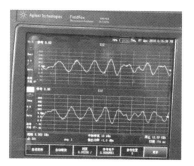

(a) 原始环境中某一天线的S_{12}参数　　　　(b) 入侵目标1进入后同一天线的S_{12}参数

图 1-63　实验中 S 参数因入侵目标进入的变化

图 1-64 显示的是入侵目标 1 和入侵目标 2 进入后的聚焦成像结果。从成像结果上可以看出，聚焦亮点的位置与入侵目标所在的位置基本相同，这证明了基于时间反演技术的入侵目标探测的可行性。

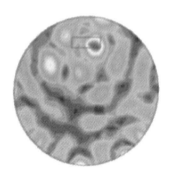 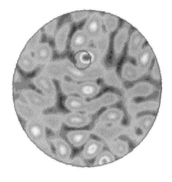

(a) 入侵目标1的聚焦成像结果   (b) 入侵目标2的聚焦成像结果

图 1-64　不同入侵目标的探测结果

1.6.2　多目标入侵的仿真和实验模型及探测结果

如图 1-65(a)所示，利用 3 个铁块作为入侵目标进行实验验证。这 3 个入侵目标同时进入，位置随机摆放。按照同样的过程处理数据，聚焦成像结果如图 1-65(b)所示。从成像结果上可以看出，聚焦亮点的位置与入侵目标所在的位置基本相同，但由于实验误差和接收天线数量较少等客观原因，聚焦的精度不够高。聚焦成像结果可以充分说明时间反演技术在探测多入侵目标方面上的可行性，也为下一阶段的研究提供了理论基础。

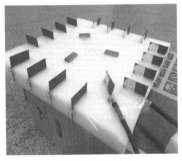 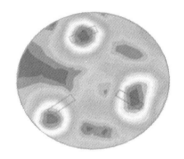

(a)3个入侵目标   (b)聚焦成像结果

图 1-65　多入侵目标及聚焦成像结果

1.6.3　复杂环境中入侵目标的聚焦定位

图 1-66(a)所示为复杂环境下入侵目标探测的原始环境，原始环境中共有 5 个已知目标，这 5 个目标随机摆放，尺寸均不相同，其中 1 个已知目标的材质为铁，其余 4 个已知目标的材质均为铝。

图 1-66(b)所示为入侵目标进入后的环境，共有两个入侵目标进入，由摆放位置不同的铁块分别代表两个入侵目标。

 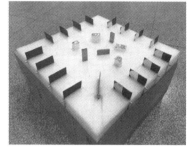

(a) 原始环境　　　　　　　　　　(b) 入侵目标进和后的环境

图 1-66　入侵目标探测的原始环境及入侵目标进入后的环境

按照同样的过程处理数据，多入侵目标的探测结果如图 1-67 所示。聚焦成像结果验证了时间反演技术在探测复杂环境中多入侵目标方面的可行性。

综上所述，运用时间反演聚焦的方法可以很好地实现对空间二维、三维中入侵目标的

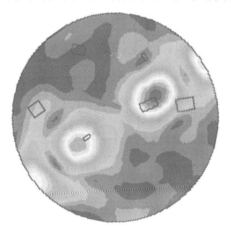

图 1-67　多入侵目标的探测结果

检测。本研究从理论上对单入侵目标以及多入侵目标在单一环境和复杂环境中的入侵情况进行了研究，并结合实验对该理论研究进行了实验验证，最终结果基本上与理论分析结果相吻合，但是天线加工精度的影响以及测量环境和测量方法等所引起的误差，使得最终的实验验证有一定的误差。

1.7　液晶材料

液晶是一种介于液体和晶体之间的高分子材料，同时具有液体的流动性及固态晶体的分子方向性。

1.7.1 液晶材料概述

液晶材料按照分子排列方式的不同可分为胆甾型、近晶型、向列型等。在微波领域，应用较多的是向列型液晶，在外加电磁场下，其分子排列会由无序变成有序，按照固定方向排列。液晶的电调特性是指在电场强度发生改变时液晶的有效介电常数也发生改变。

虽然向列型液晶分子排列整齐，但在有些方向上分子却是随机排布的。图 1-68 给出了液晶分子指向与外加电场之间的关系，液晶分子指向会随外加电压的改变而改变。具体情况主要分以下三种：第一种情况，当外加电压小于液晶分子开始发生偏转的阈值电压时，液晶分子指向仍沿着取向的方向，此时液晶的有效介电常数 $\varepsilon_{eff}=\varepsilon_\perp$；第二种情况，当液晶分子与外加电场平行，即外加电压达到临界点时，液晶分子不再发生偏转，此时液晶的有效介电常数 $\varepsilon_{eff}=\varepsilon_{//}$；第三种情况，当外加电压的值介于以上两个电压值之间时，液晶的有效介电常数 ε_{eff} 的取值范围为 $\varepsilon_\perp<\varepsilon_{eff}<\varepsilon_{//}$，液晶的介电各向异性为 $\Delta\varepsilon=\varepsilon_{//}-\varepsilon_\perp$。

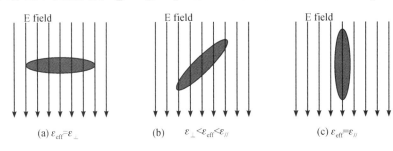

(a) $\varepsilon_{eff}=\varepsilon_\perp$ (b) $\varepsilon_\perp<\varepsilon_{eff}<\varepsilon_{//}$ (c) $\varepsilon_{eff}=\varepsilon_{//}$

图 1-68　液晶分子指向与外加电场之间的关系

1.7.2 液晶材料在可重构天线中的应用

基于液晶材料的可重构器件，其核心原理是以介电特性可调谐的液晶材料作为微波电路的基板介质，使得器件的工作特性参数具有可重构特性。因此，液晶材料特性研究及天线结构设计共同构成了基于液晶材料的天线可重构技术基础。

1. 频率可重构

近年来，向列型液晶材料在微波频段的应用越来越广泛，其介电特性可连续调谐的特征引起了业界的广泛关注。液晶材料是微波领域的新型介质材料，对其性质功能的研究是设计基于液晶材料的各类微波器件的基础。对于微波毫米波频段液晶材料的研究，主要有测量各类液晶材料的介电特性、对液晶材料及相关器件进行建模以及分析各类环境参数对液晶材料调谐性能的影响等几个方面。目前，液晶在频率可重构天线中的应用主要是将液晶视为一种介电常数可变的介质基板，通过调谐介质基板的介电常数来改变天线的电长度。最经典的基于液晶的频率可重构天线的结构如图 1-69 所示。天线分为

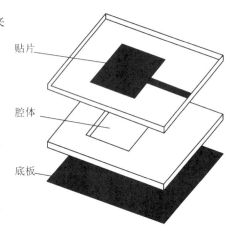

贴片

腔体

底板

图 1-69　液晶微带贴片天线

三层结构：上、下两层介质基板和金属底板。辐射贴片位于上层介质基板下表面，液晶填充于下层介质基板挖空的部分，充当介质基板。需要注意的是，液晶只填充于辐射贴片部分，馈电微带线部分未填充液晶。一般情况下，所使用液晶的介电各向异性越大，频率可重构天线的调谐性能越好。

2. 方向图可重构

一些学者研究了液晶在微带反射阵天线中的应用。液晶微带反射阵天线可以避免馈电、移相器等因素对天线的影响。Moessinger 等人在 2006 年设计了工作在 35 GHz 的 16×16 的液晶微带反射阵天线[25]，如图 1-70 所示。从图 1-70 中可以看到，每列 16 个单元分开控制，为此设计了 16 个独立的可调电压结构。每个可调电压结构由一个 D/A 转换器和放大器组成。电压通过模拟多路复用器施加到每一列上，在每一列上连接一个电容器以确保电压稳定。多路复用器和 D/A 转换器由 PC 通过 USB 接口连接控制。通过这种方法，控制每一列液晶的介电常数，所使用液晶的介电常数变化范围为 2.62～3.04。该天线主波束指向可由 −20° 切换至 20°，具有良好的波束重构效果。

图 1-70　多路电压控制的液晶反射阵天线

2007 年，W. Hu 等人设计了工作于 10 GHz 的微带反射阵天线[26]，如图 1-71 所示。其单元结构是正方形贴片，液晶填充于腔体中。特别的是，该天线并不是通过整体控制来实现方向图重构的，而是将阵列分成了两部分去控制外加电场，通过给两部分天线施加不同的电场强度，实现方向图可重构的。

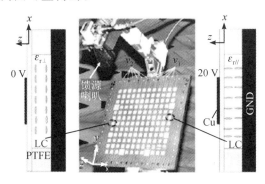

图 1-71　两路电压控制的微带反射阵天线

对液晶材料的透射波束扫描阵列天线的研究最早是由 O. H. Karabey 提出的。他提出了一种具有基于液晶的可变延迟线的二维电控相控阵天线[27]。该结构工作于 17.5 GHz，由 2×2 微带贴片天线组成阵列。可变延迟线的最大相移为 300°。对可变延迟线施加 0～15 V 范围内的直流偏置电压，可达到控制天线的目的。虽然其馈电网络十分复杂，但是它实现了−27°到 0°的可重构波束扫描。基于液晶的可变延迟线的二维电控相控阵天线如图 1-72 所示。

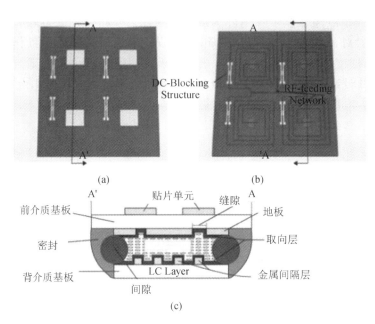

图 1-72 基于液晶的可变延迟线的二维电控相控阵天线

S. Ma 等人在 2017 年根据相控阵中移相器的作用设计了基于液晶移相器的阵列天线[28]，如图 1-73 所示，倒角的蜿蜒曲线构成了移相部分，液晶填充于蜿蜒曲线下方，贴片部分未填充液晶。在 12.5 GHz 仿真中，当液晶的有效介电常数由 2.5 变至 3.3 时，该天线的主波束指向从−21°变至 15°。但这种方法仅停留在仿真阶段，而且其使用的液晶介电各向异性优异，在很大程度上增加了天线的波束扫描能力。

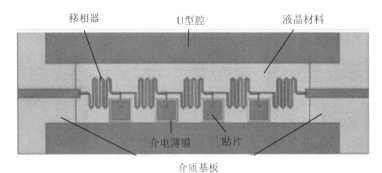

图 1-73 基于液晶移相器的阵列天线

3. 极化可重构

极化可重构天线可以根据实时环境的变化选择合适的极化方式，这样可以有效地减少由反射阵波束极化失配带来的功率损失，增强信号的抗干扰能力，提高系统的传输效率，实现波束指向的变化。但同时，极化可重构天线对于信号衰落也有一定的抑制作用。目前主要是通过可控馈电系统和可控缝隙来实现天线的极化可重构。前者对馈电系统加载可变电抗或者切换馈电位置，利用不同工作模式的相位差来实现极化的可重构；后者则是在天线合适的位置刻蚀缝隙，利用射频开关改变天线电流的流动路径，产生相位差，实现天线极化可重构。然而上述方法已经不能满足现代国防军事中高集成、易控制、反应快的要求。近年来，液晶由于其介电常数可电控的独特特点，被越来越多地用来改变馈电系统的功率或相位，实现极化可重构天线。目前主要是通过设计基于液晶的可控耦合传输线、可控相位延迟线、可重构极化偏振片来实现极化可重构的，其快速灵活、易于集成的优点使得基于液晶的极化可重构天线在国防军事方面有着广阔的发展前景。

参 考 文 献

［1］　WANG R，WANG B Z，GONG Z S，et al. Compact multiport antenna with radiator-sharing approach and its performance evaluation of time reversal in an intra-car environment［J］. IEEE Transactions on Antennas and Propagation，2015，63（9）：4213 － 4219.

［2］　LIANG M S，WANG B Z，ZHANG Z M，et al. Simplified pulse shaping network for microwave signal focusing based on time reversal［J］. IEEE Antennas and Wireless Propagation Letters，2015，14：225 － 228.

［3］　DING S，GUPTA S，ZANG S，et al. Enhancement of time-reversal subwavelength wireless transmission using pulse shaping［J］. IEEE Transactions on Antennas and Propagation，2015，63（9）：4169 － 4174.

［4］　LIU X F，WANG B Z，LI L. Transmitting-mode time reversal imaging using MUSIC algorithm for surveillance in wireless sensor network［J］. IEEE Transactions on Antennas and Propagation，2012，60（1）：220 － 230.

［5］　LIU X F，WANG B Z，XIAO S. Electromagnetic subsurface detection using subspace signal processing and half-space dyadic Green's function［J］. Progress in Electromagnetics Research-pier，2009，98：315 － 331.

［6］　OU H，WU Y，LAM E，et al. Axial localization using time reversal multiple signal classification in optical scanning holography［J］. Optics Express，2018，26（4）：3756 － 3771.

［7］　WANG X H，GAO W，WANG B Z. Efficient hybrid method for time reversal superresolution imaging［J］. Journal of Systems Engineering and Electronics，2015，26（1）：32 － 37.

［8］　GAO W，WANG X H，WANG B Z. Time-reversal ESPRIT imaging method for the detection of single target［J］. Journal of Electromagnetic Waves and Applications，

2014，28(5)：634 - 640.

[9] WEI X K，SHAO W，SHI S B，et al. An optimized higher order PML in domain decomposition WLP-FDTD method for time reversal analysis[J]. IEEE Transactions on Antennas and Propagation，2016，64(10)：4374 - 4383.

[10] WEI X K，SHAO W，OU H，et al. Efficient WLP-FDTD with complex frequency shifted PML for super-resolution analysis[J]. IEEE Antennas Wireless Propagation Letters，2017，16：1007 - 1010.

[11] WANG K，SHAO W，OU H，et al. Time reversal focusing beyond the diffraction limit using near-field auxiliary sources[J]. IEEE Antennas and Wireless Propagation Letters，2017，16：2828 - 2831.

[12] GONG Z S，WANG B Z，YANG Y，et al. Far-field super-resolution imaging of scatterers with a time reversal system aided by a grating plate[J]. IEEE Photonics Journal，2017，9(1)：1 - 8.

[13] WANG X H，HU M，WANG B Z，et al. Near-field periodic subwavelength holey metallic plate for far-field super resolution focusing[J]. IEEE Photonics Journal，2017，9 (1)：1 - 7.

[14] WANG R，LIU J，LV Y，et al. Subwavelength field shaping approach based on time reversal technique and defective metasurfaces[J]. IEEE Access，2019，7：84629 - 84636.

[15] LI B，ZHAO D，LIU S，et al. Precise transient electric field shaping with prescribed amplitude pattern by discrete time reversal[J]. IEEE Access，2019，7：84558 - 84564.

[16] JIA Q S，DING S，DONG H B，et al. Synthesis of Bessel beam using time-reversal method incorporating metasurface[J]. IEEE Access，2021，9：30677 - 30686.

[17] HAN X，DING S，JIA Q S，et al. Control of time-reversal aperture by high-precision phase modulated and dual-polarized metasurface[J]. IEEE Transactions on Antennas and Propagation，2023，71(6)：5446 - 5451.

[18] HAN X，DING S，JIA Q S，et al. Limit values acquisition in field control problems using information based time reversal technique[J]. IEEE Transactions on Antennas and Propagation，2023(Early Access).

[19] CHENG Z H，LI T，HU L，et al. Selectively powering multiple small-size devices spaced at diffraction limited distance with point-focused electromagnetic waves[J]. IEEE Transactions on Industrial Electronics，2022，69(12)：13696 - 13705.

[20] YANG Z，ZHAO D，BAO J，et al. Asynchronous focusing time reversal wireless power transfer for multi-user with equal received power assignment[J]. IEEE Access，2021，9：150744 - 150752.

[21] HU L，MA X，YANG G，et al. Auto-tracking time reversal wireless power transfer system with a low-profile planar RF-channel cascaded transmitter [J]. IEEE Transactions on Industrial Electronics，2023，70(4)：4245 - 4255.

[22] 陈传升，王秉中，王任. 基于时间反演技术的电磁器件端口场与内部场转换方法[J].

物理学报，2021，70（7）：070201.

[23]　CHEN C S，WANG B Z，WANG R. Conversion method between port field and internal field of electromagnetic de vice based on time-reversal technique[J]. Acta Physica Sinica，2021，70(7)：070201.

[24]　WANG Z，WANG B Z，LIU J P，et al. Method to obtain the initial value for the inverse design in nanophotonics based on a time-reversal technique[J]. Optics Letters，2021，46(12)：2815 – 2818.

[25]　FAN J，WANGR，WANG B Z. Initial structure construction for multi-frequency nanophotonic devices based on TR PCA method[J]. IEEE Photonics Technology Letters，2023，35(18)：967 – 970.

[26]　LI T，ZHAI H，WANG X，et al. Frequency-Reconfigurable Bow-Tie Antenna for Bluetooth，WiMAX，and WLAN Applications[J]. IEEE Antennas and Wireless Propagation Letters，vol. 14，pp. 171 – 174，2015，doi：10. 1109/LAWP. 2014. 2359199.

[27]　A MOESSINGER，R MARIN，S MUELLER，et al. Electronically reconfigurable reflectarrays with nematic liquid crystals[J]. Electronics Letters，vol. 42，no. 16，pp. 899 – 900，2006.

[28]　KARABEY O H，BILDIK S，et al. Continuously polarisation reconfigurable antenna element by using liquid crystal based tunable coupled line[J]. Electron. Letters，2012，48(3)：141 – 143.

第 2 章

新型电磁 MIMO 阵列调控前沿技术

移动通信技术的不断发展主要带来了两大发展趋势：一方面，通信质量和传输速率的提升会导致信道容量的需求激增、天线单元的数量激增；另一方面，在小型化和集成化的发展趋势下，越来越多的天线被集成到更小的空间内，天线之间的物理尺寸被压缩，天线之间的电磁干扰问题将愈发严重。因此，提高 MIMO 系统中多天线单元之间的隔离度，对性能提升具有十分重要的意义。同时为了提高风阻环境下天线的稳定性，需要尽可能地降低天线的剖面。此外，大角度扫描对民用和军用的通信系统也十分重要。

本章将针对 MIMO 阵列天线展开研究，分别详细地介绍了实现高隔离、低剖面、高增益以及大角度扫描等特性的方法。

2.1 概　述

随着移动通信技术的发展，基站和终端设备逐渐从 4G、5G 演进到 6G。天线的数量也逐渐增多，多天线系统已经应用到大多数通信设备中。多天线系统的应用主要包含两个方面：一方面，MIMO 系统凭借多根独立的天线，可以同时传输多路数据，进而增大系统的信道容量[1,2]，提升频谱效率[3,4]，减小误码率[5]；另一方面，多个天线可以组成天线阵列，阵列天线不仅可以提高增益和定向性[6,7]，还可以实现波束扫描[8]，在基站[9-11]和雷达[12,13]领域有着广泛的应用。

与此同时，通信设备有着小型化的发展趋势，电子设备的集成度也越来越高，这意味着需要在有限的空间内集成更多的天线，因此需要解决两个问题。首先，为了能够更好地集成多天线系统，需要对天线单元进行小型化[14,15]，以及单元之间的合理排布[16]；其次，天线与天线之间的距离过近，会导致天线受到相邻或相近天线的电磁干扰[17]，接收到无用信号，这会导致通信容量和质量的下降。

从天线本身的角度来看，合理的去耦结构可以降低相邻天线对匹配和辐射的影响[18,19]，可以使天线更好地工作；从系统的角度来看，降低天线之间的耦合和场相关系数，可以增大整个通信系统的信道容量[20-22]。因此，研究集成化多天线系统的去耦技术是至关重要的。

根据惠更斯原理，水平极化天线接近金属地板时，切向电场为零，法向电场加倍。所以对于靠近金属地板水平放置的天线，电流对其无法实现有效地辐射。一般地，水平放置的天线需要距离金属地板四分之一波长(λ/4),才能与金属地板反射相位的同相叠加,实现良好工作。但是,这类天线有着较高的剖面尺寸,这就使得天线由于高截面容易受到风阻的影响而难以保持良好的稳定。高剖面天线有着较大的质量,这对于平台负载的要求增加。这类天线也不易与其他载体共形,难以实现基站天线的伪装。由于有着这么多的问题和劣势,小型化天线[23-26]成为了解决这些问题的解决方案,也自然成为了研究的重点。降低天线高度和减轻天线重量,既是微小型天线研究的要求,也是其关键所在。

人们对现代通信系统的要求日渐提高,高增益[27,28]、高效率的天线也就成为了当前学术研究的热点,它可以显著提高电子系统的数据传输速率,具有增加天线有效工作距离、提高系统分辨率的效果,减少了传播中多径效应的影响以及噪声对信号的干扰。阵列天线是实现高增益天线的有效方式,尤其是相控阵天线,具有独特的性能优势,但生产成本相对较高。没有机械运动,快速准确的相控阵波束扫描很容易实现。如何提高天线的增益,将是提高天线通信效率和速度的重要研究目标。

相控阵技术在军用雷达系统中发挥着重要作用。然而,平面相控阵的有限扫描范围限制了雷达系统的有效工作区域。平面大角度扫描阵列[29,30]的应用对于扩展雷达系统的有效工作区域具有重要的意义,并且可以减少整个空间有效操作所需的阵列数量。它对提高雷达系统性能、降低系统成本和扩展雷达应用具有重大影响。对于民用通信基站系统而言,天线具有电子波束扫描,能够更好地适应复杂的工作环境。当天线波束指向用户时,可以避免能量的无谓损耗,提高用户与基站之间的通信速率与效率。在基站天线工作的复杂环境中,多种无关的电磁干扰不可避免,此时将天线波束偏离干扰波束方向即可保证通信的稳定。具有大波束扫描的天线阵列能够更好地适应环境,它能覆盖更宽的区域,保证了覆盖区域内设备的良好通信,避免了通信盲区,同时可以优化信噪比和提高通信容量。大角度扫描对于民用通信系统和军用通信系统显然非常重要,提高天线系统的波束扫描角也就成为了提高通信系统性能的研究热点与难点。

2.2　高隔离 MIMO 阵列调控技术研究

2.2.1　理论分析及研究现状

MIMO 技术要求发射端(接收端)的多个天线是相对独立的。但多个天线间由于受到相互耦合的影响,使天线相互独立极为困难。一般地,空间内的多个天线会受到其他天线上的电流和电场等参数的影响。天线之间的相互作用称作互耦。在有限空间内放置多根天线必然会产生较强的耦合。如果天线距离较远时,天线间的耦合就会减弱,这时互耦作用可以忽略。工程上通常用 S_{ij} 表示天线间的耦合大小,称其为隔离度或耦合系数。两者是耦合大小的不同表达方式,天线单元间耦合系数小,则隔离度高;天线单元间耦合系数大,则隔离度低。天线间的互耦对天线的输入阻抗和表面电流分布具有一定的影响,进而使天线的辐射方向图产生变形,影响 MIMO 天线的分集性能。

由于现代无线通信设备对小型化的要求越来越高,MIMO 技术中天线间的互耦问题将不可忽略，如何在有限的空间内降低 MIMO 系统中多个天线的耦合将成为研究的热点。为了减小天线间的互耦作用对天线性能的影响，多天线间的去耦合技术受到研究人员的广泛关注。常见的方法有：缺陷地、寄生谐振单元、中和线、去耦网络、电磁新材料（如 EBG 结构）以及去耦表面等。

缺陷地提高隔离度的方法可以通过缺陷地结构（Defected Ground Structure，DGS），即在多天线的金属共地上蚀刻缝隙结构，构成并联 LC 谐振电路实现带阻特性，也就是通过改变金属地板上的电流分布，抑制天线的表面波传输，降低天线间的互耦。Wei K 等人于 2016 年提出了一种应用于共面微带天线元件间去耦合的 S 型周期性分形缺陷地结构[31]，如图 2-1 所示。在第三阶分形缺陷地结构的加持下，天线间的相互耦合从 -15 dB 降低至 -52 dB，天线的包络相关性从 -80 dB 降低至 -170 dB，同时效率也得到提升。

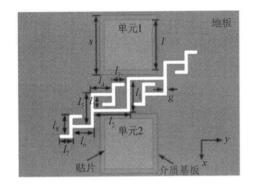
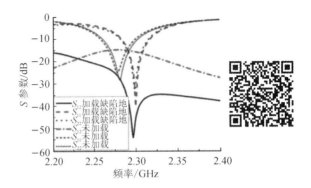

图 2-1　基于缺陷地结构的去耦技术

寄生谐振单元提高隔离度的方法可以通过加载寄生谐振单元吸收阵列各天线的近场辐射波，从而提高天线间的隔离度。2017 年，本课题组提出了一款低剖面、高隔离的双极化 MIMO 天线[32]，如图 2-2 所示。该天线工作在 2.4～3.0 GHz，在天线单元间的介质基板上加入寄生枝节，当一个天线单元被激励时，周围的寄生枝节和非激励天线同时耦合，而寄生枝节由耦合电流产生谐振，进而对非激励天线产生耦合，这两种耦合在非激励天线单元上产生耦合电流，其相位相反，足以相互抵消，实现了端口之间耦合的降低。

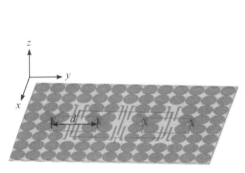
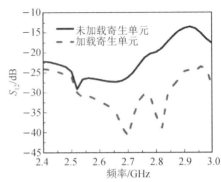

图 2-2　基于寄生谐振单元的去耦技术

中和线技术和去耦网络技术则是基于相位补偿思想达到降低耦合的目的。当两个天线放置在有限空间内，对天线间的耦合引入一个相反相位的耦合补偿，从而实现天线间的隔离。中和线技术利用中和线连接两个天线，通过合理地设计和优化，使中和线上的耦合电流与原电流产生相反相位以达到中和的作用，中和线在天线中的接入点和长度在相位补偿中起到了关键作用。Li M 等人于 2020 年提出了一种通用的中和线系统设计方法，并以 IFA(Inverted-F antenna) 天线为例，对双天线系统和三天线系统均进行了讨论[33]，如图 2-3 所示。该设计方法中提出的中和线结构能在工作频带将端口隔离度从 13 dB 和 7 dB 分别提升至 41 dB 和 26 dB，去耦后的天线阵列具有更低的包络相关系数(Envelop Correlation Coefficient，ECC)和更高的辐射效率。

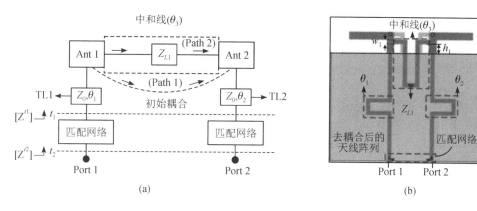

图 2-3　基于中和线的去耦技术

去耦网络同样基于相位补偿思想将两天线的耦合相位抵消，从而达到隔离的效果。去耦网络的工作原理是在天线之间加载能够产生与天线电流方向相反的电路，从而抑制天线间电流的流动，一般适用于天线距离很近的情况。2015 年，Wu C H 等人提出了一款加载去耦网络的单极子天线对，如图 2-4 所示，元件间距小于 0.075 倍中心波长，去耦网络由 2 个串联的集总元件和 4 个并联的集总元件组成，无须额外的传输线，因此实现了紧凑的去耦结构设计，该去耦网络将两端口间的隔离度从 4 dB 提升至 29 dB[34]。

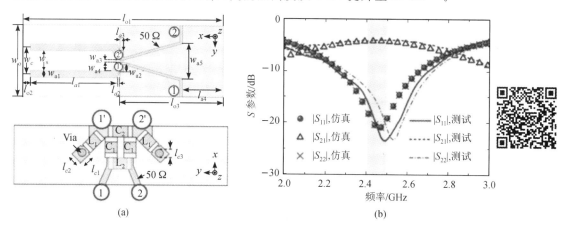

图 2-4　基于去耦网络的去耦技术

另外，可以采用电磁带隙(Electromagnetic Band-Gap，EBG)结构提高隔离度。其中比较经典的 EBG 结构是蘑菇(mushroom)型 EBG 结构，该结构是由一系列印制在介质基板一侧的金属片呈周期性地排列在一起，并且这些金属片通过短路过孔与介质基板另外一侧的金属地板相连接。电磁场带隙结构对表面波具有抑制作用，将 EBG 结构加载在两个天线之间，抑制表面波，从而抑制天线间的耦合，进而达到提高天线间隔离度的目的。Yang X 等人于 2017 年提出了加载一排分形单面紧凑型电磁带隙（Uniplanar Compact Electromagnetic Band-Gap，UC-EBG）结构，这是一种有 3 个交叉槽和 2 个去耦结构的高隔离度的紧凑型贴片天线阵列，如图 2-5 所示[35]。仿真结果表明，在两个边对边辐射贴片之间放置的分形 UC-EBG 结构，可实现 13 dB 的隔离度提升。

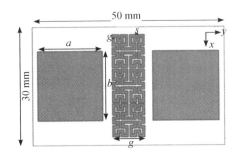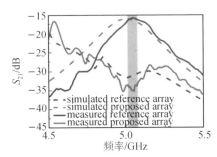

图 2-5 基于 EBG 的去耦技术

2020 年，Chen X 团队提出了一种在天线间加载开口谐振环（Split-Ring Resonator，SRR）充当隔离墙实现去耦的结构[36]，如图 2-6 所示。在天线的工作频带内该结构谐振呈现带阻滤波特性，将其垂直放置在紧凑排列的天线阵列单元间能够阻挡空间耦合波的传输，在 1×4 阵列单元中将隔离度（在 3.4～3.8 GHz 频段内）提升至 25 dB 以上。

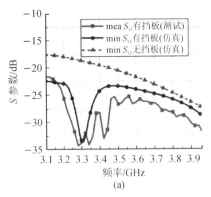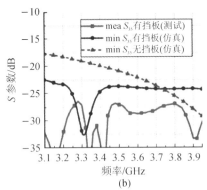

图 2-6 基于开口谐振环的去耦技术

去耦表面主要是从空间中调控电磁波的传播路径，近年来被广泛应用于基站天线阵列中。2019 年，Liu F 等人采用具有两种单元周期排布的超材料覆层（Metasurface-based Decoupling Method，MDM），覆盖在两个耦合较强的微带天线阵列上方，实现了两个双频天线的单极化去耦[37]，如图 2-7 所示。该天线工作在 2.6 GHz 频段和 3.5 GHz 频段，超材料覆层的应用使两个频段的隔离度从 8 dB 和 15 dB 均提升至 25 dB 以上。

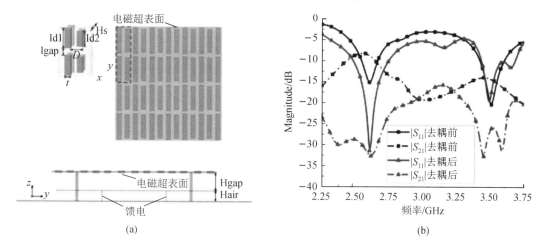

图 2 - 7　基于超材料覆层的去耦技术

2.2.2　高隔离 MIMO 终端天线阵列调控技术研究

图 2 - 8 给出了一种小型化六元双频带高隔离 MIMO 天线终端阵列，该阵列利用极化分集等方法，使天线之间在双频带工作模式下实现了大于 20 dB 的高隔离特性。天线的辐射具有全向性，系统的包络相关系数小于 0.5，具有良好的分集性能，可应用于 LTE 和 Wi-MAX 两个无线通信标准。

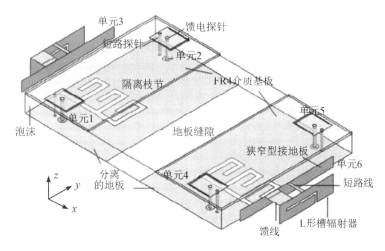

图 2 - 8　双频带高隔离 MIMO

该 MIMO 系统由 6 个双频带平面倒 F 天线（PIFA）单元 1～6 构成，PIFA 天线普遍应用于无线终端设备中，一般由辐射贴片、接地板、馈电结构、短路结构 4 部分组成。

PIFA 单元 1 和单元 2 结构相似，都是在 PIFA 的辐射贴片上设置 U 形槽，使得 PIFA 在保持金属贴片物理尺寸的基础上增加了新的谐振路径，实现了 LTE/WiMAX 双频带特性。通过调节金属短路枝节和馈线的相对位置及尺寸，可以调节 PIFA 在双频工作状态下的阻抗和增益特性。

在 MIMO 阵列中，PIFA 单元 3 采用在 PIFA 的辐射贴片上设置 L 形槽，使得 PIFA 在基础谐振模式上增加了新的谐振路径，实现了 LTE/WiMAX 双频带特性。其中，辐射贴片工作在低频状态，L 形槽工作在高频状态。系统将不同形式的 PIFA 天线垂直放置，即保证 PIFA 单元 1(2)与 PIFA 单元 3 正交，促使两者的电流方向正交，实现极化分集，从而减小不同类型天线间的耦合。此外，刻蚀有 L 形槽的 PIFA 天线单元 3 采用一个狭窄的接地板结构，减少了接地板上的电流分布，从而进一步减小了 PIFA 单元 1(2)与 PIFA 单元 3 之间的辐射耦合；狭窄型接地板还可以提高 PIFA 单元 3 自身的阻抗匹配。

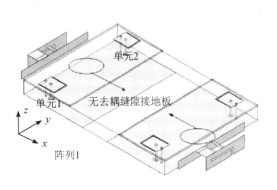

(a) 未加载去耦槽的MIMO阵列拓扑图

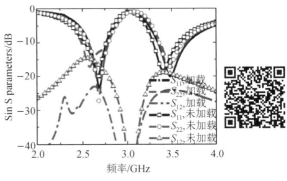

(b) η形谐振槽对S参数的影响

图 2-9　加载与未加载级联去耦 η 形谐振槽的 MIMO 阵列对比图

除此之外，MIMO 天线系统采用在相邻 U 形槽 PIFA(如单元 1 和单元 2，单元 4 和单元 5)之间引入 3 个级联 η 形谐振槽缺陷地结构构成谐振电路，实现带阻特性，加载 η 形缝隙前的结构和 S 参数特性曲线对比如图 2-9 所示。由图可知，级联 η 形谐振槽缺陷地结构能够大幅度提高单元 1 和单元 2 之间的隔离度，实现带阻特性。

另外，在单元 1(2)和单元 4(5)之间的地板采用分离结构，阻断金属地板上的电流流通，抑制天线的表面波传输，进而降低天线间的互耦，其加载前的结构示意图和加载后的 S 参数变化如图 2-10 所示。

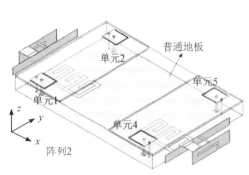

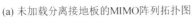

(a) 未加载分离接地板的MIMO阵列拓扑图

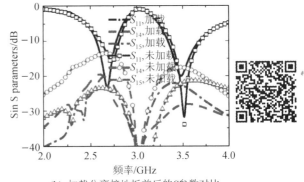

(b) 加载分离接地板前后的S参数对比

图 2-10　在单元 1(2)与单元 4(5)之间加载与未加载分离接地板的 MIMO 阵列对比图

图 2-11 给出了在单元 3 与单元 6 上加载狭窄型接地板对单元 3(6)与其他相邻天线之间耦合的抑制效果。

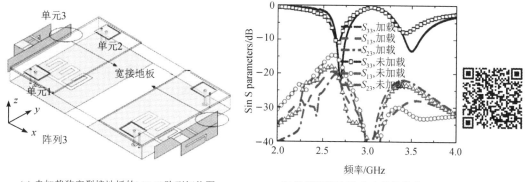

(a) 未加载狭窄型接地板的MIMO阵列拓扑图　　　(b) 狭窄型接地板对S参数的影响

图 2 - 11　在单元 3 与单元 6 上加载与未加载狭窄型接地板的 MIMO 阵列对比图

2.2.3　高隔离 MIMO 基站天线阵列调控技术研究

MIMO 基站阵列系统中的天线主要有两大特点：一是阵列规模特别大，二是单元间距非常近。由此导致天线之间耦合会很强烈且形式多样，这对去耦结构的设计提出了很大的挑战。本小节以去耦平面、介质覆层和 π 型隔离网三种去耦结构，紧密配合并包围在天线周围和上方，可以有效地提高隔离度。

以图 2 - 12 所示的 5 个基站天线单元交错排列组成的五元阵为例，根据单元摆放位置关系和极化类型，可将阵列中的耦合分为如下几类：① 相邻单元同极化 E 面耦合，如天线 2 和天线 6 之间的耦合 $S_{2,6}$；② 相邻单元同极化 H 面耦合，如天线 1 和天线 5 之间的耦合 $S_{1,5}$；③ 相间单元同极化 E 面耦合，如天线 2 和天线 10 之间的耦合 $S_{2,10}$；④ 相间单元同极化 H 面耦合，如天线 1 和天线 9 之间的耦合 $S_{1,9}$；⑤ 异极化耦合，如天线 1 与天线 2 之间的耦合 $S_{1,2}$ 或天线 1 与天线 6 之间的耦合 $S_{1,6}$。

1. 去耦平面的设计

采用空间对消原理，阵列去耦平面（Array Decoupling Planer，ADP）可以有效降低同极化 E 面耦合与同极化 H 面耦合。该去耦平面印刷在厚度为 3 mm 的 F4B($\varepsilon_r = 2.6$，$\tan\delta = 0.001$)介质板上，放置于天线单元的正上方，如图 2 - 12 所示。此外，去耦平面单元位于天线单元正上方，可以起到引向器的作用，提高主辐射方向的增益。

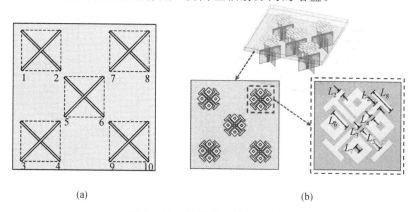

(a)　　　　　　　　　　　　　　(b)

图 2 - 12　去耦平面结构示意图

如图 2-13 所示，天线辐射出去的部分电磁波被 ADP 层反射到相邻单元，会产生间接耦合，相邻两天线的间接耦合与直接耦合，其电磁波如果能满足等幅反相条件，即可相互抵消，进而实现去耦。因此，为了实现理想的去耦效果，需要合理地调控间接耦合的幅度和相位，其中，间接耦合的幅度主要由 ADP 的单元形状决定；间接耦合的相位主要由 ADP 与天线阵面的高度差 h_{DS} 决定，一般取为 $\lambda_0/10 \sim \lambda_0/8$ 之间。

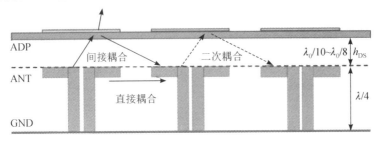

图 2-13　ADP 去耦原理

ADP 与天线阵面的高度差 h_{DS} 对相邻单元之间同极化耦合的影响如图 2-14 所示。从图中可以看出，在阵列上方加 ADP 后，天线间的耦合明显降低，且随 h_{DS} 增大，相邻单元同极化 H 面耦合 $S_{1,5}$ 逐渐变小，相邻单元同极化 E 面耦合 $S_{2,6}$ 反而增大。

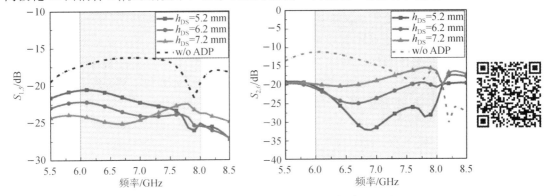

图 2-14　ADP 与天线阵面的高度差对相邻单元耦合的影响

图 2-15 以敏感变量 L_6 为代表给出了 ADP 形状对相邻单元之间耦合的影响。图中可以看出，变量 L_6 增大后，相邻单元同极化 H 面耦合 $S_{1,5}$ 降低；变量 L_6 减小后，相邻单元同极化 E 面耦合 $S_{2,6}$ 减小。

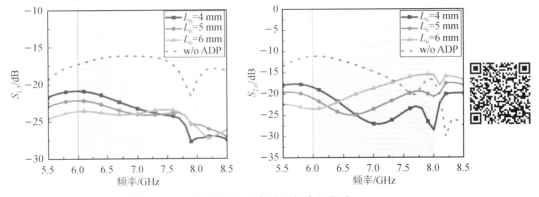

图 2-15　ADP 形状对相邻单元耦合的影响

此外，ADP 层不仅可以产生间接耦合路径，还可以产生二次耦合路径，这主要是由于电磁波在天线阵列面与 ADP 层之间多次反射造成的。二次耦合的电磁波会传播到相间单元上，但是没有可与之抵消的直接耦合（忽略不计），因此，加了 ADP 层后，相邻单元的耦合下降，但是相间单元的耦合反而变强，需要配合介质覆层进一步去耦。

2. 去耦介质覆层的设计

利用电磁透镜原理，使部分电磁波发生折射和反射，配合去耦平面，可进一步降低同极化耦合。介质覆层共分为三层，其中覆层Ⅰ位于去耦平面下方，覆层Ⅱ和覆层Ⅲ位于去耦平面上方，如图 2-16 所示。其中，①为介质覆层Ⅲ，②和③为介质覆层Ⅱ，⑥和⑦为介质覆层Ⅰ，⑤为 ADP。各层之间的空隙用介电常数为 1.03 的 Eccostock PP-2 柔性聚乙烯泡沫填充，起到良好的支撑作用，便于天线封装。该泡沫介电常数接近空气，对天线性能的影响可忽略不计。

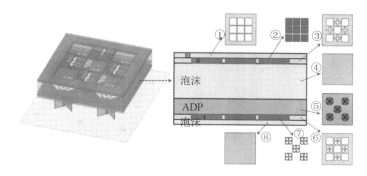

图 2-16　介质覆层结构示意图

1）介质覆层Ⅰ

介质覆层Ⅰ的基体采用 FR4（$\varepsilon_r = 4.4$，$\tan\delta = 0.02$）介质板，如图 2-17 所示。其中，位于天线单元正上方的部分挖空，并填充高介电常数的 Rogers TMM10（$\varepsilon_r = 9.2$，$\tan\delta = 0.0022$）介质板，两种材料位于同一层，周期交错排布，重组为一种具有新介电常数的介质板。再在新介质板上雕刻花瓣形镂空结构，等效为填充了空气介质，可以进一步调整介质覆层Ⅰ的等效介电常数，等效介电常数可以用 A-BG 经验公式来近似计算：

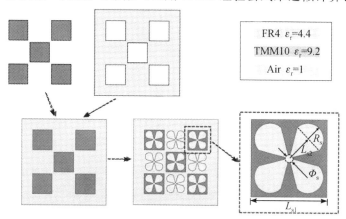

图 2-17　介质覆层Ⅰ的结构示意图

$$\frac{\varepsilon_i - \varepsilon_e}{\varepsilon_i - \varepsilon_h} = (1 - p)\left(\frac{\varepsilon_e}{\varepsilon_h}\right)^{1/3} \tag{2-1}$$

其中，ε_h 为基底介电常数，ε_i 为填充介电常数，ε_e 为等效介电常数，p 为占空比。

图 2-18 给出了介质覆层 I 的去耦原理，经介质覆层 I 反射的电磁波可与 ADP 反射的间接耦合配合，与直接耦合的电磁波更接近等幅反相，具有更好的去耦效果，通过调整介质覆层 I 与天线的高度差以及 ADP 与天线的高度差，可实现最佳效果。此外，由于 ADP 产生的间接耦合为金属反射，有效的去耦频带较窄，而等效介质覆层产生的反射具有色散效应，电磁波在不同频率下具有不同的相速度和时延，因此可在较宽频段内实现去耦，改善了低频部分的隔离度。

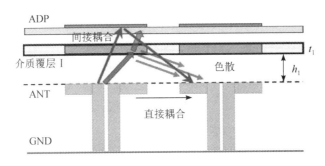

图 2-18　介质覆层 I 的去耦原理

图 2-19 给出了相邻单元同极化 H 面耦合 $S_{1,5}$ 与相邻单元同极化 E 面耦合 $S_{2,6}$ 在引入介质覆层 I 前后的对比结果，可以看出，介质覆层 I 的加入使得耦合整体下降，在低频段尤为明显，实现了较宽频段内的去耦。

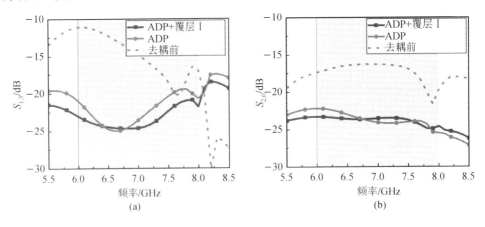

图 2-19　介质覆层 I 对耦合的影响

2）介质覆层 II & III

介质覆层 II 的设计思路与介质覆层 I 类似，采用 FR4（$\varepsilon_r = 4.4$，$\tan\delta = 0.02$）和 Rogers TMM10（$\varepsilon_r = 9.2$，$\tan\delta = 0.0022$）介质板，这两种不同介电常数的介质板交错排布，并在低介电常数的基底上雕刻十字形镂空结构改变占空比来优化等效介电常数，如图 2-20 所示。介质覆层 III 采用 FR4（$\varepsilon_r = 4.4$，$\tan\delta = 0.02$）介质板与空气介质交错排布，与介质覆层 II 在高度上紧贴配合，可视为一体结构，共同改善相间单元间的耦合，其结构如图2-21所示。

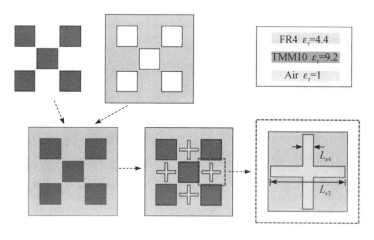

图 2-20　介质覆层Ⅱ结构示意图

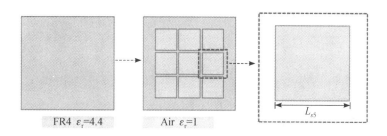

图 2-21　介质覆层Ⅲ结构示意图

　　介质覆层Ⅱ与Ⅲ主要用于降低相间单元的耦合。如图 2-22 所示，相间单元间的耦合主要由 ADP 层的二次反射产生，通过调整覆层 Ⅱ 与覆层 Ⅲ 的形状及其与天线口面的高度差 h_2、h_3，可以使介质反射波与二次反射波相互抵消，降低相间单元间的耦合。配合 ADP 层和介质覆层 Ⅰ，优化介质覆层Ⅱ&Ⅲ与天线口面的相对高度差，进而改变间接耦合、二次耦合以及介质反射波的相位差，可以同时降低相邻单元耦合及相间单元耦合。

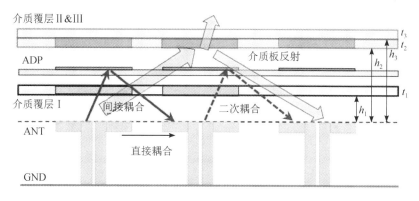

图 2-22　介质覆层Ⅱ&Ⅲ的去耦原理

　　图 2-23 给出了加覆层Ⅱ&Ⅲ前后，空间电场的幅度分布情况（相位均为 0）。从图 2-23(a)中可以看出，仅给最左边的天线 2 馈电，加了 ADP 层之后，由于天线阵面与 ADP

的二次反射，相间单元天线 10 上方的电场很强；加了介质覆层Ⅱ&Ⅲ之后，如图 2 - 23(b)
所示，相间单元上方的耦合场明显减弱。

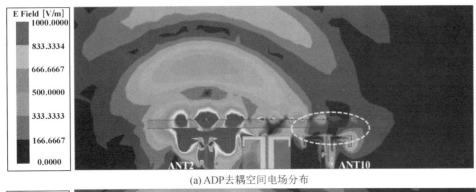

(a) ADP 去耦空间电场分布

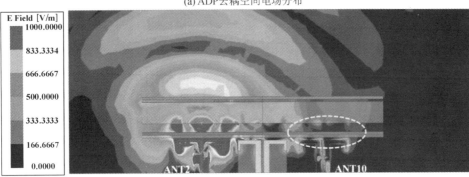

(b) ADP+介质覆层去耦空间电场分布

图 2 - 23　空间电场的幅度分布

图 2 - 24 分别给出了介质覆层对相间单元同极化 H 面耦合 $S_{1,9}$ 和相间单元同极化 E
面耦合 $S_{2,10}$ 的影响。从图中可以看出，相比于不加任何去耦结构原始阵列，加 ADP 后的
相间耦合 $S_{1,9}$ 有所提升，在介质覆层Ⅱ&Ⅲ的作用下，相间单元之间的耦合被降低至
-30 dB 以下。

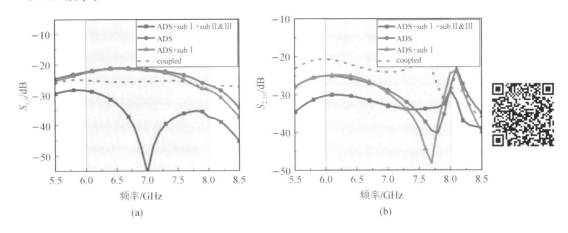

图 2 - 24　介质覆层Ⅱ&Ⅲ对耦合的影响

3. 去耦介质覆层的设计

去耦隔离网主要用于降低相邻单元同极化 E 面耦合。隔离网是一种电磁超材料，该结构在天线工作频段内谐振，吸收了耦合电流，可以有效减小空间波引起的耦合。为了吸收来自各个方向的耦合场，将隔离网包围在各单元四周，如图 2−25 所示。

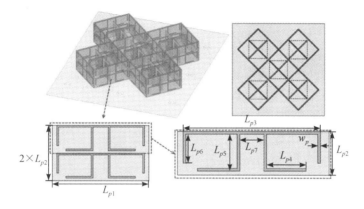

图 2−25　去耦隔离网结构

图 2−25 中的 π 形隔离网是一种带阻型频率选择表面(BE-FSS)，印刷在厚度为 0.5 mm 的 FR4 介质上。如图 2−26 所示，可以看出该频率选择表面在 6～8 GHz 内 $S_{1,1}$ 较高而 $S_{1,2}$ 较低，因此具有带阻特性。理论上频率选择表面由无限个单元周期排列而成，实际中只需要有限个单元即可实现相近功能，受限于天线高度，在垂直方向上只取 2 个频选单元，经地板镜像后为 4 个，水平方向上的频选单元个数主要由阵列规模决定。

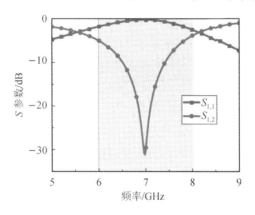

图 2−26　频率选择表面 S 参数

图 2−27 所示的电流分布图给出了加载 π 形隔离网前后端口 2 单独激励对端口 6 的影响。天线 2 与天线 6 之间的耦合属于相邻单元同极化 E 面耦合。从图中可以看出，加载 π 形隔离网之前，天线 2 辐射出去的电场会在天线 6 上感应出很强的电流；加载 π 形隔离网后，电流主要集中在了 π 形枝节上，天线 6 上的感应电流减弱很多。这说明 π 形隔离网起到了带阻作用，通过吸收耦合电流，阻止了耦合场的横向传播。调整 π 形两枝节之间的距离 L_{p7} 和枝节宽度 w_p，可以调整其谐振频率，进而改善原来较差的低频隔离度。图 2−28 给出了端口 2 和端口 6 之间的耦合随参数 L_{p7} 和 w_p 的变化情况。

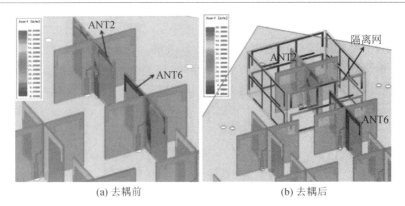

(a) 去耦前　　　　　　　　　　(b) 去耦后

图 2-27　去耦隔离网加载前后的电流分布对比

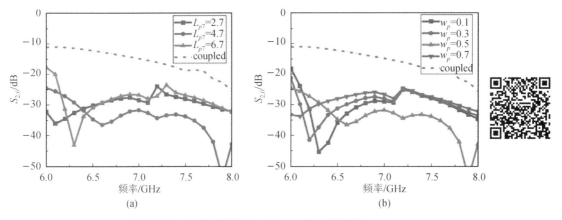

(a)　　　　　　　　　　　　　　　(b)

图 2-28　耦合随参数 L_{p7} 和 w_p 的变化情况

　　隔离网和去耦平面可以降低相邻单元的 E 面和 H 面耦合；配合介质覆层 Ⅰ 可进一步降低低频部分的耦合，拓宽去耦带宽；介质覆层 Ⅱ & Ⅲ 可以降低相间单元的耦合；去耦平面、介质覆层、隔离网，三种去耦方式进行组合、优化，可以使去耦效果得到加强。

4. 去耦结构在 4×4 阵列去耦中的应用

　　将几种去耦结构组合应用于阵列中，采取交错排列的方式，可以节省阵列的总空间体积，采用 4×4 式组阵，如图 2-29 所示。水平方向和垂直方向的阵元间距分别为 0.373λ。

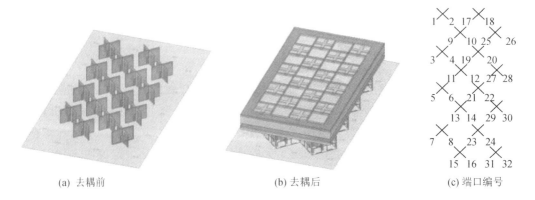

(a) 去耦前　　　　　　　　(b) 去耦后　　　　　　　　(c) 端口编号

图 2-29　去耦前后的 4×4 阵列示意图

和 $0.746\lambda_0$。根据阵元之间的位置关系和极化类型对耦合进行分类：按相对位置可分为相邻、相间一单元和相间两单元；按极化类型可分为同极化和异极化，以及 E 面和 H 面。因此，4×4 阵列中端口间的耦合主要分为以下几类：相邻单元同极化 E 面耦合，相邻单元同极化 H 面耦合，相间一单元同极化 E 面耦合，相间一单元同极化 H 面耦合，相间两单元同极化 E 面耦合，相间两单元同极化 H 面耦合，异极化耦合。

1）相邻单元同极化去耦

图 2-30 所示为相邻单元同极化 E 面耦合的去耦情况。以端口 22 和端口 30 为例，如图 2-30(a)所示，虚线为去耦前的结果，实线为去耦后的结果，从图中可以看出，耦合降低了 10～20 dB。由图 2-30(b)可以看出，全部的该类型耦合在 6～8 GHz 频段内除部分频点外，基本满足 -25 dB 的隔离度。

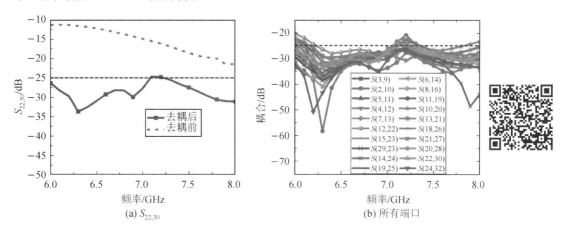

(a) $S_{22,30}$　　　　　　　　(b) 所有端口

图 2-30　相邻单元同极化 E 面耦合

图 2-31 所示为相邻单元同极化 H 面耦合的去耦情况，以端口 10 和端口 18 为例，如图 2-31(a)所示，虚线为去耦前的结果，实线为去耦后的结果，从图中可以看出，耦合降低了 0～25 dB。由图 2-31(b)可以看出，全部的该类型耦合在 6～8 GHz 频段内除部分频点外，基本满足 -25 dB 的隔离度。

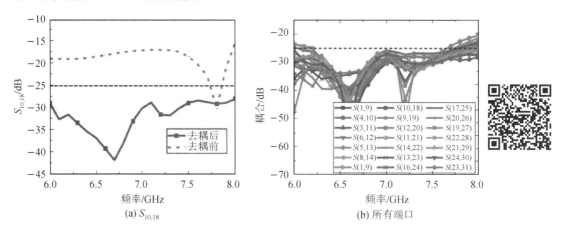

(a) $S_{10,18}$　　　　　　　　(b) 所有端口

图 2-31　相邻单元同极化 H 面耦合

2）相间一单元同极化去耦

图 2-32 所示为相间一单元同极化 E 面耦合的去耦情况。以端口 5 和端口 19 为例，如图 2-32(a)所示，虚线为去耦前的结果，实线为去耦后的结果，从图中可以看出，耦合降低了 0～10 dB。图 2-32(b)所示为该阵列中全部的此类耦合，可以看出在 6～8 GHz 频段内除低频部分频点外基本满足 −25 dB 的隔离度。

图 2-33 所示为相间一单元同极化 H 面耦合的去耦情况。以端口 1 和端口 19 为例，如图 2-33(a)所示，虚线为去耦前的结果，实现为去耦后的结果。此时耦合本身处于较低状态，去耦后仍可以实现隔离度高于 −25 dB。图 2-33(b)所示为该阵列全部的该类型耦合，除低频部分频点外，基本满足 −25 dB 隔离度。

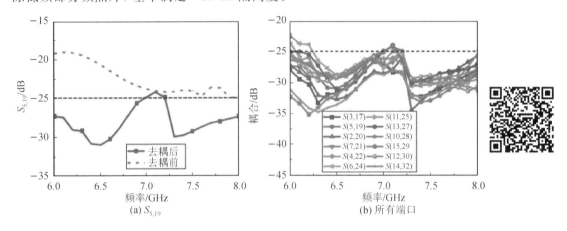

图 2-32　相间一单元同极化 E 面耦合

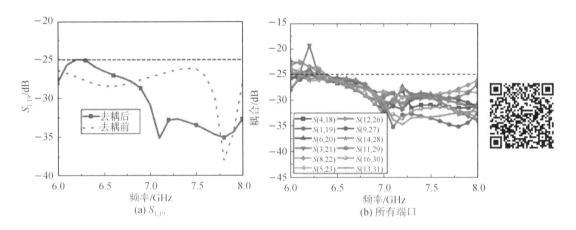

图 2-33　相间一单元同极化 H 面耦合

3）相间两单元同极化去耦

图 2-34 所示为相间两单元同极化 E 面耦合的去耦情况。以端口 5 和端口 25 之间的耦合为例，虚线为去耦前的结果，实线为去耦后的结果，如图 2-34(a)所示。由于此种情况下的距离较远，因此去耦前后的耦合都比较低。图 2-34(b)给出了全部的该类型耦合，可以看出在 6～8 GHz 频段内都满足 −25 dB 的隔离度。

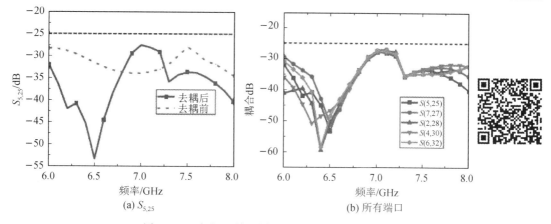

(a) $S_{5,25}$　　　　　(b) 所有端口

图 2-34　相间两单元同极化 E 面耦合

图 2-35 所示为相间两单元同极化 H 面耦合的去耦情况，以端口 8 和端口 28 间的耦合为例，如图 2-35(a)所示，此种情况下去耦前后耦合都较低，都低于 -25 dB。由图 2-35(b)的结果也可以看出，此时在 6～8 GHz 频段内基本都满足 -25 dB 的隔离度。

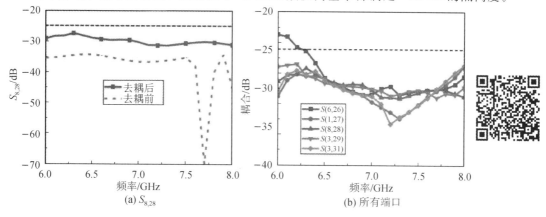

(a) $S_{8,28}$　　　　　(b) 所有端口

图 2-35　相间两单元同极化 H 面耦合

4）异极化去耦

由于极化正交，异极化耦合较低，且相间单元之间的距离较远、耦合很低，因此异极化耦合在 6～8 GHz 频段内均满足 -25 dB 的隔离度。

综上所述，对于 4×4 交错排布的天线阵列，相邻或者相间一单元之间的同极化耦合都可以在混合去耦结构的作用下降低至 -25 dB 以下，相间两单元和异极化耦合本身较低，在加载去耦结构以后仍能保持在较低的水平。

2.3　低剖面 MIMO 阵列调控技术研究

2.3.1　理论分析

相比较于自然界中的普通材料，电磁超材料以其独特的物理特性、材料特性而深受科研工作者的喜爱与关注。对于表现出与一些普通材料不同的负折射特性、零折射率特性，正是将电磁超材料等效为材料参数时所体现出来的性质。电磁超材料可以在其谐振频率处对电磁波的幅度、相位以及极化特性进行控制，以满足通信系统所需要的功能。所以，电磁超材料能够很好地被用来设计各种常规技术方法无法实现的天线。

人造磁导体是一种人为设计的可见亚波长结构，它有着完整的金属地板，呈周期性规律排布的金属贴片印制在介质上层。人造磁导体在结构响应处具有零相位反射特性，常常被用来设计实现微小型天线。同时，人造磁导体也被认为是高阻抗表面。接下来，从阻抗分析中理解人造磁导体的特性。

由于人造磁导体具有类磁壁的特性，根据惠更斯原理，在人造磁导体表面的切向磁场接近零。设定人造磁导体处于 xOy 平面上，一种沿着 z 轴方向传播的平面电磁波入射，则此时人造磁导体表面处的阻抗为

$$Z_s = \frac{E_y}{H_x} \tag{2-2}$$

如果将入射电场和磁场定义为 $\boldsymbol{E}_i$ 和 $\boldsymbol{H}_i$，反射电场和磁场定义为 $\boldsymbol{E}_r$ 和 $\boldsymbol{H}_r$，则该空间中的电磁场为

$$\boldsymbol{E}(z) = \boldsymbol{E}_i \mathrm{e}^{-jkz} + \boldsymbol{E}_r \mathrm{e}^{jkz} \tag{2-3}$$

$$\boldsymbol{H}(z) = \boldsymbol{H}_i \mathrm{e}^{-jkz} - \boldsymbol{H}_r \mathrm{e}^{jkz} \tag{2-4}$$

此时，人造磁导体表面的阻抗为

$$Z_s = \frac{E(z)}{H(z)} \bigg|_{z=0} \tag{2-5}$$

自由空间波阻抗表示入射波与反射波之间的关系，其表达式为

$$\eta = \frac{E_i(z)}{H_i(z)} = \frac{E_r(z)}{H_r(z)} = \sqrt{\frac{\mu_0}{\varepsilon_0}} \tag{2-6}$$

而人造磁导体表面的反射系数为

$$\Gamma = \frac{Z_s - \eta}{Z_s + \eta} \tag{2-7}$$

因此，人造磁导体表面的反射系数相位可以从上面的公式中得到：

$$\phi = \mathrm{Im}\left[\ln\left(\frac{E_r}{E_i}\right)\right] = \mathrm{Im}\left[\ln\left(\frac{Z_s - \eta_0}{Z_s + \eta_0}\right)\right] \tag{2-8}$$

当 $Z_s \ll \eta_0$ 时，表面反射相位约为 $180°$。也就是说，经过表面反射之后，电磁场相位是相反的，因此表面可以近似地认为是理想的导体表面。当 $Z_s \gg \eta_0$ 时，表面反射相位约为 $0°$。此时的材料表面可以近似为一种磁壁，即是人造磁导体。通常认为，从 $-90° \sim +90°$ 之间的反射相位可以被认为是人造磁导体的同相反射带隙。此时的电磁场在人造磁导体表面是同相反射的。根据惠更斯原理，可以允许天线非常接近人造磁导体，进而降低天线的剖面。

2003 年，Yang F 等人利用 Mushroom 电磁带隙（Electromagnetic Band Gap，EBG）结构作地板，实现了线天线的小型化[38]，利用 EBG 代替传统 PEC 反射板，在整体高度很低的情况下，天线可以良好工作，如图 2-36 所示。

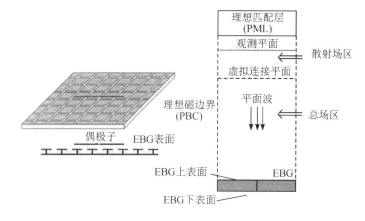

图 2-36　Yang F 等人提出的小型化线天线

2011 年，Yuan Dan Dong 等人通过加载 Composite right/left handed Mushroom 结构和高阻抗表面实现圆极化天线的小型化[39]，如图 2-37 所示，天线的剖面高度降低到了 0.025 个波长。

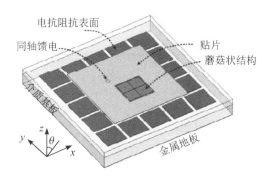

图 2-37　Yuan Dan Dong 等人提出的小型化圆极化天线

2018 年，香港大学的 Min Li 等人基于等效电路分析法，设计了具有 1.7~2.7 GHz 的宽带 AMC，并应用于基站天线中[106]，如图 2-38 所示。

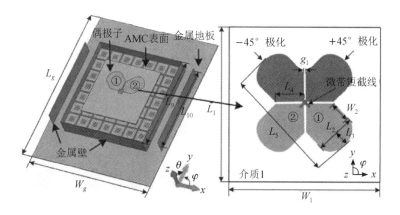

图 2-38　等效电路指导 AMC 结构设计

2.3.2 基于 AMC 的低剖面 MIMO 基站天线阵列研究

下面以±45°双极化天线为例,介绍基于 AMC 的低剖面 MIMO 基站天线设计过程。

对于±45°双极化天线来说,需要选择一种对极化不敏感的 AMC 单元。由于圆形结构具有极化方向不敏感性,因此选用它作为超材料的单元。如图 2-39(a)所示,AMC 单元由三部分组成:金属地、介质基板和圆形金属贴片,介质基板为 FR4 材质,厚度为 3 mm。超材料单元的同相反射带隙如图 2-39(b)所示,反射带隙频率为 2.4~2.8 GHz。并且,随着入射波极化角度的增大,超材料的同相反射带隙几乎没有变化,这说明了圆形超材料的极化稳定性较好,可以被用来作为±45°双极化天线的反射板。

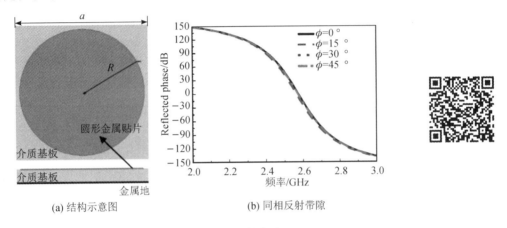

(a) 结构示意图　　　　　　(b) 同相反射带隙

图 2-39　圆形 AMC 超材料单元

将 4×4 的圆形 AMC 超材料与+45°极化的偶极子天线结合,如图 2-40 所示。图 2-41 给出了两种情况下加载 AMC 前后的仿真结果,由于反射板的位置和选择对天线的阻抗匹配有一定的影响,且由于 AMC 反射板的带隙影响,天线的工作频段和相对带宽会有一定的变化。这种情况下,偶极子天线与人工磁导体需要作为一个整体系统进行研究。同时,对两种情况下天线的辐射方向图进行了比较,如图 2-42 所示。可以很容易判断出,反射板在 2.6 GHz 频点处起到了抑制天线背向辐射、增强天线前向增益的作用,天线的定向辐射特性有了很大的提升,为±45°双极化天线低剖面设计提供了基础。

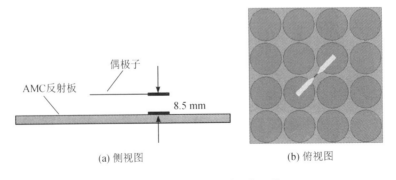

(a) 侧视图　　　　　　(b) 俯视图

图 2-40　低剖面+45°极化天线

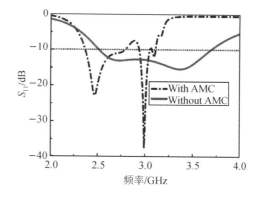

图 2-41　不同情况下偶极子的 S_{11} 结果对比图

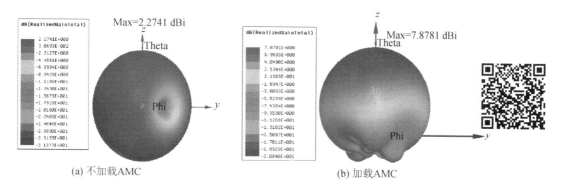

(a) 不加载AMC　　　　　　　　　　(b) 加载AMC

图 2-42　偶极子在 2.6 GHz 处的三维方向仿真图

　　下面将 AMC 与双极化偶极子结合,该天线包括两部分:AMC 反射板和两个正交的偶极子,均印制在 FR4 介质基板上,如图 2-43 所示。两个正交的偶极子印刷在厚度为 0.5 mm 的介质板上,一面为印刷偶极子的辐射臂,另一面是微带馈线和集成巴伦。倒 L 形馈电巴伦采用多级阻抗变换结构,改善大线的阻抗匹配。同时,倒 L 形结构增加了两个正交偶极子端口的距离,因此能减少两端口间的能量耦合,提高端口隔离。加载后的参数如

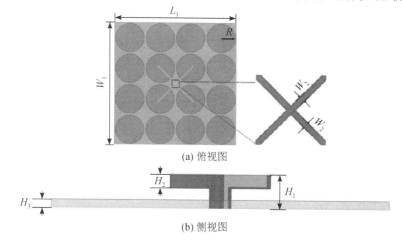

(a) 俯视图

(b) 侧视图

图 2-43　低剖面双极化天线结构示意图

图 2-44 所示，结果表明在 2.45～2.88 GHz 频段内可以实现 VSWR＜1.5，且峰值增益比较稳定，可以到达 7～7.7 dB 之间。由图 2-45 所示的辐射方向图可知，所设计的低剖面双极化天线辐射方向图良好，满足一般±45°双极化天线的辐射方向图要求，在整个工作频段内，水平和垂直的半功率波瓣宽度均可达到 70°，前后比大于 27 dB。

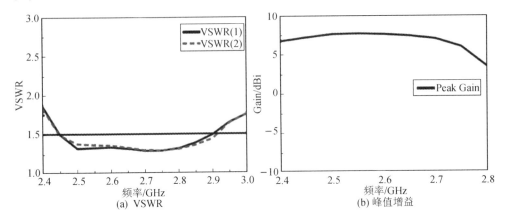

图 2-44 低剖面双极化天线结果图

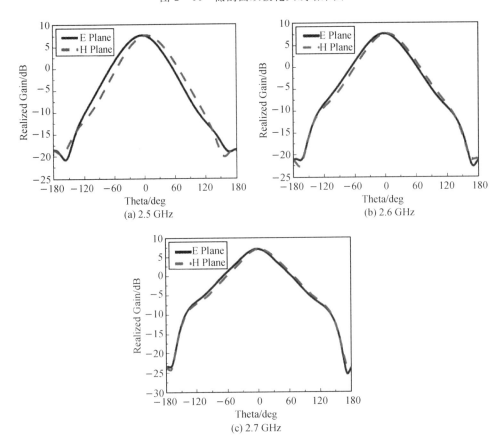

图 2-45 低剖面双极化天线辐射方向图

加载 AMC 的低剖面±45°双极化天线具有稳定的宽带工作特性，且在工作频段内具有大于 7 dBi 的稳定增益，辐射方向图保持良好。以上述天线作为单元，与一分四功分器结合组成 MIMO 阵列，如图 2-46 所示。

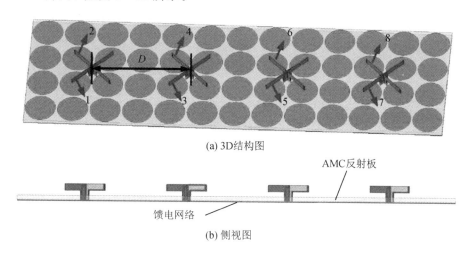

(a) 3D结构图

(b) 侧视图

图 2-46　低剖面双极化 MIMO 阵列示意图

其中，4 个单元天线共用 AMC 反射板，所用的反射板由 4×13 的单元构成，相邻的两个天线共用一排 1×4 的 AMC 反射板。馈电网络的地板与 AMC 反射板中的地板紧贴，其中一分四功分器的 1 端口对编号为 1、3、5、7 的振子进行激励，得到仿真结果如图 2-47 所示。整个 MIMO 阵列工作在 2.43～3.19 GHz 之间，但在高频的隔离度较低，不满足 MIMO 阵列的要求，因此需要将去耦手段结合到低剖面天线的设计中。这里采用加载去耦枝节的方法来实现隔离度的提高。

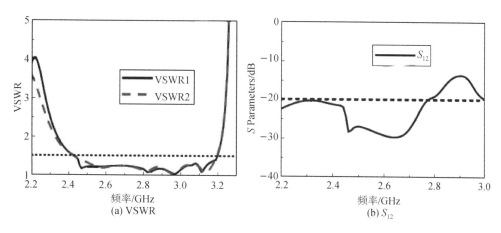

(a) VSWR

(b) S_{12}

图 2-47　低剖面双极化天线 MIMO 阵列仿真结果图

增加去耦枝节后的 MIMO 阵列如图 2-48 所示，折叠 T 形去耦枝节与 AMC 单元中的圆形贴片位于同一层，其尺寸与一个 1×2 的 AMC 单元的尺寸接近。为此，在相邻的天线单元之间，利用折叠 T 形去耦枝节代替了两个 AMC 单元中的圆形贴片，通过这样的设计，MIMO 阵列中的 AMC 反射板与去耦枝节集成在一起，避免了额外增加阵列加工的复杂程度。

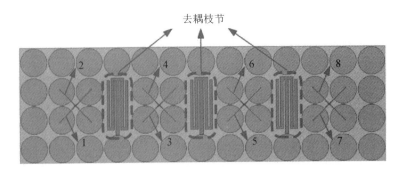

图 2 - 48　改进的低剖面双极化 MIMO 阵列示意图

在相邻的单元间添加 T 形结构后,新增的耦合路径可以实现电磁能量的反相位相消,从而降低了单元间的耦合。由图 2 - 49 所示的端口隔离度对比结果,可以看出加载了去耦枝节后,端口隔离度有了明显的增加和改善,端口隔离度增加了 10 dB 以上,在整个工作频段内,MIMO 阵列的端口隔离度均大于−28 dB。

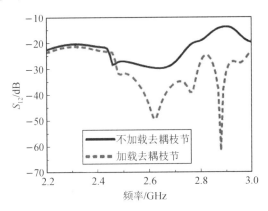

图 2 - 49　改进的低剖面双极化 MIMO 阵列端口隔离度

2.4　高增益的阵列研究以及大角度扫描技术研究

2.4.1　研究现状

电磁超材料由于其能够调控波束的能力而被广泛应用于可重构天线之中,近些年来,受到了学者们的广泛研究与关注,已经有很多电磁超材料在天线波束应用的成果。电磁超材料反射阵和透射阵是目前天线提高增益的有效手段之一。反射阵和透射阵是由一种具有大角度相位覆盖的材料单元组成的,可以根据不同的波束需要调节平面阵的材料单元相位分布。图 2 - 50 为电磁超材料反射阵和透射阵的平面阵列示意图。

为了实现宽带高增益反射阵列天线,Liu Yan 等人提出了一种基于电磁超材料反射阵,利用反射阵列元件中多种不同的谐振结构,实现了宽带高增益反射阵列天线[41]。设计并制造了直径为 354 mm（30 GHz 时为 $35.4\lambda_0$）、焦距与直径比为 0.97 的中心反射阵列天线，如图 2-51 所示。这里设计的反射阵列天线的最高增益为 37.8 dBi，相比原始标准喇叭天线，其定向性大大地提升。

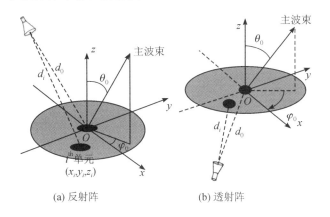

(a) 反射阵　　　　　　　　　　(b) 透射阵

图 2-50　电磁超材料平面阵列示意图　　　　　图 2-51　宽带高增益反射阵天线

　　利用电磁超材料透射阵也可以实现高增益。张天亮等人采用金属贴片和金属环设计了一种多层超表面[42]。多层超表面具有 4 层介质，在介质上下表面都印制了金属贴片。其中，金属方形环结构有 2 层，相当于感性结构，另外 3 层为金属方形贴片，相当于容性结构，其单元传输相位范围达到 300°。传输阵列天线模型和 10 GHz 的增益曲线如图 2-52 所示。通

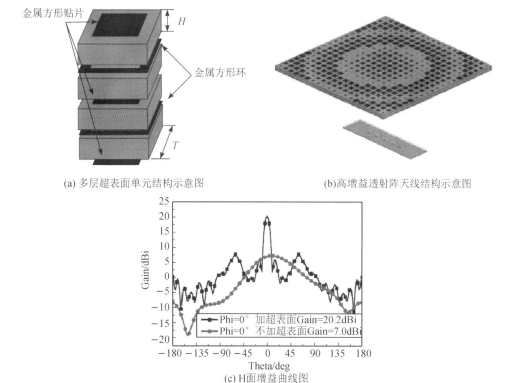

(a) 多层超表面单元结构示意图　　　　　　(b) 高增益透射阵天线结构示意图

(c) H 面增益曲线图

图 2-52　基于多层超表面的高增益透射阵天线

过对比加载透射阵前后的增益曲线，可以发现其波束主瓣明显产生压缩，天线阵在 10 GHz 处的增益达到 20.2 dBi，相对于原 1×5 直线阵列天线，加载电磁超材料后增益提高了 13.2 dB，很好地达到了提高增益的目的。

法布里-珀罗谐振器由于可以对电磁波的多次反射进行同相叠加，所以可以作为实现提高天线增益的方法。基于多层周期性的部分反射表面(PRS)，提出了一种高增益宽带，即法布里-珀罗谐振器天线[43]，如图 2-53 所示。该天线采用三层 PRS，由印刷在薄介电基板上的金属贴片组成，并放置在接地平面的前面，形成三个开口腔。谐振器天线在工作频带内增益约为 20 dB，实现了高定向辐射。

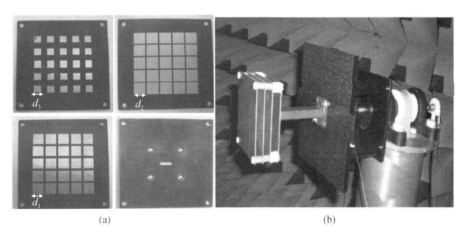

(a)   (b)

图 2-53　高增益宽带法布里-珀罗谐振器天线

由于高阻抗表面(High Impedance Surfaces，HIS)能够激励起表面波，这为天线阵实现宽角度扫描打开了新的技术思路。李梅等在 1×8 偶极子天线阵的两边引入了高阻抗表面[44]，如图 2-54 所示。偶极子天线之间间距 $0.44\lambda_0$，所设计的天线阵列在 3 dB 内波束扫描角度最大，可以实现 ±85°，相比较于未放置高阻抗表面之前的天线阵，波束扫描角度被大大提高了。

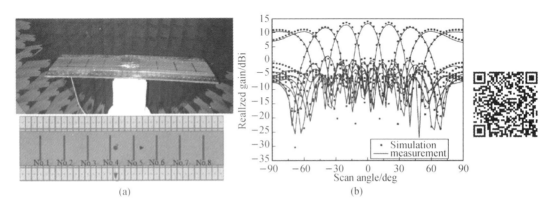

(a)   (b)

图 2-54　基于高阻抗表面的相控阵天线以及波束扫描曲线图

宽波束天线应用在相控阵之中易于实现平面大角度扫描。参考文献[45]中提出了一种新方法，用来改善具有半波长元件间隔的传统微带偶极相控阵的扫描范围。在相控阵中的每个微带偶极子旁边都引入了寄生条带，这不仅影响微带偶极子的性能，而且还增加了元件之间的相互耦合。由于寄生条带与偶极子天线的相互耦合，每个天线的波束宽度展宽，最后相控阵天线的 3 dB 波束扫描范围增加了，如图 2 - 55 所示。文献中设计并制造了引入寄生条带的 1×6 微带偶极子相控阵。偶极子天线工作在 5.75 GHz 上，3 dB 的扫描范围从 ±40° 增加到 ±52°。

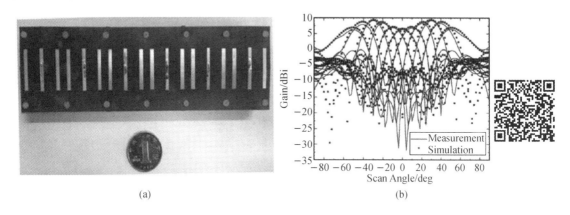

(a)　　　　　　　　　　　　　(b)

图 2 - 55　基于寄生枝节的宽波束天线阵列以及波束扫描结果

2.4.2　高增益天线阵列设计

为了能够实现高增益天线，依据法布里-珀罗谐振器理论采用平面透镜提高天线增益。首先，针对 5G 毫米波频段，设计了一种双极化 SIW 天线。如图 2 - 56 所示，天线由 5 层介质构成，介质层 1 采用 Rogers5880 材质，介质层 2 采用 FR4 材料，而介质层 3、4、5 则采用 Rogers RO3003 材料，并且在材料边缘刻蚀一些金属通孔构成腔体。天线的金属部分由上层贴片、中层贴片、H 形槽、L 形馈电线以及地板组成。其中，上层贴片作为主要的辐射部分，地板作为反射板，双极化 L 形馈电线是经过 H 形槽将能量耦合到中层贴片的，进而传输到上层贴片上。双极化 L 形馈电线被几个金属通孔隔离起来以保证天线的良好端口隔离，天线采用 CPW 馈电。

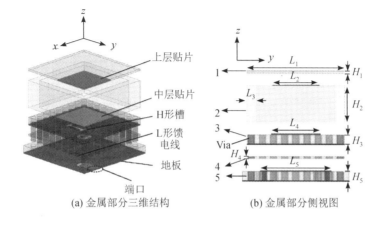

(a) 金属部分三维结构　　　　　　　(b) 金属部分侧视图

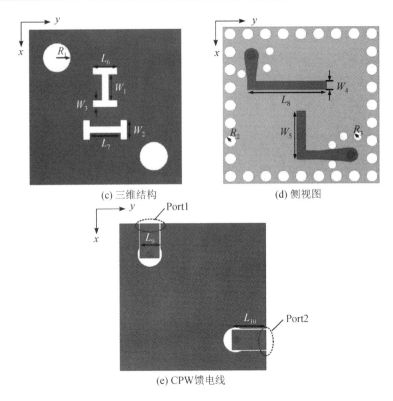

(c) 三维结构

(d) 侧视图

(e) CPW馈电线

图 2-56 双极化 SIW 天线几何结构图

该天线的 S 参数如图 2-57(a)所示,反射系数在 26.5~29.5 GHz 频带内小于 -15 dB,并且端口隔离度都在 23 dB 以上。天线的增益如图 2-57(b)所示,在工作频带内都大于 6 dB。

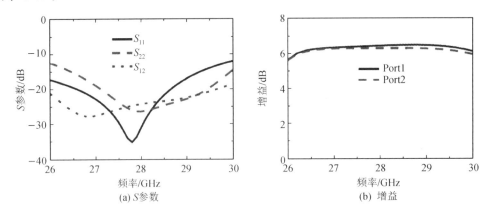

(a) S参数

(b) 增益

图 2-57 双极化 SIW 天线结果图

为了实现高增益天线的设计,在双极化 SIW 天线单元上加载介质板,形成平面透镜天线,如图 2-58 所示。介质板的厚度为 $h_1 = 1$ mm,边长为 $a_1 = 20$ mm,高度为 $h_2 = 20$ mm,介质板采用的是 Rogers TMM10(tm)材料。

图 2-59 给出了双极化 SIW 天线 1 端口的反射系数 S_{11} 和增益随着参数 a_1 变化的仿真结果。从图中可以看出,介质板透镜的尺寸从 10 mm 逐渐增加到 25 mm,随着参数 a_1

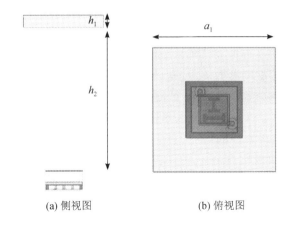

(a) 侧视图　　　　　　(b) 俯视图

图 2 - 58　加载介质平板透镜的双极化 SIW 天线单元模型

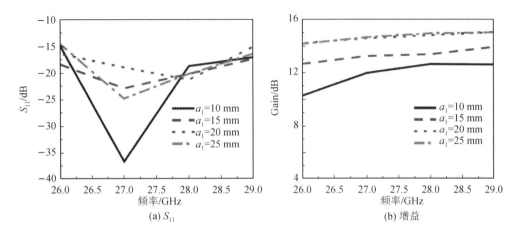

(a) S_{11}　　　　　　　　　　　(b) 增益

图 2 - 59　加载介质平板透镜的双极化 SIW 天线随 a_1 变化仿真结果

的增加，天线的增益增加，增益增加到 20 mm 而不再增加。天线的反射系数 S_{11} 对参数 a_1 的变化有轻微影响，但反射系数仍然小于 -15 dB。通过上述模拟仿真可以知道，介质平面透镜具有电磁能量聚焦功能，这进一步验证了法布里-珀罗谐振腔可以改善天线的增益。

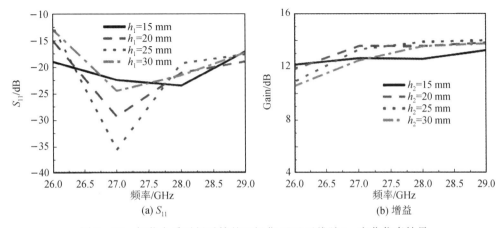

(a) S_{11}　　　　　　　　　　　(b) 增益

图 2 - 60　加载介质平板透镜的双极化 SIW 天线随 h_2 变化仿真结果

接下来研究介质平板透镜距离天线的高度 h_2 对天线性能的影响。介质平板透镜距离天线过低会与天线产生耦合，从而影响天线的工作特性，过高的高度不仅会浪费空间，而且也不会带来天线增益的一直提高。图 2-60 给出了天线 1 端口反射系数 S_{11} 和增益随着介质平板透镜距离天线的高度参数 h_2 变化的仿真结果。如图中所描述的，天线的反射系数 S_{11} 在参数 a_1 变化时有些轻微的影响但是反射系数依然小于 -15 dB。而随着 h_2 的增加，天线的增益先增加后减小。这是因为当选择合适的高度时，可以形成法布里-珀罗谐振器的多个同相反射叠加，以实现增益的增加。

图 2-61(a) 给出了双极化 SIW 天线单元加载介质平板透镜 S 参数的仿真结果。如图中所示，双极化 SIW 天线的反射系数 S_{11} 和 S_{22} 低于 -15 dB。它具有良好的工作特性，天线端口隔离度约为 20 dB。图 2-61(b) 给出了加载介质平板透镜前后的增益对比图，在 $26\sim29$ GHz 频带范围内，天线的增益增加约 7 dB，表明介质平板透镜具有良好的增益改善效果。

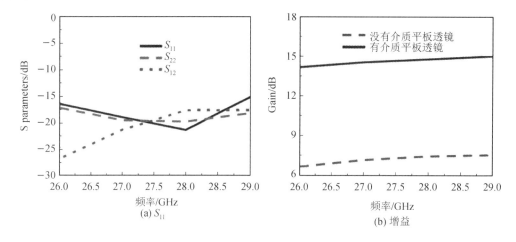

(a) S_{11} (b) 增益

图 2-61 加载介质平板透镜的双极化 SIW 天线化仿真结果

为了能更好地显示出介质平板透镜对天线增益的提高效果，将上面所设计的双极化 SIW 天线单元组成 3×3 阵列，并且在天线阵上加载介质平板透镜，如图 2-62 所示。图中矩形介质板的厚度 $h_1=1$ mm，边长 $a_1=22$ mm，高度 $h_2=40$ mm，介质板采用的是 Rogers TMM10(tm) 材料，其 ε_r 为 9.2，$\tan\delta$ 为 0.0022。下面着重对这参数 a_1 和 h_2 进行仿真分析，此处选取的频点为 27 GHz。

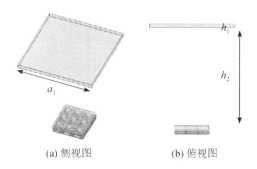

(a) 侧视图 (b) 俯视图

图 2-62 加载介质平板透镜的 3×3 双极化 SIW 天线阵列模型

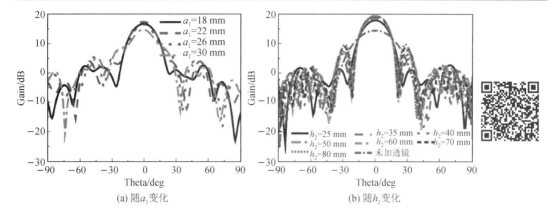

(a) 随 a_1 变化　　　　　　　　　　(b) 随 h_2 变化

图 2-63　3×3 双极化 SIW 天线阵列增益对比结果

图 2-63(a) 为介质平板透镜尺寸参数 a_1 增加时 3×3 双极化 SIW 天线增益对比结果。从图中可以看出，介质平板透镜的尺寸从 18 mm 逐渐增加到 30 mm，随着参数 a_1 的增加，天线的增益先增加后减小。图 2-63(b) 显示了介质平板透镜高度 h_2 对 3×3 双极化 SIW 阵列增益的影响。如图所示，随着高度 h_2 的增加，天线阵列的增益逐渐增加，并且在 h_2=40 mm 之后增益不会增加，它达到了 19.2 dB，比无平板透镜的天线增益高约 5 dB。

同样地，将介质平板透镜加载在 8×8 双极化 SIW 阵列天线上，如图 2-64 所示。其中，a_1 = 60 mm，h_1 = 1 mm，h_2 = 75 mm。

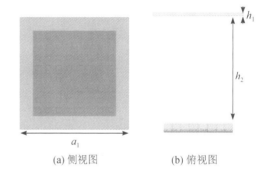

(a) 侧视图　　　　(b) 俯视图

图 2-64　加载介质平板透镜的 5×5 双极化 SIW 天线阵列模型

图 2-65 展示了加载与未加载介质平板透镜的 8×8 双极化 SIW 天线增益对比结果。从图中可以看到，加载了介质平板透镜比之前的 8×8 双极化 SIW 天线阵列增益提高了大约 3 dB，达到了 25.1 dB。

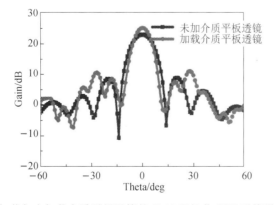

图 2-65　加载与未加载介质平板透镜的 8×8 双极化 SIW 天线增益对比结果

2.4.3 MIMO天线阵列大角度扫描研究

下面介绍一种扩大阵列扫描角度的技术方法。当天线的波束越宽，天线的辐射越接近端射方向也就有利于更好地实现大角度扫描。基于此原理，设计电磁超材料透镜用于展宽天线的波束宽度。

如图 2-66 所示为加载电磁超材料透镜的双极化 SIW 天线模型图。其中所设计的电磁超材料透镜为"井"字形的金属贴片，印制在 0.508 mm 厚的 Rogers 5880 材料上，上层距离天线 1 mm。该电磁超材料透镜可看作是等效高介电常数介质，当电磁波从低介电常数介质传播到高介电常数介质表面时会产生表面波效应，使得天线的波束在端射方向分散出了能量，从而能够展宽天线的波束宽度。

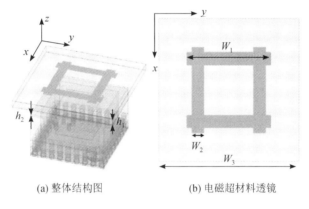

(a) 整体结构图   (b) 电磁超材料透镜

图 2-66　加载电磁超材料透镜的双极化 SIW 天线

图 2-67 给出了加载电磁超材料透镜前后双极化 SIW 天线的归一化方向图对比结果。从图中可以看到，加载了电磁超材料透镜后，双极化 SIW 天线的波束宽度被大大展宽了。具体来说，水平极化天线的波束宽度从 89°展宽到 132°，而垂直极化天线的波束宽度由 96°扩展到 180°，这为后面阵列天线大角度扫描打下了基础。

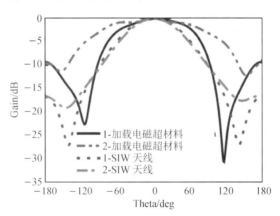

图 2-67　加载电磁超材料透镜前后双极化 SIW 天线的归一化方向图对比结果

双极化 SIW 天线电磁超材料透镜的电流分布如图 2-68 所示。从图 2-68(a)中可以看出，当 SIW 天线的水平极化工作时，"井"字形电磁超材料透镜的上下贴片谐振产生寄生电流，以展宽天线的波束宽度。同时从图 2-68(b) 中看到，当 SIW 天线的垂直极化工作时，"井"字形电磁超材料透镜的左右贴片谐振产生寄生电流，这为天线的波束展宽提供了辐射源。很有趣的是，垂直极化时的电磁超材料透镜谐振强于水平极化，这也验证并解释了垂直极化比水平极化波束宽度更宽一些。

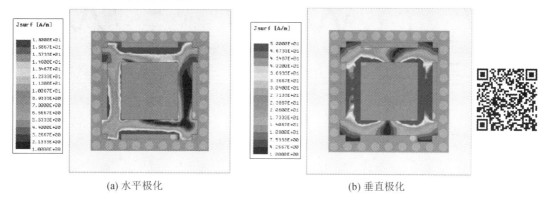

(a) 水平极化　　　　　　　　　　　(b) 垂直极化

图 2-68　双极化 SIW 天线电磁超材料透镜的电流分布

当一个 N 元的阵列天线，单元间距为 d，设计下倾角度为 θ_0 时，必须保证天线两阵元之间的相位差满足以下条件。

$$\Psi = -\frac{2\pi d}{\lambda}\sin\theta_0 \qquad (2-9)$$

下面所设计的 MIMO 阵列天线是通过改变单元天线馈电端口的相位实现阵列波束扫描的。

如图 2-69 所示为 1×4 双极化 SIW 天线 MIMO 阵列模型图，天线单元之间间距为 5.5 mm。1×4 的 MIMO 天线阵列水平极化 xOz 面和垂直极化的 yOz 面波束扫描方向图如图 2-70 所示。从图 2.70(a) 可以看出，1×4 双极化 SIW 天线 MIMO 阵列水平极化天线 xOz 面在 3 dB 内的最大波束扫描角度为 35°，而图 2.70(b) 中所示的 1×4 双极化 SIW 天线 MIMO 阵列垂直极化天线 yOz 面在 3 dB 内波束可以扫描到 40°。

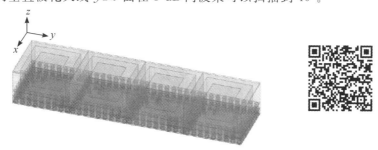

图 2-69　1×4 双极化 SIW 天线 MIMO 阵列模型图

所设计的加载电磁超材料透镜的 1×4 双极化 SIW 天线 MIMO 阵列模型图如图 2-71 所示，电磁超材料透镜距离天线阵列 1 mm。

所设计的加载电磁超材料透镜的 1×4 双极化 SIW 天线 MIMO 阵列水平极化 xOz 面方向图如图 2-72(a) 所示。从图中可以看出，1×4 双极化 SIW 天线阵水平极化天线在 3 dB 内的最大波束扫描角度为 80°。而加载电磁超材料透镜的 1×4 双极化 SIW 天线 MIMO 阵

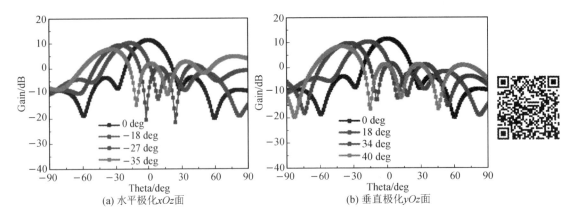

(a) 水平极化xOz面   (b) 垂直极化yOz面

图 2-70   1×4 双极化 SIW 天线 MIMO 阵列方向图

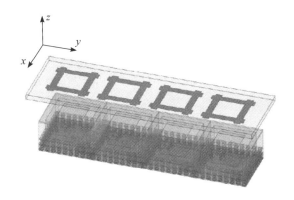

图 2-71   加载电磁超材料透镜的 1×4 双极化 SIW 天线 MIMO 阵列模型图

列垂直极化 yOz 面方向图如图 2-72(b)所示。从图中可以看出，1×4 双极化 SIW 天线阵垂直极化天线在 3 dB 内的最大波束扫描角度为 76°。相比较于未加载电磁超材料透镜，加载电磁超材料透镜的 1×4 双极化 SIW 天线水平极化最大扫描角提高了 45°，而垂直极化最大扫描角提高了 36°。由此，也验证了宽波束能够大大提高天线波束扫描角度。

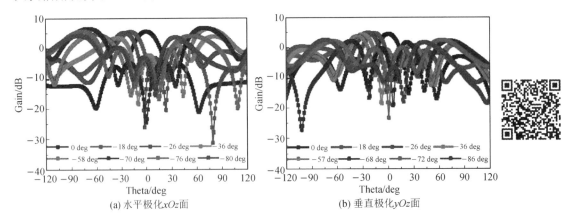

(a) 水平极化xOz面   (b) 垂直极化yOz面

图 2-72   加载电磁超材料透镜的 1×4 双极化 SIW 天线 MIMO 阵列方向图

图 2-73 描述的是加载电磁超材料透镜的 4×4 双极化 SIW 天线 MIMO 阵列模型图。

此处由于 4×4 天线 MIMO 阵列的耦合与 1×4 天线阵列的耦合有着不同，所以"井"字形电磁超材料透镜相对于前面的透镜具有更大的尺寸。

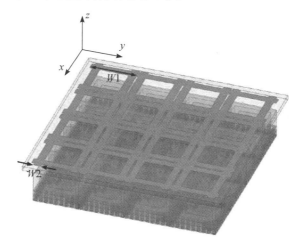

图 2 - 73　加载电磁超材料透镜的 4×4 双极化 SIW 天线 MIMO 阵列模型图

所设计的加载电磁超材料透镜的 4×4 双极化 SIW 天线 MIMO 阵列水平极化方向图如图 2 - 74(a)、(b)所示。从图中可以看出，4×4 双极化 SIW 天线阵列水平极化天线可以扫

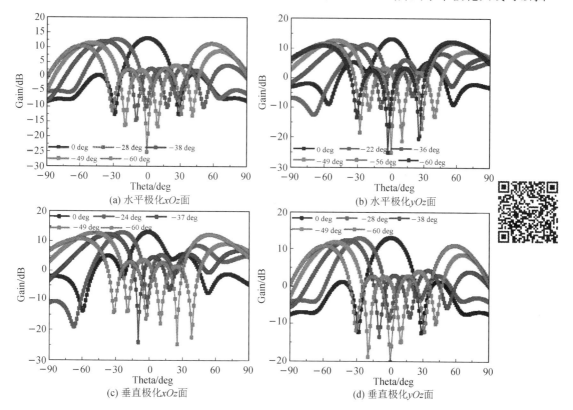

图 2 - 74　加载电磁超材料透镜的 4×4 双极化 SIW 天线 MIMO 阵列方向图

描到 60°。具体来说，MIMO 天线阵列水平极化 xOz 平面扫描至 60°波束增益下降 2.7 dB，yOz 平面波束扫描至 60°增益下降 2.4 dB。而所设计加载电磁超材料透镜的 4×4 双极化 SIW 天线 MIMO 阵列垂直极化方向图如图 2－74(c)、(d)所示。从图中可以看出，4×4 双极化 SIW 天线阵列垂直极化天线可以扫描到 60°。具体来说，MIMO 天线阵列垂直极化 xOz 平面扫描到 60°波束增益减少了 2.2 dB，而 yOz 表面波束扫描到 60°时增益也减少了 2.2 dB。由此证明了"井"字形电磁超材料透镜可以有效地提高双极化天线的波束扫描角度。

参 考 文 献

［1］ ROHANI B, ARAI H. Channel Capacity Enhancement using MIMO Antenna, 2018 IEEE International RF and Microwave Conference (RFM)［J］. IEEE, 2018：29－32.

［2］ 刘留，陶成，卢艳萍，等.大规模多天线无线信道及容量特性研究［J］. 北京交通大学学报，2015，39(02)：69－79.

［3］ XUE C D, ZHANG X Y, CAO Y F, et al. MIMO antenna using hybrid electric and magnetic coupling for isolation enhancement［J］. IEEE Transactions on Antennas and Propagation，2017，65(10)：5162－5170.

［4］ 虞成城，任周游，赵安平.一种用于 5G 移动通信终端的双频 MIMO 天线系统［J］. 微波学报，2019(6).

［5］ KIM N, PARK H. Bit error performance of convolutional coded MIMO system with linear MMSE receiver［J］. IEEE transactions on wireless co mmunications，2009，8(7)：3420－3424.

［6］ MAO C X, GAO S, WANG Y. Broadband high-gain beam-scanning antenna array for millimeterwave applications ［J］. IEEE Transactions on Antennas and Propagation，2017，65(9)：4864－4868.

［7］ LIU L, DIAO J, WARNICK K F. Array Antenna Gain Enhancement with the Poynting Streamline Method［J］. IEEE Antennas and Wireless Propagation Letters，2019，19(1)：143－147.

［8］ NISHIMURA T, ISHII N, ITOH K. Beam scan using the quasi-optical antenna mixer array［J］. IEEE Transactions on Antennas and Propagation，1999，47(7)：1160－1166.

［9］ PARK S O, NGUYEN V A, AZIZ R S. Multi-band, dual polarization, dual antennas for beam reconfigurable antenna system for small cell base station［C］. 2014 International Workshop on Antenna Technology：Small Antennas, Novel EM Structures and Materials, and Applications (iWAT)［C］. IEEE，2014：159－160.

［10］ OIKONOMOPOULOS-ZACHOS C, STAVROU E, BAGGEN R，et al. A MIMO antenna array with shaped beam in waveguide technology for WiFi base stations ［C］. 2017 International Workshop on Antenna Technology：Small Antennas,

Innovative Structures, and Applications (iWAT)[C]. IEEE, 2017: 175 – 178.

[11]　Shen L P, Wang H, Lotz W, et al. Compact Dual Polarization 4×4 MIMO Multi-Beam Base Station Antennas[C]. IEEE International Symposium on Antennas and Propagation & USNC/URSI National Radio Science Meeting. IEEE, 2018: 1291 – 1292.

[12]　熊子源. 阵列雷达最优子阵划分与处理研究[D]. 国防科学技术大学, 2015.

[13]　丁霄. 基于方向图可重构技术的相控阵大角度扫描特性研究[D]. 电子科技大学, 2013.

[14]　ROSHNA T K, DEEPAK U, SAJITHA V R, et al. A compact UWB MIMO antenna with reflector to enhance isolation[J]. IEEE Transactions on Antennas and Propagation, 2015, 63(4): 1873 – 1877.

[15]　XUE K, YANG D, GUO C, et al. A Dual-Polarized Filtering Base-Station Antenna with Compact Size for 5G Applications [J]. IEEE Antennas and Wireless Propagation Letters, 2020, 19(8): 1316 – 1320.

[16]　YETISIR E, CHEN C C, VOLAKIS J L. Low-profile UWB 2-port antenna with high isolation[J]. IEEE Antennas and Wireless Propagation Letters, 2013, 13: 55 – 58.

[17]　ANDERSEN J, RASMUSSEN H. Decoupling and descattering networks for antennas [J]. IEEE Transactions on Antennas and Propagation, 1976, 24(6): 841 – 846.

[18]　吴超. 多频基站天线的宽带小型化及去耦合研究[D]. 哈尔滨工业大学, 2020.

[19]　张树. 基于超材料的多频天线和高隔离度 MIMO 天线的研究[D]. 南京邮电大学, 2020.

[20]　HONMA N, SATO H, OGAWA K, et al. Accuracy of MIMO Channel Capacity Equation Based Only on S-Parameters of MIMO Antenna[J]. IEEE Antennas and Wireless Propagation Letters, 2015, 14: 1250 – 1253.

[21]　LU S, HUI II T, BIALKOWSKI M. Optimizing MIMO channel capacities under the influence of antenna mutual coupling [J]. IEEE Antennas and Wireless Propagation Letters, 2008, 7: 287 – 290.

[22]　CHOI J H, PARK S O. Exact evaluation of channel capacity difference of MIMO handset antenna arrays[J]. IEEE Antennas and Wireless Propagation Letters, 2010, 9: 219 – 222.

[23]　AN W X, WONG H, LAU K L, et al. Design of broadband dual-band dipole for base station antenna[J]. IEEE Trans. Antennas Propag, 2012, 60(3): 1592 – 1595.

[24]　LI B, YIN Y Z, HU W, et al. Wideband dual-polarized patch antenna with low cross polarization and high isolation[J]. IEEE Antennas Wireless Propag. Lett, 2012, 11: 427 – 430.

[25]　LUK K M, WU B. The magnetoelectric dipole-a wideband antenna for base stations in mobile co mmunications[J]. IEEE Proc, 2012, 100(7): 2297 – 2307.

[26]　CUI Y H, LI R L, WANG P, et al. A novel broadband planar antenna for 2g/3g/lte base stations[J]. IEEE Trans. Antennas Propag, 2013, 61(5): 2767 – 2774.

[27] OHIRA M, MIURA A, UEBA M, et al. 60- GHz wideband substrate-integrated-waveguide slot array using closely spaced elements for planar multisector antenna [J]. IEEE Transactions on Antennas and Propagation, 2010, 58(3): 993 – 998.

[28] LEE Y J, YEO J, MITTRA R Y, et al. Design of a high-directivity electromagnetic band gap (EBG) resonator antenna using a frequency-selective surfaces (FSS) superstrate [J]. Microwave and Optical Technology Letters, 2004, 43(6): 462 – 467.

[29] MAILLOUX R J. Phased array antenna handbook[J]. Systems Engineering & Electronics, 2011, 28(12): 1816 – 1818.

[30] HARMER S W, COLE S E, BOWRING N J, et al. On body concealed weapon detection using a phased antenna array[J]. Progress in Electromagnetics Research, 2012, 124(1): 187 – 210.

[31] WEI K, LI J Y, WANG L, et al. Mutual coupling reduction by novel fractal defected ground structure bandgap filter[J]. IEEE transactions on antennas and propagation, 2016, 64(10): 4328 – 4335.

[32] ZHAI H, XI L, ZANG Y, et al. A low-profile dual-polarized high-isolation MIMO antenna arrays for wideband base-station applications[J]. IEEE Transactions on Antennas and Propagation, 2017, 66(1): 191 – 202.

[33] LI M, JIANG L, YEUNG K L. A general and systematic method to design neutralization lines for isolation enhancement in MIMO antenna arrays[J]. IEEE Transactions on Vehicular Technology, 2020, 69(6): 6242 – 6253.

[34] WU C H, CHIU C L, MA T G. Very compact fully lumped decoupling network for a coupled twoelement array[J]. IEEE Antennas and Wireless Propagation Letters, 2015, 15: 158 – 161.

[35] YANG X, LIU Y, XU Y X, et al. Isolation enhancement in patch antenna array with fractal UC-EBG structure and cross slot[J]. IEEE Antennas and Wireless Propagation Letters, 2017, 16: 2175 – 2178.

[36] LI M, CHEN X, ZHANG A, et al. Split-ring resonator-loaded baffles for decoupling of dual-polarized base station array[J]. IEEE Antennas and Wireless Propagation Letters, 2020, 19(10): 1828 – 1832.

[37] LIU F, GUO J, ZHAO L, et al. Dual-band metasurface-based decoupling method for two closely packed dual-band antennas[J]. IEEE Transactions on Antennas and Propagation, 2019, 68(1): 552 – 557.

[38] YANG F, RAHMAT-SAMII Y, et al. Reflection phase characterizations of the ebg ground plane for low profile wire antenna applications[J]. IEEE Transactions on Antennas and Propagation, 2003, 51(10): 2691 – 2703.

[39] DONG Y, TOYAO H, ITOH T, et al. Compact circularly-polarized patch antenna loaded with metamaterial structures[J]. IEEE Transactions on Antennas and Propagation, 2011, 59(11): 4329 – 4333.

[40] LI M, LI Q L, WANG B, et al. A low-profile dual-polarized dipole antenna using

wideband AMC reflector[J]. IEEE Transactions on Antennas and Propagation, 2018, 66(5): 2610 - 2615.

[41] LIU Y, CHENG Y J, LEI X Y, P. F. Kou, et al. Millimeter-wave single-layer wideband high-gain reflectarray antenna with ability of spatial dispersion compensation[J]. IEEE Transactions on Antennas and Propagation, 2018, 66(12): 6862 - 6868.

[42] 张天亮. 基于电磁超材料的相控阵天线波束扫描研究[D]. 西安电子科技大学, 2018.

[43] K KONSTANTINIDIS, A P FERESIDIS, S P HALL, et al. Multilayer partially reflective surfaces for broadband fabry-perot cavity antennas[J]. IEEE Trans. Antennas Propag, 2014, 62(7): 3474 - 3481.

[44] LI M, XIAO S Q, WANG B Z, et al. Investigation of using high impedance surfaces for wide-angle scanning arrays[J]. IEEE Transactions on Antennas and Propagation, 2015, 63(7): 2895 - 2901.

[45] LIU X L, WANG Z D, YIN Y Z, et al. A compact ultrawideband MIMO antenna using QSCA for high isolation[J]. IEEE Antennas and Wireless Propagation Letters, 2014, 13: 1497 - 1500.

第 3 章
超材料在吸透波方面的应用

　　超材料作为一种新型材料，具有自然界材料所不具备的电磁参数，近年来在科学研究领域，尤其是在电磁波吸收与透射方面展现出了巨大的潜力。通过其特殊的电磁参数和结构设计，能够实现高效的电磁波吸收。在军工领域，这种特性被广泛应用于隐身技术中，即利用超材料的吸波性能，可以降低军事目标（如飞行器、导弹等）的雷达反射截面积，从而提升其隐身效果和战场生存能力。超材料的透波性特性主要在通信系统、雷达系统等领域具有广泛应用。通过合理设计超材料的结构和参数，可以实现在特定频段内的低插入损耗透波，进而提高电磁波传输的效率和稳定性。这对于保障通信质量、提升雷达探测性能等方面也具有重要意义。

　　在本章中，我们主要探讨了超材料中的频率选择表面（Frequency Selective Surface，FSS），以及基于 FSS 的吸波结构和具有吸透波一体化功能的频率选择雷达吸波体（Frequency Selective Rasorber，FSR）的理论设计与仿真实例。

3.1　频率选择表面

　　频率选择表面（FSS）通常由在平面上一系列周期排列的金属单元构成，通过设计各种不同的单元结构可实现 FSS 对入射电磁波的不同空间滤波特性[1-3]。FSS 作为传统的隐身技术，于 20 世纪 60 年代被提出，由 FSS 构成的雷达天线罩可用于减小通信系统和雷达天线的雷达散射截面（Radar Cross Section，RCS），并保护这些系统的接收机不受外界干扰。由于其潜在的军事应用，FSS 的研究成为了热点。传统天线罩对雷达系统的工作频带内外均是透明的，只能保护雷达天线免受自然环境的影响而并不能排除人工电磁环境的干扰，这大大降低了雷达系统的防御和抗干扰能力。带通性质的频率选择表面可实现对电磁波选择性地透过，这就保证了在雷达的工作频段内罩体对天线基本透明，不影响其正常工作。而在工作频带外入射的探测波可以被天线罩反射到其他方向，只有一小部分返回探测站，从而大幅度提高雷达系统的隐身效果[4-5]。普通天线罩和 FSS 天线罩的工作原理图如图 3-1 所示。

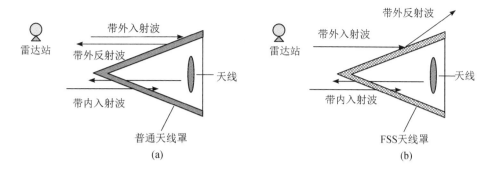

图 3-1 普通天线罩和 FSS 天线罩的工作原理图

3.1.1 FSS 单元形状

FSS 相当于一个空间滤波器，可以传输某些频段的电磁波，也可以反射其他频段的电磁波。当 FSS 上有平面波入射时，其金属表面会产生感应电流，且这个金属表面的物理结构和尺寸影响感应电流的大小和相位。感应电流产生的散射场与入射场叠加形成空间的总场。如果单元谐振尺寸与空间总电磁波阻抗匹配相吻合时，此时感应电流就有最大幅值，因此在设计 FSS 时，需要考虑其物理结构，如大小、形状、单元与单元之间的距离等，除此之外，FSS 的角度稳定性和极化稳定性也是影响感应电流分布与大小的原因，需在设计中多加注意。在设计 FSS 时，不同的物理结构所展示出来的频率响应是不同的，对于一些常用的单元，可以通过适当的设计来改变它们的频率响应。以下是单元形状的分类，一共有 4 种：中心连接型，如直线、耶路撒冷十字形、三极子形；环形单元，如圆环、方环、多边形方环等；实心单元，如圆形、多边形等；组合单元。其结构如图 3-2 所示。

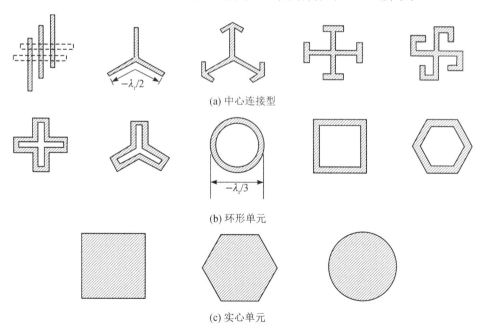

(a) 中心连接型

(b) 环形单元

(c) 实心单元

(c) 组合单元

图 3-2 FSS 的单元类型

以几种常见的 FSS 单元形状为例（偶极子、贴片型、Y 型、耶路撒冷十字形）来比较它们之间的带宽、传输与反射带之间的过渡带、不同极化下的稳定性和谐振频率稳定性等，如表 3-1 所示。

表 3-1 不同 FSS 单元之间性能的比较

单元形状	带宽	传输与反射带之间的过渡带	不同极化下的稳定性	谐振频率稳定性
偶极子	最小	最小	最好	最差
贴片型（圆形，方形等）	最大	最小	最好	最好
Y 型	较小	最小	较差	较差
耶路撒冷十字形	较大	最小	差	较好

3.1.2 FSS 单元排列方式

FSS 是周期性结构，单元排列方式和间距也会影响它的性能。一般常见的排列方式有两种，长方形排列和三角形排列。以下以方形金属贴片为例，其结构如图 3-3 所示。以单元间距 $a = 0.5$ mm、方环金属贴片大小 $p = 5$ mm、方环粗细 $w = 0.75$ mm 为基础，来说明这两种排列方式之间的区别。

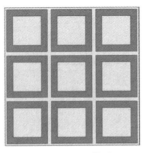
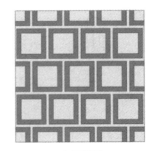

(a) 长方形排列   (b) 三角形排列

图 3-3 FSS 的排列方式

单元间距改变时的 S 参数如图 3-4 所示。在长方形排列时，随着单元与单元之间的间距增大，其谐振频率由低变高，在三角形排列时，随着单元间距的增大，其谐振频率也是由低到高；但是，在同等间距的情况下，三角形排列要比长方形排列的谐振频率高一些。

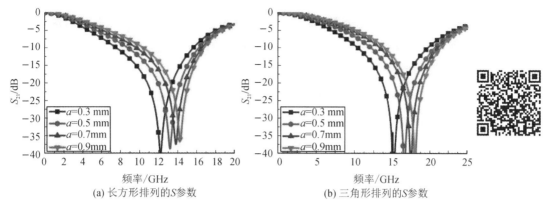

(a) 长方形排列的S参数　　　　　　(b) 三角形排列的S参数

图 3-4　单元间距改变时的 S 参数(排列方式不同)

在其他条件一定的情况下,当有不同角度的电磁波入射到两种不同排列方式的 FSS 时,在长方形排列时,随着入射角度的增加,其谐振频率基本不变,但是高次谐波会随着入射角度的增加越来越明显;在三角形排列时,谐振频率随着入射角度增加基本不变,高角度入射基本不产生高次谐振,这说明三角形排列比长方形排列能更好地抑制高次谐振。其入射角度改变时的 S 参数如图 3-5 所示。

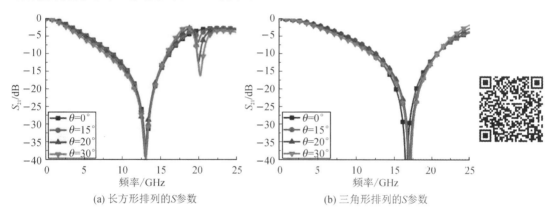

(a) 长方形排列的S参数　　　　　　(b) 三角形排列的S参数

图 3-5　入射角度改变时的 S 参数(排列方式不同)

3.1.3　FSS 介质基板特性

在实际应用中,FSS 的金属表层是印刷在介质基板上的,这样可以增加 FSS 的物理强度,同时更方便加工,介质基板的加入也会对 FSS 的吸/透波特性以及角度和极化稳定性产生影响。当介质基板的介电常数大于 1 时,可以有效降低 FSS 整体的谐振频率,这是因为在加入介质基板后,FSS 整体的等效介电常数降低,但是当介质基板的介电常数过大时,会使 FSS 材料损耗增大。介质基板影响其透波性能的加载类型有两种,一种是单边加载,另一种是双边加载。FSS 的介质基板在不同加载类型时的侧视图如图 3-6 所示。

对于介质基板单边加载时的 FSS 工作频率为

$$f \approx \frac{f_0}{\sqrt{(1+\varepsilon_r)/2}} \tag{3-1}$$

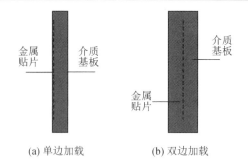

(a) 单边加载　　　(b) 双边加载

图 3 - 6　FSS 的介质基板在不同加载类型时的侧视图

式中，f_0 为不加载介质基板时的谐振频率，ε_r 为介质基板的介电常数，f 为频率选择表面 FSS(Frequency Selective Surface)的谐振频率。

对于双边加载，其工作频率为

$$f \approx \frac{f_0}{\sqrt{(\varepsilon_{r1} + \varepsilon_{r2})/2}} \tag{3-2}$$

式中，f_0 为不加载介质基板时的谐振频率，ε_{r1} 和 ε_{r2} 分别为介质基板的相对介电常数，f 为频率选择表面 FSS 的谐振频率。

单边加载的工作频率在 f_0 与 $f_0/\sqrt{(1+\varepsilon_r)/2}$ 之间，双边加载的工作频率在 f_0 与 $f_0/\sqrt{(\varepsilon_{r1}+\varepsilon_{r2})/2}$ 之间，且这两种类型随着介质基板厚度的增加分别趋近于 $f_0/\sqrt{(1+\varepsilon_r)/2}$ 和 $f_0/\sqrt{(\varepsilon_{r1}+\varepsilon_{r2})/2}$。

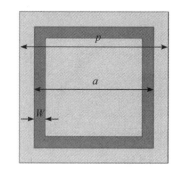

在单边加载以及双边加载时，这里以方环形贴片为例，金属方环印刷在介质基板上，其周期 $p=10$ mm、方环大小 $a=8$ mm、方环粗细 $w=0.75$ mm、介质基板厚度 $h=1.2$ mm，其结构如图 3 - 7 所示。在单边加载时，随着介质基板的介电常数值由小增大，其谐振频率也由高变低，当 $\varepsilon_r=1$ 时，谐振频率最大。在双边加载时，与

图 3 - 7　方环形贴片

单边加载相同，随着介质基板的介电常数由小变高，其谐振频率也由大变低，这与式(3-2)也是相符合的。介质基板的介电常数改变时的 S 参数如图 3 - 8 所示。

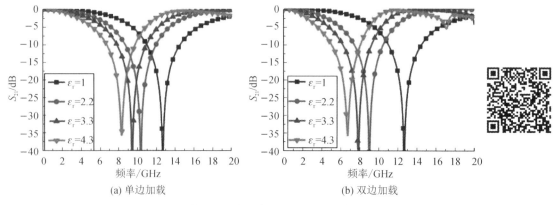

(a) 单边加载　　　(b) 双边加载

图 3 - 8　介质基板的介电常数改变时的 S 参数

当介质基板厚度增加时，谐振频率也会发生改变。在单边加载时，随着介质基板的厚度增加，其谐振频率会向低频偏移，但是偏移程度不大，而且厚度继续增大，其谐振频率基本不会发生偏移；在双边加载时现象也是如此。介质基板厚度改变时的 S 参数如图 3-9 所示。

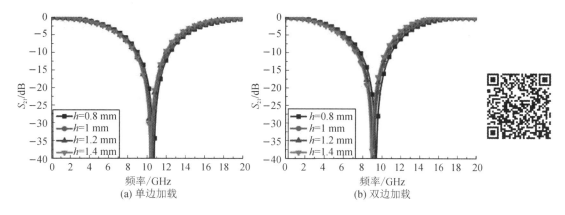

图 3-9　介质基板厚度改变时的 S 参数

　　当单元间距改变时，在单边加载时，随着单元与单元之间的间距变大，其谐振频率也会随之变大，但是当周期继续增大，其谐振频率偏移程度变小；在双边加载时现象也是如此。单元间距改变时的 S 参数如图 3-10 所示。

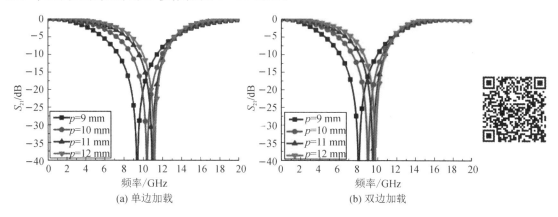

图 3-10　单元间距改变时的 S 参数（加载方式不同）

　　当入射角度改变时，在单边加载时，随着入射角度增大，其谐振频率基本保持不变，但是随着入射角度的增大，其高频处会出现不必要的高次谐振，在双边加载时现象也是如此，当入射角度较小时，两者的谐振频率几乎没有多少偏移，但随着入射角度的增大，单边加载的频率偏移会比双边加载时的大，所以当有大角度的电磁波入射时，可以考虑通过加载介质基板来实现其角度的稳定性，但是也需考虑实际剖面高度和加工成本以进行合理加载。入射角度改变时的 S 参数如图 3-11 所示。

　　综上所述可以看出，随着各种参数的变化，单边加载和双边加载的性能都有类似的变化规律，所以在设计 FSS 时可以根据实际需求合理利用这两种加载方式。

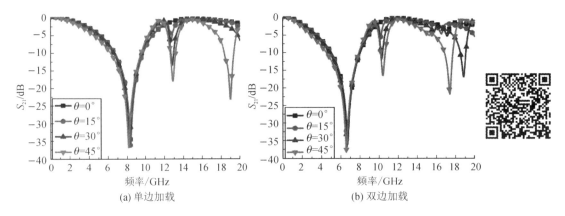

(a) 单边加载　　　　　　　　　　　(b) 双边加载

图 3-11　入射角度改变时的 S 参数（加载方式不同）

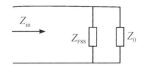

3.1.4　FSS 的等效电路分析法

FSS 分为带阻型和带通型，LC 串联电路和 LC 并联电路也分别有带阻和带通的特性，所以可以把物理结构的 FSS 等效为不同的电路图以便于分析。假设 FSS 的等效阻抗为 Z_{FSS}，Z_0 是自由空间波阻抗，Z_{in} 为输入阻抗，其等效电路图如图 3-12 所示。

图 3-12　FSS 的等效电路图

输入阻抗 Z_{in} 为

$$Z_{in} = \frac{Z_{FSS} \cdot Z_0}{Z_{FSS} + Z_0} \tag{3-3}$$

FSS 的反射系数为

$$\Gamma = \frac{Z_{in} - Z_0}{Z_{in} + Z_0} = \frac{-Z_0}{Z_0 + 2Z_{FSS}} \tag{3-4}$$

Z_0 是固定值，那么反射系数的大小主要取决于 Z_{FSS} 的物理结构，所以可以通过控制 FSS 的物理结构来控制反射系数的大小，从而控制 FSS 的整体频率响应。

我们以 4 种最基本的 FSS 单元结构为例，通过其对应的等效电路来分析它们所呈现的低通、高通、带通、带阻的滤波特性。

1) 贴片型 FSS

当贴片型 FSS 有电磁波垂直入射时，如图 3-13 所示，在感应电动势的作用下，正负电荷分别向贴片的边缘两侧移动。相邻贴片单元间的电荷相反，类似于电容的效果，频率响应为低通的电磁响应。

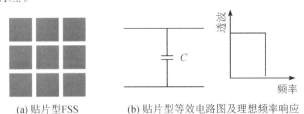

(a) 贴片型FSS　　　　　　　　(b) 贴片型等效电路图及理想频率响应

图 3-13　贴片型 FSS 和其等效电路图及理想频率响应

2) 孔径型 FSS

当孔径型 FSS 有电磁波入射时会在金属表面产生感应电流，其金属表面一般为线状；当电流在导线上流动时周围会产生电磁场。孔径型 FSS 类似于电感的效果，如图 3 - 14 所示。其频率响应为高通的电磁响应，所以孔径型 FSS 与贴片型 FSS 为互补结构。

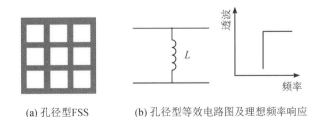

(a) 孔径型FSS　　　　　(b) 孔径型等效电路图及理想频率响应

图 3 - 14　孔径型 FSS 和其等效电路图及理想频率响应

3) 方环贴片型 FSS

方环贴片型 FSS 如图 3 - 15 所示，其单元与单元之间的间隔可以等效为电容，方环的边框可以等效为电感，整体可以等效为 LC 的串联电路。

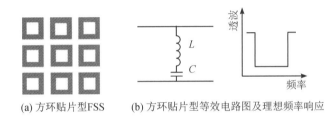

(a) 方环贴片型FSS　　　　(b) 方环贴片型等效电路图及理想频率响应

图 3 - 15　方环贴片型 FSS 和其等效电路图及理想频率响应

方环贴片型 FSS 的等效阻抗为

$$Z_{\mathrm{FSS}} = \mathrm{j}\omega L + \frac{1}{\mathrm{j}\omega C} \tag{3 - 5}$$

设串联电路的谐振频率为 f_0，当 $Z_{\mathrm{FSS}} = 0$ 时，此时谐振频率 f_0 为

$$f_0 = \frac{1}{2\pi \sqrt{LC}} \tag{3 - 6}$$

当有电磁波以频率 f_0 入射时，FSS 的等效阻抗 $Z_{\mathrm{FSS}} = 0$，则 $Z_{\mathrm{in}} = 0$，那么反射系数为 -1。从阻抗匹配原理来看，入射波被 FSS 完全反射，没有和 FSS 进行良好的匹配，所以当入射的电磁波频率为 f_0 时，FSS 就相当于一个理想的金属板反射所有的电磁波，当入射的电磁波频率 f 大于 f_0 时，此时 FSS 的等效电路呈感性，当 f 小于 f_0 时，FSS 的等效电路呈容性。无论入射频率大于 f_0 还是小于 f_0，FSS 都不再是理想金属版，这时一部分电磁波透过 FSS，一部分电磁波依旧被反射，所以方环贴片型 FSS 整体会呈现带阻响应。

4) 方环孔径型 FSS

当有电磁波入射到方环孔径型 FSS 时，如图 3 - 16 所示，图中的导线型金属结构可等效为电感，金属之间的间隔可等效为电容，整体 FSS 可以等效为并联电路。设 Y_{L} 为等效电感的导纳，Y_{C} 为等效电容的导纳，Y_{FSS} 为 FSS 的导纳，则有

$$Y_{FSS} = j\omega C + \frac{1}{j\omega L} \tag{3-7}$$

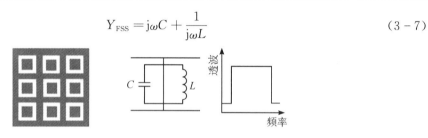

(a) 方环孔径型 FSS　　　　(b) 方环孔径型等效电路图及理想频率响应

图 3 - 16　方环孔径型 FSS 和其等效电路图及理想频率响应

当 $Y_{FSS} = 0$ 时，即 Z_{FSS} 为无穷大时，此时所对应的谐振频率为

$$f_0 = \frac{1}{2\pi\sqrt{LC}} \tag{3-8}$$

当有频率为 f_0 的电磁波入射时，FSS 的等效阻抗 Z_{FSS} 等于无穷大，则反射系数为 0，传输系数为 1，$Z_{in} = Z_0$，此时电磁波与 FSS 产生良好的阻抗匹配，电磁波无插损的透过 FSS。当入射电磁波频率低于或高于 f_0 时，反射系数会大于 0，而传输系数会小于 1，此时 FSS 的透波会减弱，反射会增强，所以方环孔径型贴片 FSS 呈现带通的频率响应。

虽然现有的 FSS 单元形状因为工程的应用而设计的多种多样，但均是从最基本的 FSS 形状衍生出来的。所以分析最基本的 FSS 的单元形状，可以为后期吸波结构以及吸透一体化结构的设计奠定基础。

3.2　吸波结构

微波吸收材料由于其多场景的应用前景，近些年来成为各国学者的研究热点。在军事领域，微波吸收材料可以覆盖在强散射源（如雷达天线表面）以减少飞行器的 RCS，从而降低被发现的概率，提高其隐身性能。由于微波吸收材料大多数情况下需要覆盖或共形在物体表面，因此除了要具有良好的吸收性能外，也应具有轻、薄的结构。基于超材料的微波吸收材料由于其近乎完美的吸收性能、轻巧的外形和便于调谐的特点成为微波吸收材料的重要研究方向。超材料吸波结构除了可以实现对入射电磁波 90% 以上的吸收外，还可以通过对其结构的设计来实现对电磁波的超宽带吸收[6-8]。宽吸波频带更有利于武器装备的隐身和电子设备对干扰电磁波的抵抗。因此，基于超材料的宽带微波吸收材料是吸波体的发展趋势和重要研究方向。

3.2.1　研究现状

超材料吸波结构从 2008 年由 Landy 等人提出后，在全世界学者的热情研究下，短短几年时间，就从最初的单频带、极化方向固定和垂直入射，发展到如今的具有多频带、宽频带和超宽带吸波特性以及极化方向不敏感特性、宽角度入射不敏感特性。近两年，一些亟待解决的难题也得到了一定的突破，比如，以金属材料为主的超材料吸波结构在整体厚度超薄的情况下很难实现宽频带吸波，现在通过在金属结构上引入电阻，能够在实现宽频带吸波的同时极大地降低吸波结构的厚度；又如，超材料吸波结构的吸波频带可调特性以前仅能实现对窄吸波频带的调节，现在通过适当引入集总元件，能够在保持宽带或超宽带吸波的条件下，实现对吸波频带的调节。总而言之，超材料吸波结构的研究正在不断深入，并逐渐得到完善。

　　超材料吸波结构按其吸波频带宽窄可以分为单频带吸波结构、多频带吸波结构、宽频带吸波结构和超宽带吸波结构；按照结构的不同可以分为单层金属吸波材料、复层金属吸波材料以及特殊材质吸波材料[9]。下面根据超材料吸波结构的吸波特性，选取近几年一些具有代表性的研究成果，介绍超材料吸波结构的发展

　　如前所述，最初的超材料吸波结构是 Landy[10] 等人提出的，其结构如图 3-17(a) 所示，由正面的电开口谐振环和背面的金属条带以及中间的有耗介质组成。该超材料吸波结构在 11.65 GHz 附近对电磁波有着近乎完全的吸收，如图 3-17(b) 所示，具有单频带吸波特性，但是由于其结构具有各向异性的特点，当入射电磁波的极化方向发生变化时，对其吸波特性的影响较大，具有极化敏感特性。

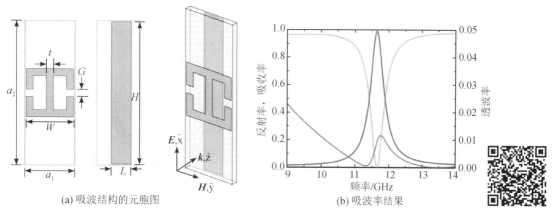

(a) 吸波结构的元胞图　　　　　　　　　　(b) 吸波率结果

图 3-17　Landy 等人提出的吸波结构的元胞图和吸波率结果

　　Landy 及其合作者随后又提出了一种四向对称的吸波结构以使其对入射波的极化方向不敏感[11]，如图 3-18(a) 所示，其吸波率、透射率和反射率的结果如图 3-18(b) 所示。该

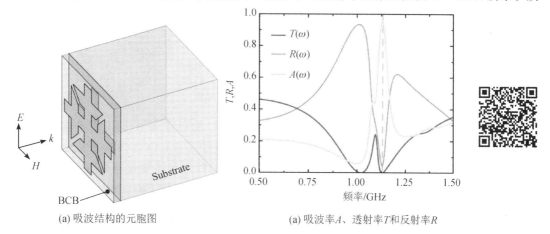

(a) 吸波结构的元胞图　　　　　　　　(a) 吸波率A、透射率T和反射率R

图 3-18　极化不敏感吸波结构的元胞图和吸波结构的吸波率 A、透射率 T 和反射率 R

结构由于具有 90°旋转对称的特性，当入射电磁波的极化方向发生变化时，对超材料吸波结构的吸波特性影响很小，具有极化不敏感特性。

在实现了吸波结构对入射电磁波的极化不敏感之后，研究者们发现，电磁波垂直入射这一要求对超材料吸波结构的实际应用是不利的，因此学者们又开始了对超材料吸波结构斜入射特性的研究，如 Li H[11]等人设计的具有宽角度入射特性的双带超材料吸波结构，其吸波结构元胞图如图3-19 所示，有耗介质 FR4 的厚度为 1 mm，其两侧分别为刻蚀的分裂谐振环和完整金属地板。在 TE 模和 TM 模下对其斜入射特性进行研究，从图3-20 的仿真和测量结果可以看出，入射角在 0°到 60°的范围内，该结构的吸波率均保持的很好，这说明该结构具有良好的宽角度入射特性，但是由于其对称性较差，因此其极化不敏感特性不佳。

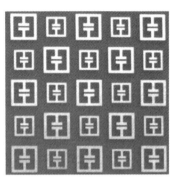

图 3-19　双频超材料吸波结构元胞图

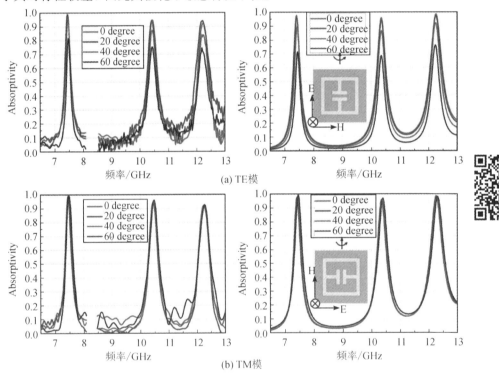

图 3-20　TE 模和 TM 模仿真和测量结果图

尽管提出了许多具有极化不敏感和宽角度入射特性的单频带或多频带超材料吸波结构[12-18]，但是这些吸波结构无法满足人们对宽频带吸波的需求，因此具有宽频带和超宽带吸波能力的吸波结构逐渐被设计出来。如 Ding F[19]等设计的多层宽带超材料吸波结构，其结构如图3-21 示。这里提出的吸波结构是由金属铜和有耗介质 FR4 相互叠加而成的，共 20 层，且由上往下单元的尺寸逐渐增大。由 LC 谐振频率与吸波结构尺寸的关系可知，该吸波结构由上下每层结构对应的吸波频点是逐渐降低的，如图3-22 所示，产生的相邻吸波频点相互叠加，最终实现了宽频带吸波的特性[20-22]，如图3-23 所示。

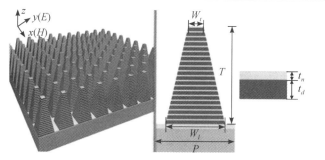

图 3 - 21　多层宽带超材料吸波结构

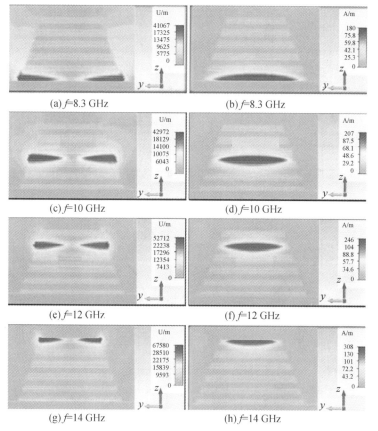

(a) f=8.3 GHz 　　　　　　(b) f=8.3 GHz

(c) f=10 GHz 　　　　　　(d) f=10 GHz

(e) f=12 GHz 　　　　　　(f) f=12 GHz

(g) f=14 GHz 　　　　　　(h) f=14 GHz

图 3 - 22　吸波频点与每层位置的关系仿真图

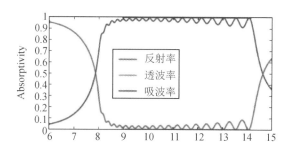

图 3 - 23　多层宽带超材料吸波结构的宽频带吸波特性

金属覆层宽带超材料吸波结构虽然具有优良的宽频带吸波特性，但是其厚度较大，且加工较为复杂，不利于该类超材料吸波结构的实际应用。在薄厚度和宽频带吸波的双重需求下，设计出来加载特殊材料[24-27]或电阻元件[28-32]的宽频带或超宽带超材料吸波结构。例如，Li M[24]等人设计的加载了特殊材料氮化钽(Tantalum Nitride)的宽频带吸波结构，其结构如图 3-24 所示。该吸波结构采用的介质基板为泡沫(foam)，其具有和空气接近的介电常数和磁导率，且重量很轻；介质基板的一侧为金属铜地板，另一侧为三个闭合的氮化钽谐振环。氮化钽宽频带吸波结构的吸波率仿真结果如图 3-25 所示，可以看出，在电磁波垂直入射时，其吸波带宽为 10.7～29 GHz，相对带宽为 92.2%。

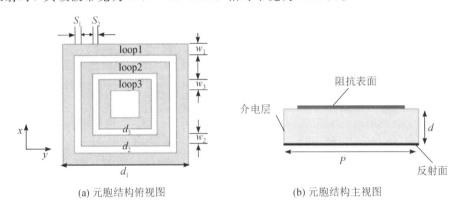

(a) 元胞结构俯视图　　　　　　　　(b) 元胞结构主视图

图 3-24　氮化钽吸波结构的元胞结构

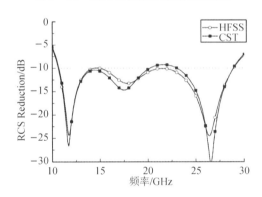

图 3-25　氮化钽宽频带吸波结构的吸波率仿真结果

又如，Cheng Y Z[29]等人设计的采用特殊材料磁橡胶板(magnetic rubber plate)作为介质基板的超材料吸波结构，其结构如图 3-26(a)所示。所用磁橡胶板的厚度为 1.9 mm，其一侧为铝膜，通过激光刻蚀技术在其上刻蚀十字交叉结构，另一侧为电导率为 3.7×10^7 S/m 的有耗金属，其吸波率大于 90% 的吸波带宽为 2.1～3.1 GHz，实现了宽带吸波。通过在铝膜一侧再覆上一层 0.5 mm 的磁橡胶板形成复合磁橡胶板吸波结构，如图 3-26(b)所示，该复合吸波结构吸波率大于 90% 的吸波带宽为 1.65～3.7 GHz，相比单层磁橡胶板吸波结构，其吸波带宽再次得到拓宽。

可以看出，采用特殊材料(如氮化钽或磁橡胶板)的超材料吸波结构具有优秀的宽频带吸波特性，且厚度很薄，但是这种吸波结构的制造成本相对较高，且加工工艺也相对复杂，使得这类吸波结构的实际应用受到影响。加载电阻的超材料吸波结构，利用电阻对吸波材

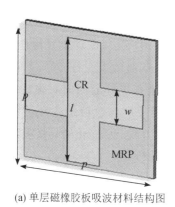

(a) 单层磁橡胶板吸波材料结构图

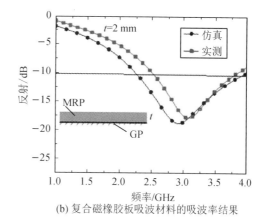

(b) 复合磁橡胶板吸波材料的吸波率结果

图 3 - 26　单层磁橡胶板吸波材料结构图和复合磁橡胶板吸波材料的吸波率结果

料品质因子的提升和对电磁波的较大损耗，可以很有效地实现对电磁波能量的宽带吸收。如 Yang J[28] 等人提出的加载电阻的双四边形环超材料吸波结构，其元胞结构如图 3 - 27 所示，采用厚度为 3.175 mm 的有耗介质 RogerRT5880（介电常数为 2.2，正切损耗角为 0.0009）作为介质基板，其一侧为金属铜地板，另一侧为两个加载电阻的四边形环，每个四边形环每条边的中部分别加载了一个电阻。该吸波材料降低 RCS 的结果如图 3 - 28 所示，可以看出，其吸波率大于 90% 的带宽为 8～18 GHz，相对带宽达到 78%。

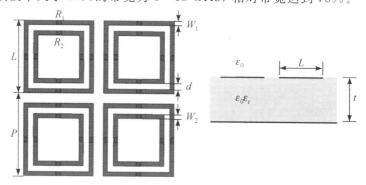

图 3 - 27　电阻型双四边形环吸波材料的结构图

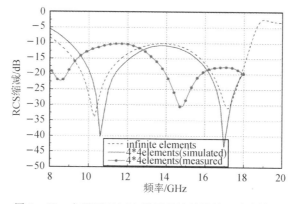

图 3 - 28　电阻型双四边形环吸波材料的吸波率结果

Li S J[30]等人提出了加载电阻的双八边形环超材料吸波结构，其元胞结构如图 3-29 所示，采用厚度为 3 mm 的有耗介质 FR4(介电常数为 4.4，正切损耗角为 0.02)作为介质基板，其一侧为金属铜地板，另一侧为两个加载电阻的八边形环，每个环上对称地加载了 4 个电阻。其吸波率结果如图 3-30 所示。从图中可以看出，其吸波率大于 90% 的吸波带宽为 7.93~17.18 GHz，相对带宽达到 73.9%。由于该结构具有很好的四向对称特性，因此其具有较好的极化不敏感特性。在 TE 模和 TM 模两种模式下，该吸波结构在不同入射角下的吸波率如图 3-31 所示。从图中可以看出，在入射角从 0° 到 60° 变化时，其吸波率和带宽较好，因此其也具有较好的宽角度入射特性。

图 3-29　电阻型双八边形环吸波材料的结构图

图 3-30　电阻型双八边形环吸波材料的吸波率和反射率

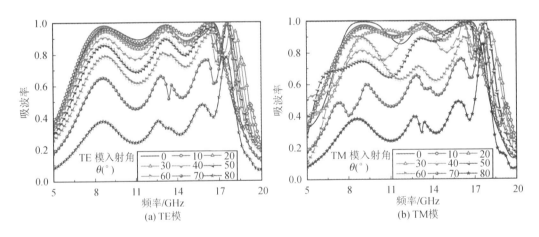

(a) TE模　　　　　　　　　　　(b) TM模

图 3-31　电阻型双八边形环吸波材料在 TE 模和 TM 模下不同入射角的吸波率

　　Zhai H Q[33]等人通过将电阻和电感加载在金属谐振环的开口处，设计了一个频率可调宽带吸波结构，其元胞结构如图 3-32(a)所示。通过改变电阻和电感的大小，可实现对其宽吸波频带的调节，如图 3-32(b) 所示。

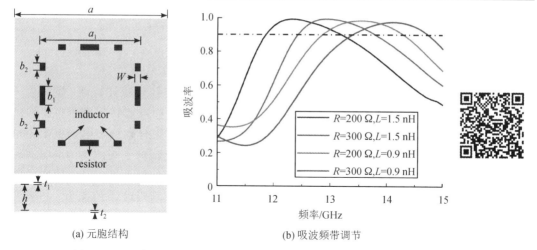

(a) 元胞结构　　　　　　　　(b) 吸波频带调节

图 3 - 32　频率可调宽带吸波材料的元胞结构和吸波频带调节

3.2.2　理论分析

通常情况下，超材料吸波结构的吸波率 A 可表示为

$$A = 1 - T - R = 1 - |S_{12}|^2 - |S_{11}|^2 \qquad (3-9)$$

$$R = |S_{11}|^2 \qquad (3-10)$$

$$T = |S_{12}|^2 \qquad (3-11)$$

其中，A 为吸波率（Absorptivity），R 为反射率（Reflectivity），T 为透射率（Transmissivity），$|S_{11}|^2 = P_r/P_i$，$|S_{21}|^2 = P_t/P_i$，P_r 是反射功率，P_i 是入射功率，P_t 是透射功率。可以看出，吸波率的大小可以通过改变反射率和透射率的大小来实现。对于超材料吸波结构而言，其吸波率越高，对入射电磁波能量的吸收越多，吸波性能越好。如果吸波结构的下部采用金属板使电磁波无法透射，那么 T 为 0，式（3-9）可以进一步表示为：

$$A = 1 - R = 1 - |S_{11}|^2 \qquad (3-12)$$

超材料吸波结构要想实现对电磁波能量的吸收，需要满足：与自由空间达到阻抗匹配；对电磁波具有损耗作用。总结起来就是先使电磁波能够接近且无反射地进入吸波结构，然后将能量在吸波结构的内部损耗。

首先，需要使超材料吸波结构的等效表面阻抗 Z_a 等于自由空间的波阻抗 η_0，这样电磁波能够完整地进入超材料吸波结构。超材料吸波结构的反射系数可表示为[21]

$$\Gamma = \frac{Z_a - \eta_0}{Z_a + \eta_0} \times 100\% \qquad (3-13)$$

当 $Z_a = \eta_0$ 时，$\Gamma = 0$，入射的电磁波可以完整地进入吸波结构。

接下来，分析超材料吸波结构的损耗能力。一般用正切损耗角来表示超材料吸波结构对电磁波能量的损耗能力，正切损耗角分为电正切损耗角和磁正切损耗角，如铁氧体[34-36]等主要是通过磁损耗实现对电磁波能量的损耗，碳化硅纤维[37,38]等主要是通过电损耗实现对电磁波能量的损耗。综上所述，超材料吸波结构的损耗机理可分为介电损耗、磁损耗和电阻性损耗这三类[39]，通过适当设计结构，这三种损耗均可以用来实现对入射电磁波能量的吸收。

3.2.3　设计实例

1. 多频带超材料结构设计

超材料吸波结构的性能指标主要包括：吸波率、多频带/宽频带吸波特性、宽角度入射特性和极化不敏感特性。吸波率指的是超材料吸波结构对特定频点或特定频带电磁波的吸收率，主要通过调节电谐振结构的物理尺寸和有耗介质的厚度来分别调节电谐振和磁谐振的强度，进而调节吸波结构的吸波率。多频带/宽频带吸波特性指的是吸波结构的吸波频点及带宽，多频带是多个间断频点的窄带吸波模式，宽频带是多个连续频点形成的宽带吸波模式。宽角度入射特性指的是吸波结构在较大入射角下保持较高吸波率的能力，与吸波结构的介质厚度、单元间距等有关。极化不敏感特性是指吸波结构在不同极化角下保持吸波频带及吸波率几乎不变的能力，一般来说中心对称的结构都具有良好的极化不敏感特性，如三岔形、四边形、圆形以及六边形等。基于以上四点，考虑到闭合金属环的极化不敏感特性和单谐振模式，通过以中心对称的方式在闭合金属环的四边引入 T 型谐振结构，形成新的单频带谐振模式，再将不同尺寸的谐振结构以嵌套的方式形成双频带吸波结构，该吸波结构具有优秀的频带独立可调特性。

1）双频超材料吸波结构的仿真设计

首先引入了 T 型谐振结构的单谐振结构，图 3 - 33 所示是需要设计的单频超材料吸波结构的单元俯视图，其上层金属谐振结构和下层金属底板均为铜，中间层为有耗介质 FR4，介电常数为 4.4，正切损耗角为 0.02，厚度为 0.9 mm。图中各项参数分别为：$a=12$ mm，$L_3=3$ mm，$L_4=4.6$ mm，$w_1=0.3$ mm，$d_1=0.3$ mm，$d_3=0.4$ mm，$e_1=0.3$ mm，$t=0.9$ mm，$t_1=0.017$ mm。

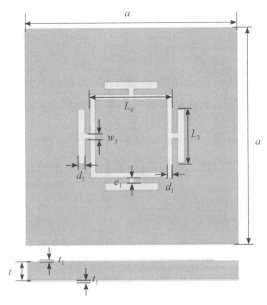

图 3 - 33　单频超材料吸波结构的单元俯视图

对上述单频超材料吸波结构进行仿真，得到的吸波率结果如图 3 - 34 所示。从图中可以看出，当 $e_1=0.3$ mm 时，设计的单频超材料吸波结构在 8.5 GHz 处具有高达 99.9% 的吸波率；此外，从图中还可以发现，通过调节 e_1 的大小，在保持高吸波率的条件下有效地实现了吸波频点的调节。综上可知，设计的单频超材料吸波结构具有很高的吸波率和出色的频率可调特性，为后续双频带频率可调超材料吸波结构的设计提供了基础。

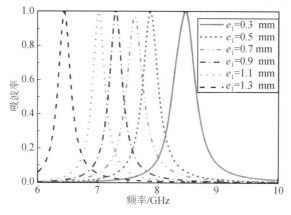

图 3 - 34　单频超材料吸波结构在不同 e_1 值下的吸波率

将不同尺寸的单频谐振结构以嵌套的方式组合在一起，如图 3 - 35(a)所示，图中各项参数分别为：$a=12$ mm，$L_1=4$ mm，$L_2=8$ mm，$L_3=3$ mm，$L_4=4.6$ mm，$w_1=0.3$ mm，$w_2=0.3$ mm，$d_1=0.3$ mm，$d_2=0.5$ mm，$d_3=0.4$ mm，$e_1=0.3$ mm，$e_2=0.1$ mm，$t=0.9$ mm，$t_1=0.017$ mm。对设计的双频带超材料吸波结构进行仿真，得到的结果如图 3 - 35(b)所示，可以看出，设计的双频带超材料吸波结构在 5.02 GHz 和 8.62 GHz 的吸波率均大于 95%，具有优秀的吸波能力。

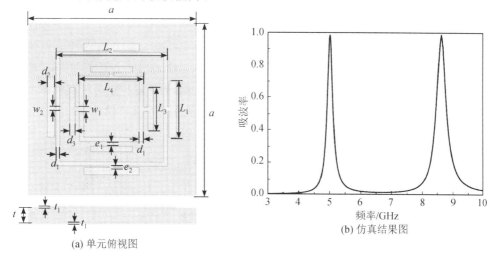

图 3 - 35　双频吸波结构单元俯视图和仿真结果图

对设计的双频带超材料吸波结构的极化特性和入射特性进行分析，得到如图 3 - 36 和图 3 - 37 所示的结果。由于设计的吸波结构为 90°旋转对称结构，因此只需考虑入射角从 0°到 90°变化时的吸波率结果。从图 3 - 37 中可以看出，设计的双频带超材料吸波结构在不同入射角下的吸波频点和吸波率基本保持不变，证明了双频带超材料吸波结构良好的极化不敏感特性。

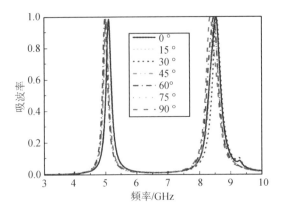

图 3-36　双频带超材料吸波结构在不同极化角的吸波率

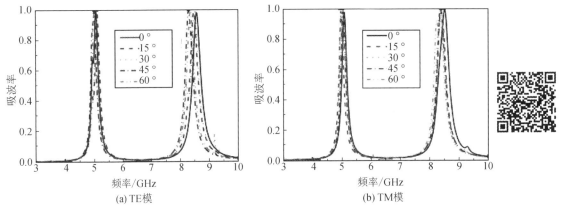

图 3-37　双频带超材料吸波结构在 TE 模和 TM 模下不同入射角的吸波率

入射特性分为 TE 模入射和 TM 模入射两种情况。TE 模入射是指在改变电磁波的入射角度时始终保证电场矢量平行于吸波结构的表面，TM 模入射是指在改变电磁波的入射角度时始终保证磁场矢量平行于吸波结构的表面。在这两种情况下分别对双频带吸波结构进行入射特性分析，得到的结果如图 3-38 所示。结果表明，在 TE 模和 TM 模下，当入射

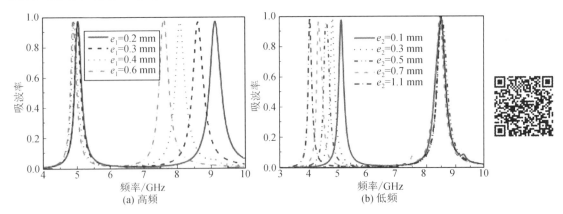

图 3-38　调节双频吸波结构的高频谐振点和低频谐振点

角度变为 60°时，双频带超材料吸波结构依然能保持吸波频点和吸波率基本不变。仿真结果证实了设计的双频带超材料吸波结构具有优秀的极化不敏感特性和宽角度入射特性。

从单频超材料吸波结构的结果中可以看出，通过改变外侧矩形贴片与闭合金属环的距离，可以有效地实现对谐振频率的调节，具有优秀的谐振频率可调节特性。基于此，我们采用相同的方法，实现了对双频超材料吸波结构两个谐振频点的独立可调，如图 3-38 所示。当保持 e_2 值不变时，通过改变 e_1 的大小可以实现高频谐振频点的平移且保持高吸波率，同时低频谐振频点的频率和吸波率基本不变；当保持 e_1 值不变时，通过改变 e_2 的大小可以实现低频谐振频点的平移且保持高吸波率，同时高频谐振频点的频率和吸波率基本不变。可以看出，设计的双频超材料吸波结构的两个吸波频点具有优秀的独立可调特性，通过调节 T 型谐振结构与闭合金属环的距离，可以实现对各吸波频点的调节。

2）三频超材料吸波结构的仿真设计

设计的三频超材料吸波结构单元尺寸图及在 HFSS 中的仿真模型及边界设置如图 3-39 所示。其包括三个部分：上层为金属谐振结构，中层为有耗介质 FR4，下层为金属地板。其中，上层金属谐振结构由一个闭合金属环和两组 T 型谐振枝节组成，这两组 T 型谐振枝节分别分布在闭合金属环四条边的内侧和外侧；中层有耗介质 FR4 的介电常数为 4.4，正切损耗角为 0.02，厚度为 1 mm；下层金属地板和上层金属谐振结构均为铜。图中各项参数的值分别为：$p=11$ mm，$a=8.6$ mm，$b=6$ mm，$c=9$ mm，$w_1=w_2=0.6$ mm，$w_3=0.5$ mm，$g_1=0.2$ mm，$g_2=0.1$ mm，$g_3=0.2$ mm，$g_4=0.1$ mm，$t_1=1$ mm，$t_2=0.017$ mm。

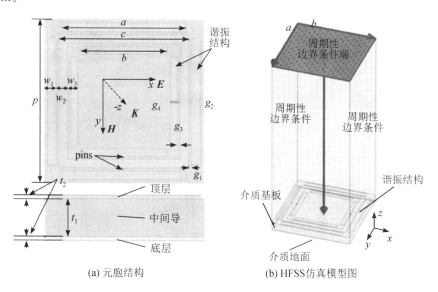

(a) 元胞结构　　　　　　　(b) HFSS仿真模型图

图 3-39　三频超材料吸波结构的元胞结构及 HFSS 仿真模型图

对上述尺寸的吸波结构进行仿真设计，得到的结果如图 3-40 所示。从图中可以看出，设计的三频超材料吸波结构在 3.25 GHz、9.45 GHz 和 10.90 GHz 处产生了吸波的峰值，吸波率均超过了 95%，这说明上述超材料吸波结构具有优秀的三频带吸波特性。

同样地，需要对三频超材料吸波结构的极化及入射特性进行分析，分析结果分别如图 3-41 和图 3-42 所示。与双频吸波结构类似，三频超材料吸波结构也是 90°旋转对称结构，

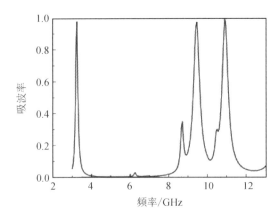

图 3-40 三频超材料吸波结构的吸波率仿真结果

因此在对其极化特性进行分析时，只需考虑 0°到 90°的极化角变化。图 3-41 给出了三频超材料吸波结构在 0°到 90°不同极化角下的吸波率结果，可以看出，随着极化角的变化，三频超材料吸波结构的 3 个吸波频点及其吸波率峰值基本不变，表明设计的三频带超材料吸波结构具有优秀的极化不敏感特性。

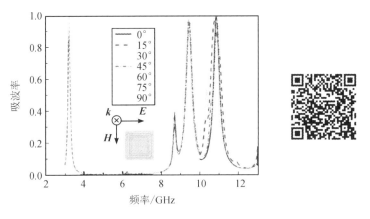

图 3-41 三频超材料吸波结构在不同极化角下的吸波率

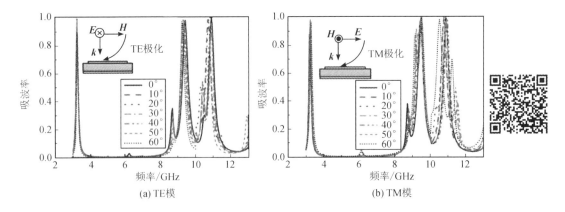

图 3-42 三频超材料吸波结构在 TE 模和 TM 模下不同入射角的吸波率

在 TE 模和 TM 模下对三频超材料吸波结构在不同入射角下的吸波率进行仿真，得到如图 3 - 42 所示的结果。从图中可以看出，在两种模下，设计的三频吸波结构均具有较好的宽角度入射特性，在 0～60°的斜入射角下均能保持稳定的吸波频点和吸波率。

从上述分析中可以看出，设计的三频超材料吸波结构在三个吸波谐振点具有优秀的吸波能力，且具有优秀的极化不敏感特性和宽角度入射特性。

2. 超宽带超材料结构设计

近年来，将集总元件引入超材料吸波结构的设计中，以实现宽频带吸波或实现对吸波频带的调谐，该方法已经成为研究热点。它是通过在吸波材料的谐振结构中加载电阻，增加表面阻抗进而加大吸波结构对电磁波能量的损耗，可以极大地拓宽吸波材料的带宽。

1) 双环超宽带超材料吸波结构的仿真设计

设计的双环超宽带超材料吸波结构的元胞结构图如图 3 - 43(a)所示。它包括三个部分：上层为金属谐振结构和电阻，中层为有耗介质 FR4，下层为金属地板。其中，上层谐振结构由两个闭合金属环和 4 个电阻元件组成，这 4 个电阻对称地分布在两个闭合金属环的环间，将两个闭合金属环连接起来，4 个电阻的阻值相同，且都为 250 Ω；中层有耗介质 FR4 的介电常数为 2.65、正切损耗角为 0.02、厚度为 2.5 mm；上层金属谐振结构和下层金属地板均为铜。图中各项参数的值分别为：$a = 12$ mm，$b = 6.4$ mm，$c = 4.6$ mm，$w_1 = 0.1$ mm，$w_2 = 0.8$ mm，$e_1 = 0.8$ mm，$g_1 = 0.3$ mm，$t = 2.5$ mm，$t_1 = t_2 = 0.017$ mm。

在 HFSS 中对双环超宽带超材料吸波结构进行仿真，得到的吸波率仿真结果如图 3 - 43(b)所示。从图中可以看出，设计的双环超宽带超材料吸波结构在 8.6 GHz 到 13.9 GHz 之间的吸波率均大于 90%，相对带宽达到 47.1%。

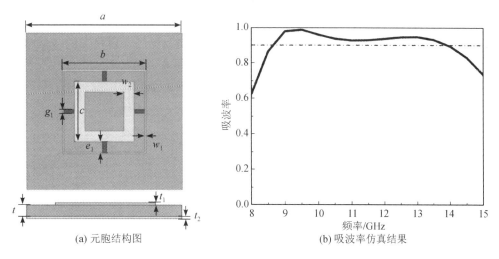

(a) 元胞结构图　　　　　　　　(b) 吸波率仿真结果

图 3 - 43　双环超宽带超材料吸波结构的元胞结构图

对设计的双环超宽带超材料吸波结构的极化特性和 TE 模、TM 模下的入射特性进行分析，得到如图 3 - 44 和图 3 - 45 所示的结果。由于设计的双环超材料吸波结构为 90°旋转对称结构，因此只需仿真其在入射角从 0°到 90°变化下的吸波特性，如图 3 - 45 所示。可以看出，当入射角从 0°逐渐增大至 90°时，双环超材料吸波结构的吸波率及吸波带宽基本不变，表明设计的双环超材料吸波结构具有优秀的极化不敏感特性。

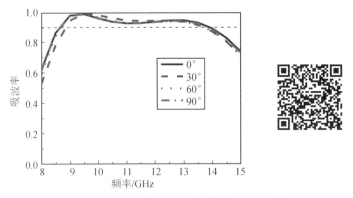

图 3-44 双环超宽带超材料吸波结构在不同极化角下的吸波率

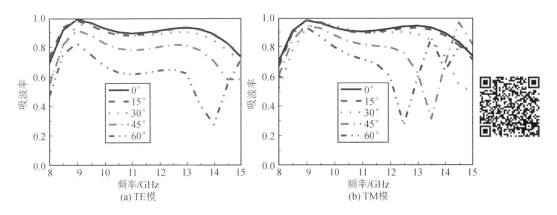

图 3-45 双环超宽带超材料吸波结构在 TE 模和 TM 模下不同入射角的吸波率

设计的双环超宽带超材料吸波结构在 TE 模和 TM 模下不同入射角下的吸波率仿真结果分别如图 3-45(a)和(b)所示。从图中可以看出，双环超宽带超材料吸波结构在两种入射模下，在 $0°\sim60°$ 的入射角范围内依然能保持较高的吸波率和较宽的吸波带宽，具有良好的宽角度入射特性。

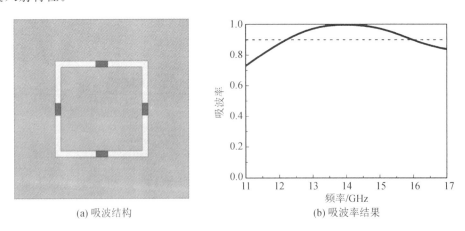

图 3-46 环上开口加载电阻的吸波结构和吸波率结果

通过上述对双环超宽带超材料吸波结构的仿真结果分析可知，设计的吸波结构具有优秀的宽带吸波能力、良好的极化不敏感特性和宽角度入射特性。我们知道，通过在开口谐振环的开口处加载电阻实现宽带吸波的方法已经被很多学者研究过[47-49]，为了比较我们提出的环间加载电阻与环上开口加载电阻这两种方法的吸波带宽，设计了如图 3 - 46(a)所示的环上开口加载电阻的吸波结构，其中方形环为金属环，它上面的 4 个矩形为电阻，其与上述环间加载电阻的双环超宽带超材料吸波结构所用介质、元胞大小、外侧金属谐振结构边长均相同，通过优化金属环的宽度及电阻值，仿真得到其最优的吸波率结果，如图 3 - 46(b)所示。

　　从图 3 - 46(b)中可以看出，该吸波结构的吸波率大于 90% 的频段为 12.2 GHz 到 16 GHz，可以算出其相对带宽为 27%，明显窄于前述设计的环间加载电阻吸波结构47.1% 的相对带宽。因此，虽然我们提出的环间加载电阻的方法需要两个金属谐振环，但是在上层金属结构所占元胞面积的大小相同、加载的电阻个数相同时，环间加载电阻的方法能够明显地拓宽吸波结构的吸波带宽。

　　2) 三环超宽带超材料吸波结构的仿真设计

　　设计的三环超宽带超材料吸波结构的元胞结构图如图 3 - 47(a)所示，其上层为闭合金属谐振环和电阻，由 3 个大小不同的金属环相互嵌套，外金属环的内侧和中金属环的外侧通过一组电阻相连，中金属环的内侧和内金属环的外侧通过另一组电阻相连，每组电阻的阻值是相同的；中层为有耗介质 RogersRT5880，其介电常数为 2.2，正切损耗角为 0.0009，厚度为 3 mm；下层为金属地板，所用金属材料为铜。图中各项参数的值分别为：$a = 12$ mm，$b = 7.3$ mm，$c = 6.2$ mm，$d = 4.6$ mm，$t = 3$ mm，$w_1 = 0.15$ mm，$w_2 = 0.4$ mm，$w_3 = 0.7$ mm，$e_1 = 0.4$ mm，$e_2 = 0.4$ mm，$g_1 = 0.3$ mm，$g_2 = 0.3$ mm，$t_1 = t_2 = 0.017$ mm。

　　对三环超宽带超材料吸波结构进行仿真，得到的吸波率仿真结果图如图 3 - 47(b)所示。从图中可以看出，设计的三环超宽带超材料吸波结构在 7.8 GHz 到 14.3 GHz 之间的吸波率均大于 90%，相对带宽达到 56.5%。

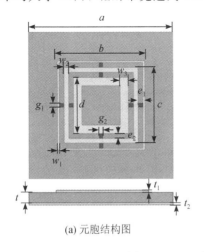

(a) 元胞结构图

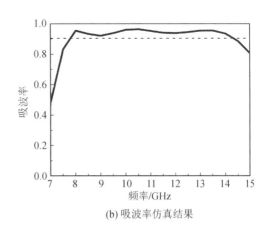

(b) 吸波率仿真结果

图 3 - 47　三环超宽带吸波结构的元胞结构图

　　对设计的三环超宽带超材料吸波结构的极化特性和 TE 模、TM 模下的入射特性进行分析，得到如图 3 - 48 和图 3 - 49 所示的结果。由于设计的三环超宽带超材料吸波结构为

90°旋转对称结构，因此只需仿真其在入射角从 0°到 90°变化下的吸波特性，如图 3-48 所示。从图中可以看出，当入射角从 0°逐渐增大至 90°时，三环超宽带超材料吸波结构的吸波率及吸波带宽基本不变，表明设计的三环超宽带超材料吸波结构具有优秀的极化不敏感特性。

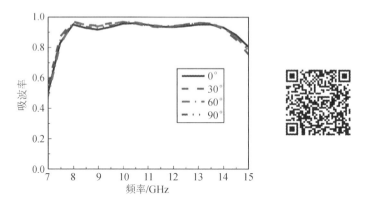

图 3-48　三环超宽带超材料吸波结构在不同极化角下的吸波率结果

设计的三环超宽带超材料吸波结构在 TE 模和 TM 模不同入射角下的吸波率仿真结果分别如图 3-49(a)和(b)所示。从图中可以看出，三环超宽带超材料吸波结构在两种入射模式下，在 0~45°的入射角范围内依然能保持较高的吸波率和较宽的吸波带宽，具有良好的宽角度入射特性。

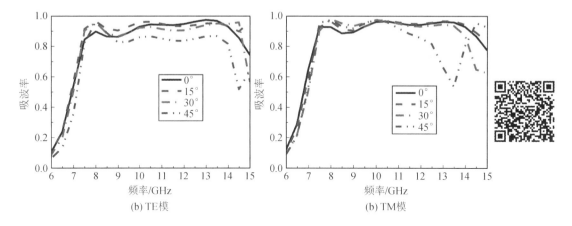

图 3-49　三环超宽带超材料吸波结构在 TE 模和 TM 模下不同入射角的吸波率

通过上述对三环超宽带超材料吸波结构的仿真结果分析可知，设计的吸波结构具有优秀的宽带吸波能力、良好的极化不敏感特性和宽角度入射特性。相比环间加载电阻的双环超宽带超材料吸波结构，设计的三环超宽带超材料吸波结构的吸波带宽得到了进一步的拓宽。

3. 频率可调宽带吸波结构设计

基于加载电阻实现宽带吸波的超材料吸波结构，这里在引入电阻的同时，通过在电流路径上加载电感元件，实现对吸波结构电长度的控制，使谐振频率发生变化，实现频率可调谐。

1) 单环型频率可调宽带吸波结构的仿真设计

设计的单环型频率可调宽带吸波结构的元胞结构图如图 3-50(a) 所示，包括三个部分：上层为金属谐振结构、电阻和电感，中层为有耗介质 FR4，下层为金属地板。其中，上层结构由 1 个开口金属环、4 个电阻和 8 个电感组成，这些电阻和电感均对称地分布在金属环开口处，与开口金属环连接起来组成闭合回路，4 个电阻的阻值相同，8 个电感的感值也相同；中层有耗介质 FR4 的介电常数为 4.4、正切损耗角为 0.02、厚度为 3 mm；上层的金属谐振结构和下层金属地板均为铜。图中各项参数的值分别为：$a=12$ mm，$a_1=8$ mm，$w=0.4$ mm，$b_1=1.5$ mm，$b_2=0.6$ mm，$h=3$ mm，$t_1=t_2=0.017$ mm。选取电阻的阻值为 300 Ω，电感的感值为 1.5 nH 时，设计的单环型频率可调宽带吸波结构的吸波率仿真结果如图 3-50(b) 所示，在 13.2 GHz 时吸波率达到峰值 99.6%，吸波率大于 90% 的频段为 12.5 GHz 到 14 GHz，相对带宽为 11.3%。

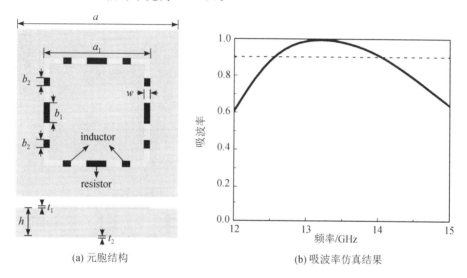

(a) 元胞结构   (b) 吸波率仿真结果

图 3-50 单环型频率可调宽带吸波结构的元胞结构和吸波率仿真结果

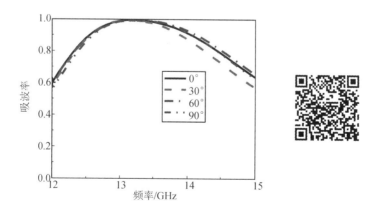

图 3-51 单环型频率可调宽带吸波结构在不同极化角下的吸波率

对单环型频率可调宽带吸波结构在不同极化角下的吸波率以及分别在 TE 模和 TM 模下不同入射角的吸波率进行仿真分析，结果如图 3-51、图 3-52 所示。由于设计的单环型频率可调宽带吸波结构为 90°旋转对称结构，只需研究其在极化角从 0°增加到 90°的吸波特性，得到的仿真结果如图 3－51 所示。从图中可以看出，当极化角从 0°逐渐增加至 90°时，单环型频率可调宽带吸波结构的吸波率和吸波带宽基本不变，这表明设计的单环型频率可调宽带吸波结构具有良好的极化不敏感特性。

　　在 TE 模和 TM 模两种模式下，将入射角从 0°逐渐增加至 60°，对单环型频率可调宽带吸波结构进行仿真，得到的吸波率结果分别如图 3－52(a)和图 3－52(b)所示。从图中可以看出，随着入射角从 0°增大至 60°，虽然吸波率一直在下降，但在 60°时依然具有较高的吸波率和较宽的吸波带宽，这表明单环型频率可调宽带吸波结构具有良好的宽角度入射特性。

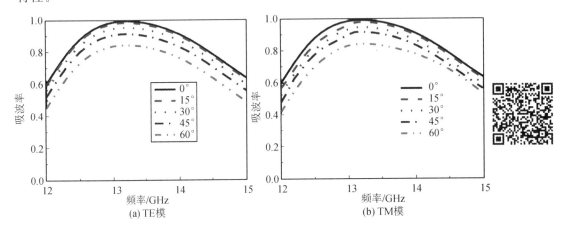

图 3－52　单环型频率可调宽带吸波结构在 TE 模和 TM 模下不同入射角的吸波率

　　选取合适的电阻值和电感值，可以实现在保持较宽吸波带宽和较高吸波率的同时，实现对宽带吸波频带的调节，仿真得到的吸波率结果如图 3－53 所示。从图中可以看出，在保持吸波率大于 90% 的带宽为 1.5 GHz 左右时，吸波峰值频点从 12.3 GHz 调节到 14.4 GHz。这进一步说明，通过调节加载的电阻值和电感值的大小，可以对吸波频带进行调谐。

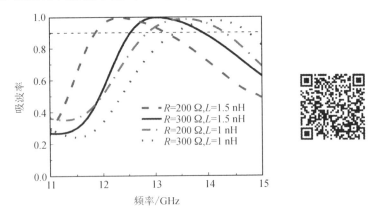

图 3－53　不同阻值和感值下单环型宽带吸波结构的吸波率

2）枝节型频率可调宽带吸波结构的仿真设计

设计的枝节型频率可调宽带吸波结构的模型图如图 3－54(a)所示，包括三个部分：上层为金属谐振结构、电阻和电感，中层为有耗介质 FR4，下层为金属地板。其中，上层结构由 1 个开口金属环、4 个矩形枝节、4 个电阻和 4 个电感组成，这 4 个矩形枝节对称地分布在金属环的外侧且与金属环的四边分别平行，这些电阻对称地分布在金属环开口处，与开口金属环连接起来组成闭合回路，这些电感分别连接矩形枝节的中部和金属环四边中部，使得矩形枝节与金属环连通；4 个电阻的阻值相同，4 个电感的感值也相同；中层有耗介质 FR4 的介电常数为 4.4、正切损耗角为 0.02、厚度为 3 mm；上层的金属结构和下层金属地板所用材料均为铜。图中各项参数的值分别为：$a=12$ mm，$b=4.6$ mm，$c=3$ mm，$d=0.8$ mm，$w_1=0.3$ mm，$w_2=0.65$ mm，$w_3=0.3$ mm，$e=0.3$ mm，$t=3$ mm，$t_1=0.017$ mm，$t_2=0.017$ mm。

　　选取电阻的阻值为 160 Ω、电感的感值为 0.2 nH 时，设计的枝节型频率可调宽带吸波结构的吸波率仿真结果如图 3-54(b) 所示，在 12.5 GHz 时吸波率达到峰值 98.1%，吸波率大于 90% 的频段为 9.75 GHz 到 14.1 GHz，相对带宽达到 36.5%，相比单环型频率可调宽带吸波结构，枝节型频率可调宽带吸波结构的吸波带宽有明显的拓展。

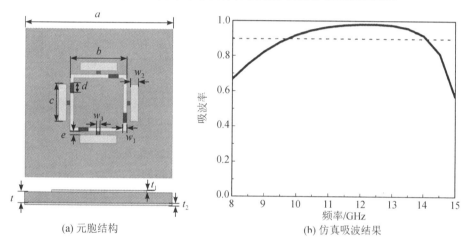

(a) 元胞结构　　　　　　　　　　(b) 仿真吸波结果

图 3-54　枝节型频率可调宽带吸波结构的元胞结构图和仿真吸波结果图

　　对枝节型频率可调宽带吸波结构在不同极化角下的吸波率以及分别在 TE 模和 TM 模下不同入射角的吸波率进行仿真分析，结果如图 3-55 和图 3-56 所示。由于设计的枝节

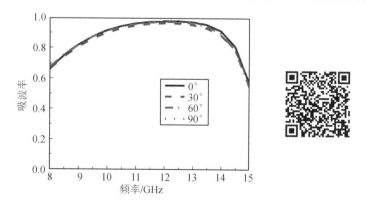

图 3-55　枝节型频率可调宽带吸波结构在不同极化角下的吸波率

型频率可调宽带吸波结构为 90°旋转对称结构，只需研究其在极化角从 0°增加到 90°的吸波特性，得到的仿真结果如图 3-55 所示。从图中可以看出，当极化角从 0°逐渐增加至 90°时，枝节型频率可调宽带吸波结构的吸波率和吸波带宽基本不变，这表明枝节型频率可调宽带吸波结构具有良好的极化不敏感特性。

在 TE 模和 TM 模两种模式下，将入射角从 0°逐渐增加至 60°，对枝节型频率可调宽带吸波结构进行仿真，得到的吸波率结果分别如图 3-56 所示。从图中可以看出，随着入射角从 0°增大至 60°，虽然吸波率一直在下降，但在 60°时依然具有可以接受的吸波率和吸波带宽，这表明枝节型频率可调宽带吸波结构具有良好的宽角度入射特性。

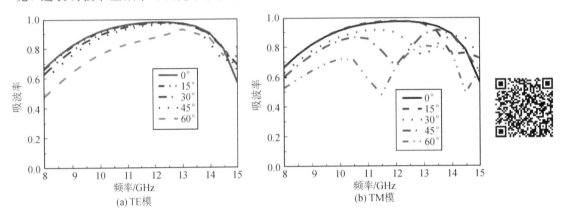

图 3-56　枝节型频率可调宽带吸波结构在 TE 模和 TM 模下不同入射角的吸波率

选取合适的电阻值和电感值，可以使枝节型频率可调宽带吸波结构在保持宽吸波带宽和高吸波率的同时，实现对宽带吸波频带的调节，仿真得到的吸波率结果如图 3-57 所示。从图中可以看出，当电阻值和电感值分别为 100 Ω 和 0.1 nh、140 Ω 和 0.2 nH、180 Ω 和 0.1 nH 时，吸波率大于 90%的频段依次为 9~13.3 GHz、9.6~13.8 GHz、10~14.5 GHz，这三种情况下的绝对带宽依次为 38.6%、35.9%、36.9%。这说明，通过适当调节加载的电阻值和电感值的大小，可以在保持超宽吸波带宽的同时，对枝节型频率可调宽带吸波结构的吸波频带进行调谐。

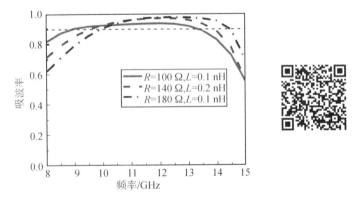

图 3-57　不同阻值和感值下枝节型宽带吸波结构的吸波率

3.3 吸透波一体化结构

对于用于飞行器隐身的雷达罩来说，最理想的情况是：在雷达天线的工作频带内，罩体对于雷达而言相当于一个透明的窗口。这也意味着带内传输的插入损耗越低越好。而对于雷达天线的工作频带外，罩体可以将潜在的来波反射到其他方向或者将其完全吸收，使得探测波无法发现或准确地定位到我方飞行器等武器装备上，从而提高我方的军事防御能力。频率选择表面作为反射带外来波的隐身方式，可以将潜在的探测波散射到各个方向，而只有非常小的一部分反射回探测站。这大大降低了飞行器被发现的概率。

然而，频率选择表面(FSS)雷达罩只对降低单站雷达的 RCS 起作用。当有多个雷达探测站时，FSS 反射到各个方向的电磁波很容易被其他位置的探测站点接收，从而暴露了我方的目标位置。为了解决这一问题，提出一种频率选择 Rasorber（Frequency Selective Rasorber，FSR）的概念，"Rasorber"一词是"天线罩(radome)"和"吸收器(absorber)"的结合体，它是一个专有名词。与 FSS 不同的是，FSR 可以允许特定频段内的电磁波通过，同时吸收频带内不需要的电磁波，目前研究的 FSR 主要有二维以及三维的模型，二维 FSR 通常是由损耗层和带通 FSS 组成的周期性结构。基于电路模拟吸收器（Circuit Analong Absorber，CAA）的原理在透波频段内，损耗层及带通 FSS 变得"透明"，使得电磁信号低插损地通过。在透波频带外，带通 FSS 相当于一个理想金属板，把电磁波反射到阻抗层由损耗元件损耗掉。三维 FSR 也是周期性结构，通过构建多个模态谐振腔，当不同频段的电磁波入射时，可以激发出多个传输模式，这样就能得到不同频率的响应。FSR 设计较为灵活且频率覆盖范围广，近年来得到了广泛的关注。

3.3.1 研究现状

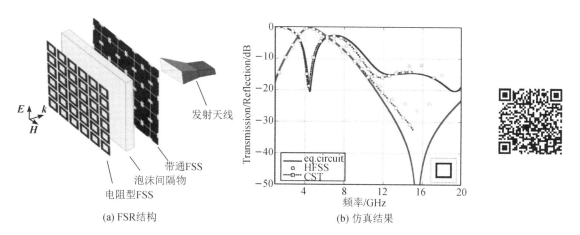

(a) FSR结构 (b) 仿真结果

图 3-58 Filippo Costa(菲利普·科斯塔)设计的 FSR 结构以及仿真结果

早在 2009 年，B. A. Munk 教授提出具有频率选择特性的吸波体结构[40]，这种结构可实现工作频带外吸波、工作频带内透波的特性，直到现在，出现了多种形式的吸透波 FSR。

在 2012 年，意大利的 Filippo Costa 提出一种频率选择天线罩[41]，如图 3-58 所示。该 FSR 的上层损耗层是由具有阻性的方环结构组成的，下层 FSS 采用一个紧凑的交叉耶路撒冷元件，具有带通特性的同时还具有非常大的抑制带。所设计的 FSR 的通带位于 4.6 GHz 处，其插入损耗为 −0.3 dB，在 8.5～20 GHz 频带内约 10 dB 的吸波特性。

Weiliang Yu 提出一种由二维结构的有损层和三维结构的带阻 FSS 构成的 FSR[42]，如图 3-59 所示。二维损耗层由集总电阻加载的弯曲方环构成，三维带阻 FSS 由平行板波导阵列(PPWAS)沿 TE 极化方向(垂直于 PPW 的线极化方向)堆叠而成，这种 FSR 的吸收带宽为 7.85～12.85 GHz($|S_{11}|$ > 10 dB)、通带为 0～3.8 GHz($|S_{21}|$ <1 dB)。虽然此 FSR 具有良好的低通特性，但是其吸收带宽不够宽且为单极化下的 FSR，限制了其在超宽带探测雷达中的隐身作用，所以在此基础上，Guo Qing Luo 提出一种宽带吸收的 FSR[43]，如图 3-60 所示。它的上下层均有损耗元件，上层是由集总电阻加载的金属方环构成的，下层是由一个电阻性回路和弯曲金属双方环构成的，FSR 的低频通带有 860 MHz，其插入损耗小于 1 dB，吸收带宽为 3.84～10.83 GHz($|S_{21}|$<−10 dB)。

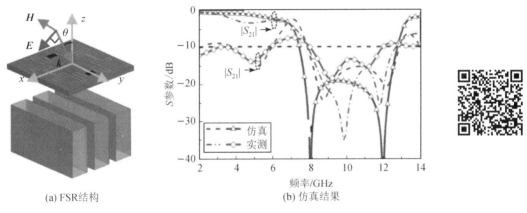

图 3-59　带阻 FSS 构成的 FSR 以及仿真测试结果

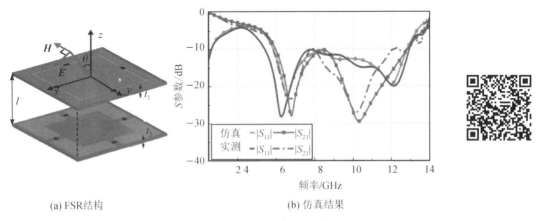

图 3-60　宽带吸收的 FSR 以及仿真测试结果

除了低透高吸的 FSR，还有许多高透低吸的 FSR，Zhefei Wang 提出了两种高透低吸的 FSR[44-45]，一种 FSR 由损耗的交叉模型和二阶 FSS 组成，另一种由偶极子和槽型阵列组成，均可实现高透低吸的特性，其单元结构和电磁特性如图 3-61 所示。

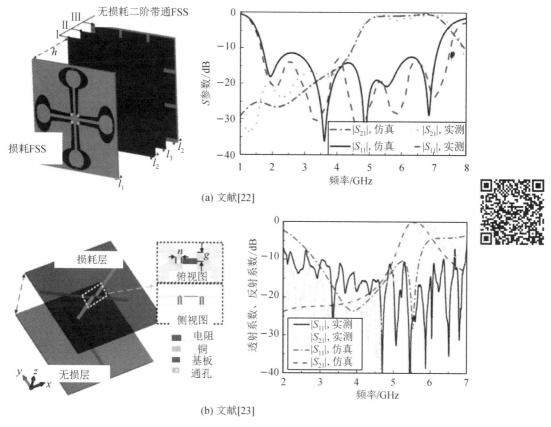

(a) 文献[22]

(b) 文献[23]

图 3-61　Zhefei Wang 设计的 FSR 结构以及仿真测试结果

此外，还有许多两边吸波/中间透波的 FSR 模型，这种结构可以有效实现天线传输带两侧频带的 RCS 缩减，Lingling Wang 提出一种宽带透波带两边有吸收带的双极化 FSR[46]，如图 3-62 所示，其损耗层和无损层分别由带有多个数字间谐振器的金属方环以及一个多层宽带 FSS 组成，$|S_{21}|<1$ dB 的传输带为 8.12～11 GHz，在 9.6 GHz 处有最小插入损耗 0.6 dB，$|S_{11}|>10$ dB 的吸收带为 4～6 GHz 和 12.67～14.04 GHz。

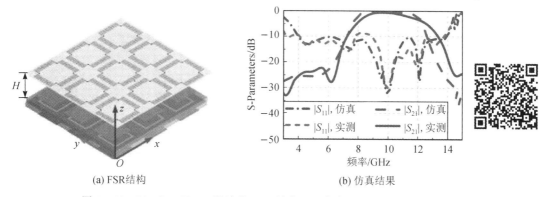

(a) FSR 结构　　　　　　　　(b) 仿真结果

图 3-62　Lingling Wang 设计的 FSR 结构以及仿真测试结果

Yongtao Jia 提出一种两个透射带中间有一吸收带的 FSR[47]，如图 3-63 所示，其损耗层中有四个方环，每个方环中还带有两个短截线，此结构实现了两个频带内的传输。

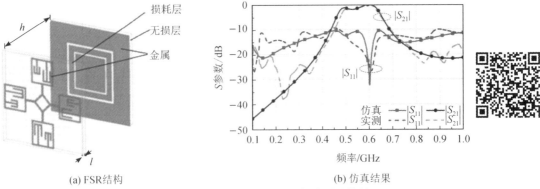

(a) FSR结构

(b) 仿真结果

图 3-63　贾永涛设计的 FSR 结构以及仿真测试结果

传统的二维 FSR 通常存在单元尺寸过大的缺点，这会导致 FSR 在大角度入射下的滤波性能不稳定。近年来，三维 FSR 被提出，与二维 FSR 相比，三维 FSR 虽然结构复杂，制作难度大，但是更易于实现高选择性以及角度稳定性。Yihao Wang 提出一种 3D 的 FSR[48]，如图 3-64 所示。这种结构利用了铁氧体吸收器实现的宽频带，其慢波结构实现了结构的超薄，在 45°入射时仍能保持良好的角度稳定性。Binchao Zhang 也提出对角度不敏感的双极化三维 FSR[49]，如图 3-65 所示。此模型没有背接不连续的金属地平面，克服了传统三维结构制作的困难性，该模型的角度稳定性可以达到 50°。

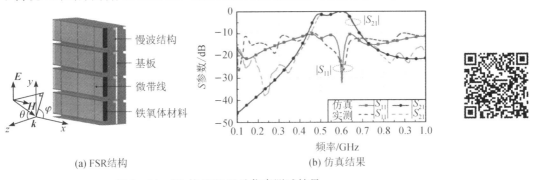

(a) FSR结构

(b) 仿真结果

图 3-64　3D 的 FSR 以及仿真测试结果

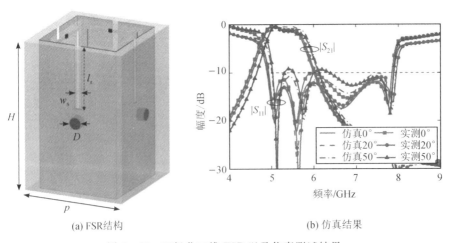

(a) FSR结构

(b) 仿真结果

图 3-65　双极化三维 FSR 以及仿真测试结果

除了这些传统的 FSR 结构，还有利用特殊器件来改变 FSR 的传输带和吸收带的可重构 FSR。B. Sanz-lzquierdo 提出一种基于槽型裂环谐振器的有源 FSS[50]，如图 3 - 66 所示。此模型上加载了 mems 开关，其结构有两种不同的形式，一种通过打开或者关闭两个同心环，可以实现 4 个不同的传输带，另一种通过控制两个分裂环的电容，可以实现双频频率的调谐。在文献[50]中提出一种可开关的双极化 FSR[51]，如图 3 - 67 所示，在其结构上层加入 PIN 二极管，利用 PIN 二极管控制模型传输带的打开与关闭。

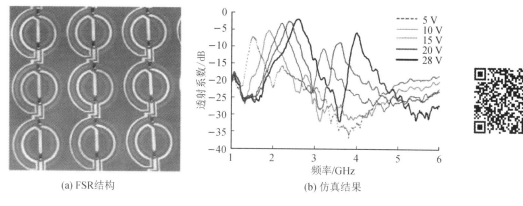

(a) FSR结构　　　　　　　　　　　　　(b) 仿真结果

图 3 - 66　基于槽型裂环谐振器的有源 FSS 以及仿真测试结果

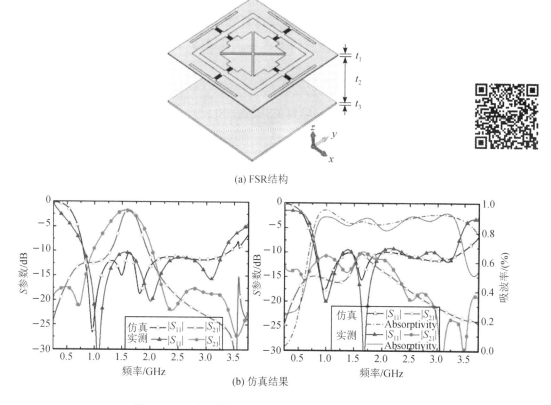

图 3 - 67　可开关的双极化 FSR 以及仿真测试结果

3.3.2 理论分析

1. FSR 的基本组成

为了使各种军事单位拥有良好的隐身性能，需要保证它们在各自需要的频段内正常工作，同时还要吸收工作频段外的电磁波，所以在设计 FSR 时，既需要有低插损的传输带，还需要高吸波率的吸收带，而且还要有良好的角度稳定性和极化稳定性，如图 3-68 所示。一般二维 FSR 是由损耗层和 FSS 组成的，在透波频段内，损耗层和 FSS 需保持"透明"，允许电磁波低插损地通过，在吸波频段，FSS 相当于一个理想金属板，将电磁波反射到损耗层，由损耗层中损耗元件损耗掉，每层的结构功能组合起来共同决定 FSR 结构的整体电磁特性。

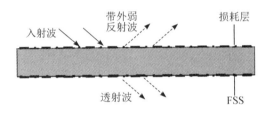

图 3-68   二维 FSR 侧面图

2. 吸波率概述

当电磁波入射到不连续的介质表面时，一部分电磁波透过临界面，另一部分在临界面上发生反射。当电磁波入射到有耗介质时，除了透射和反射，还有一部分电磁波被吸收掉。因此吸波率是衡量吸波材料吸收电磁波能力强弱的重要参数，吸波率的计算公式如式（3-9）所示。

3. 阻抗匹配以及传输原理

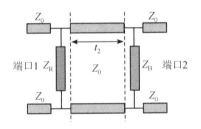

图 3-69   FSR 等效电路

在吸波率概述中提到，当电磁波入射到 FSR 上，电磁波会被吸收、透射或反射。我们希望 FSR 具有良好的透波功能和吸波功能，所以要减小电磁波在 FSR 上的反射，即减小反射系数 Γ。若要实现 FSR 具有良好的透波功能和吸波功能，需要 FSR 与空间电磁波有着良好的阻抗匹配，如图 3-69 所示。FSR 可以等效成为一个电路模型，其中，Z_R 为损耗层的等效阻抗，Z_B 为带通 FSS 的等效阻抗，Z_0 为空气的等效阻抗，Z_{in} 为 FSR 整体结构的输入阻抗。

反射系数 Γ 为

$$\Gamma = \frac{Z_{in} - Z_0}{Z_{in} + Z_0} \tag{3-14}$$

其中，$Z_0 = \sqrt{\mu_0 \varepsilon_0} \approx 377 \ \Omega$。FSR 自身物理结构和入射的电磁波决定 Z_{in}，由式（3-14）知，若要 $\Gamma = 0$，即理想状态下的无反射，则需要 $Z_{in} = Z_0$，但是恒等几乎是不可能的，需要合理设计 FSR 的结构来实现阻抗匹配。FSR 若要实现传输，则需要损耗层和带通 FSS 在传输带内几乎是"透明"的。FSS 应处于并联谐振状态，其等效阻抗 Z_B 趋于无穷大，两端口之间的传输量可以通过下式计算：

$$|S_{21}| \xrightarrow{Z_B \to \infty} \frac{2}{|2 + Z_0/Z_R|} \qquad (3-15)$$

由式(3-15)知，当阻抗 Z_R 共振到无穷大时，损耗层可以在特定频段内实现信号传输，但是 Z_R 很容易在某一点发生共振，很难在宽频带内实现无限共振，因此接下来会着重设计宽频带透波的 FSR。

4. FSR 的角度以及极化稳定性

在实际应用中，无论是我方接收和发送的电磁波，还是敌方发出的电磁波，都不可能以理想方式垂直入射到 FSR 表面，而是以各种角度入射的，所以需要 FSR 拥有良好的角度稳定性，也就是电磁波在不同角度入射时，FSR 的吸透波能力之间的差异不明显，而这些差异主要是由 FSR 的物理结构上导致的。因为当 FSR 的物理尺寸不变时，不同角度入射下 FSR 所对应的等效阻抗也会随之变化，其吸透能力也随之变化，所以拥有良好的角度稳定性对于 FSR 来说至关重要。除了角度稳定性外，极化稳定性也需要在考虑之中，FSR 需要在 TE 极化和 TM 极化下的吸透波特性保持相同，TE 极化是从 H 面入射的，入射面与平面波的电场矢量垂直，TM 极化是从 E 面入射的，入射面与平面波的电场矢量平行，两极化相互垂直且其他线极化均可分解为这两种极化的叠加。一般来说，当 FSR 的物理结构呈现中心对称时，TE 极化和 TM 极化下的吸透波响应基本保持相同。由于设计的 FSR 的对称性，所以 TE 极化和 TM 极化下的吸透波性能基本相同，但是仍有些差异，且会随着入射角度的增大，这种差异会更加明显。一般来说，随着角度的增加，TE 极化下的通带随着入射角的增大而减小，TM 极化下的通带带宽随着入射角的增大而增大，这也可以从电磁场的角度来解释：设 Z_0 为自由空间阻抗，在 TE 极化下电磁波以角度 θ 入射，FSS 的端口阻抗 $Z_{\text{port}}^{\text{TE}}$ 与入射角 θ 之间的关系为

$$Z_{\text{port}}^{\text{TE}} = \frac{Z_0}{\cos\theta_{\text{in}}} \qquad (3-16)$$

而当电磁波为 TM 极化时，FSS 的端口阻抗 $Z_{\text{port}}^{\text{TM}}$ 为

$$Z_{\text{port}}^{\text{TM}} = Z_0 \cos\theta_{\text{in}} \qquad (3-17)$$

所以 TE 和 TM 模式下的 FSS 的等效阻抗为

$$Z_{\text{port}}^{\text{TE}} = -\text{j} \frac{Z_{\text{FSS}}}{1 - \dfrac{\sin^2\theta_{\text{in}}}{2}} \qquad (3-18)$$

$$Z_{\text{port}}^{\text{TM}} = -\text{j} Z_{\text{FSS}} \qquad (3-19)$$

TE 和 TM 极化下的外部品质因数 Q_{ex} 为

$$Q_{\text{ex}}^{\text{TE}} = \frac{Z_0}{Z_{\text{FSS}}} \frac{1 - \sin^2\theta_{\text{in}}/2}{\cos\theta_{\text{in}}} \geqslant \frac{Z_0}{Z_{\text{FSS}}} \qquad (3-20)$$

$$Q_{\text{ex}}^{\text{TM}} = \frac{Z_0 \cos\theta_{\text{in}}}{Z_{\text{FSS}}} \leqslant \frac{Z_0}{Z_{\text{FSS}}} \qquad (3-21)$$

因为式(3-20)是单调递增函数，同时 Q 值与带宽成反比，因此在 TE 极化下，随着角度的增加，$Q_{\text{ex}}^{\text{TE}}$ 增大，带宽变窄。又因为式(3-21)中的 $\cos\theta_{\text{in}}$ 在 $0°\sim 90°$ 的范围内是单调递减函数，所以 $Q_{\text{ex}}^{\text{TM}}$ 减小，带宽变宽，在不同极化下谐振频点处的品质因数将呈现相反的变化趋势，所以一般情况下 TM 极化下的带宽比 TE 极化下的好。

3.3.3 设计实例

1. 低频传输/高频宽吸波的小型化 FSR 研究

1）由谐振结构组成的 FSR

FSR 的整体结构如图 3 - 70 所示，对应的尺寸参数如表 3 - 2 所示。Layer1 和 Layer2 的上层为损耗层，损耗层采用两层圆环电阻膜层，电阻膜可以在介质基板（$\varepsilon_{r1}=2.2$，$\tan\sigma=0.0009$）上通过印刷阻性油墨来实现，在损耗层的两层中，Layer1 的圆环电阻膜的阻值是 rn1＝350 Ω/sq，Layer2 的圆环电阻膜的阻值是 rn2＝200 Ω/sq，相比于焊接集总电阻的电阻层，在一定程度上简化了制作工艺并降低了制作成本。Layer1 和 Layer2 下层的带通 FSS 是由多层金属层级联组成的，介质层之间填充为空气。带通 FSS 由 7 层金属层组成，金属层分别为电感型金属贴片和电容型金属贴片。电感层为曲折线，可以在较小的单元内延长电流路径，以合成大电感，金属曲折线印刷在介质基板（$\varepsilon_{r1}=2.2$，$\tan\sigma=0.0009$）上。电容层是由六边形环金属贴片构成的，由于多层金属级联会引入阵列干涉，从而产生不必要的寄生通带，而六边形环单元具有带阻型频率响应，可以将六边形环单元的传输零点调至阵列干涉点附近，从而有效抑制阵列干涉产生的影响。六边形环金属贴片被高介电常数（$\varepsilon_{r2}=20.5$，$\tan\sigma=0.0005$）的介质基板包围，高介电常数的介质基板可以增加电容效应以及减小栅格尺寸，电感层单元和电容层单元的周期比工作波长小很多，所以六边形环和曲折线的共振频率远大于工作频率，在较宽的频带范围内有效地避免高阶谐振模式，使得带通 FSS 具有较宽的阻带。

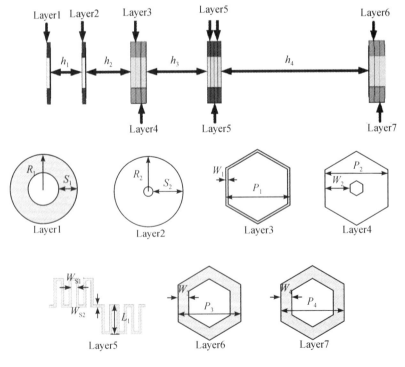

图 3 - 70　FSR 的结构

表 3 - 2　FSR 单元结构的尺寸参数 1　　　　单位：mm

参数	h_1	h_2	h_3	h_4	R_1	R_2	S_1
值	1.8	2.6	3.5	8.4	1.49	1.49	0.79
参数	S_2	P_1	P_2	P_3	P_4	W_1	W_2
值	1.29	2.91	2.85	2.4	2.7	0.105	1.125
参数	W_3	W_4	L_1	W_{S1}	W_{S2}		
值	0.45	0.45	0.9	0.31	0.08		

带通 FSS 的频率响应如图 3 - 71 所示，在 TE 极化下，当电磁波的入射角为 0°时，$|S_{11}| < 1$ dB 的阻带为 6.2～35 GHz，$|S_{21}| < 3$ dB 的传输带为 1.2～1.68 GHz；当电磁波的入射角达到 45°时，FSS 的阻带仍能达到 6.1～34.6 GHz，此时 $|S_{21}| < 3$ dB 的传输带为 1.2～1.68 GHz。由于模型的对称性，在 TM 极化下的透波带和阻带基本与 TE 极化下的相同，所以非谐振结构可以获得较宽的阻带，实现 FSR 的宽带吸波的功能，同时单元周期较小，使其在电磁波大角度入射下仍然保持良好的频率响应。

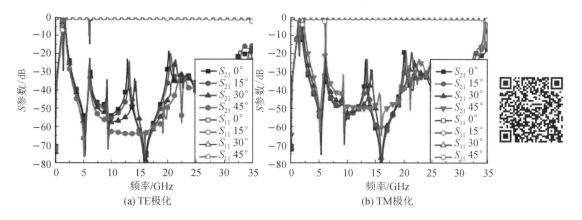

图 3 - 71　TE 和 TM 极化下 FSS 的 S 参数

2）由两层损耗结构组成的 FSR

本节设计的 FSR 是由两层损耗层和两层 FSS 组成的，如图 3 - 72 所示，其每层之间的距离为 $h_1 = 5.75$ mm，$h_2 = 6.75$ mm，$h_3 = 3.65$ mm，$h_4 = 7$ mm，记上两层的损耗层和 FSS 为 Layer Ⅰ，下两层的损耗层和 FSS 为 Layer Ⅱ，这两部分将分开介绍。

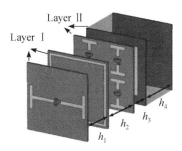

图 3 - 72　FSR 的整体结构

Layer Ⅰ是由一对偶极子组成的损耗层和方环形 FSS 组成的，如图 3 - 73 所示。损耗层的两对偶极子分别印刷在介质基板的上下两层，介质基板的材料为 RogersRO3003（介电常数 $\varepsilon_{r1}=3$, $\tan\delta=0.001$），采用交叉放置的偶极子是为了保证不同极化下的频率响应稳定性，在偶极子中间加载集总电阻，其阻值 R_1 为 160 Ω，下层为带阻型 FSS，采用金属方环结构，方环形金属贴片印刷在介质基板上，介质基板的材料为 RogersRO3003（介电常数 $\varepsilon_{r1}=3$, $\tan\delta=0.001$），上下层之间的距离为 $h_1=5.75$ mm，其他部分参数值为 $p=9.5$ mm, $a_1=3.4$ mm, $a_2=7.8$ mm, $b_1=0.5$ mm, $x_1=1$ mm, $aa_1=9$ mm, $w_1=0.7$ mm。

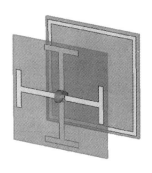 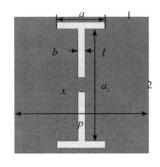 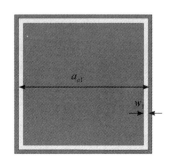

图 3 - 73　Layer Ⅰ的单元结构

Layer Ⅱ是由四对偶极子组成的损耗层和方形贴片构成的 FSS 组成。如图 3 - 74 所示，损耗层的偶极子交叉印刷在介质基板的上下表面，其作用也是为了拥有不同极化下的稳定性，每个偶极子中间都加载有集总电阻，其阻值 R_2 为 135 Ω，介质基板的材料为 RogersRO3003（介电常数 $\varepsilon_{r1}=3$, $\tan\delta=0.001$）；下层是由两层贴片层构成的 FSS，两层贴片分别印刷在介质基板上，介质基板的材料为 RogersRT5880（介电常数 $\varepsilon_{r1}=2.2$, $\tan\delta=0.0009$）。中间空间由高度为 $h_4=7$ mm 的泡沫填充，其电特性（$\varepsilon_r=1.07$, $\tan\delta=0.0017$）接近自由空间损耗，损耗层与 FSS 之间的填充为空气，其部分参数值为 $a_3=2.4$ mm, $a_4=3.2$ mm, $x_2=1.2$ mm, $a_{a2}=7$ mm。

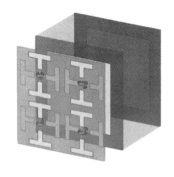 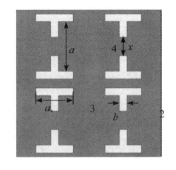 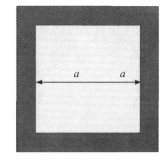

图 3 - 74　Layer Ⅱ的单元结构

Layer Ⅰ的 S 参数如图 3 - 75 所示，在 TE 极化下 Layer Ⅰ的 $|S_{21}|<3$ dB 传输带为 0～3.3 GHz，$|S_{11}|>10$ dB 的吸波带为 6～14 GHz。TM 极化下的频率响应与 TE 极化下的频率响应类似；在 TE 极化下，Layer Ⅱ的 $|S_{21}|<3$ dB 传输带比较宽，为 0～9.5 GHz，

$|S_{11}|>10$ dB 的吸波带为 10.8～18 GHz。TE 与 TM 极化下的频率响应类似，如图 3 - 76 所示。由于模型的对称性。所以当 Layer Ⅰ 和 Layer Ⅱ 层级联在一起就可以拥有一个更宽的吸收带，低频部分的电磁波由 Layer Ⅰ 层损耗掉，高频部分的电磁波由 Layer Ⅱ 层损耗掉，而且 Layer Ⅰ 和 Layer Ⅱ 在 0～3.3 GHz 都拥有低插损的通带，可以保证组合在一起的 FSR 拥有 0～3.3 GHz 的通带。

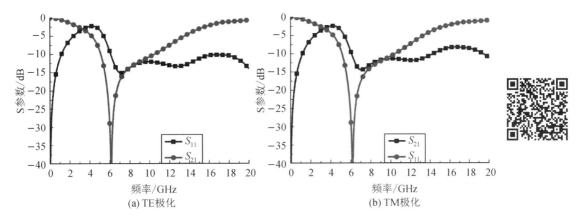

图 3 - 75　Layer Ⅰ 不同极化下 FSS 的 S 参数

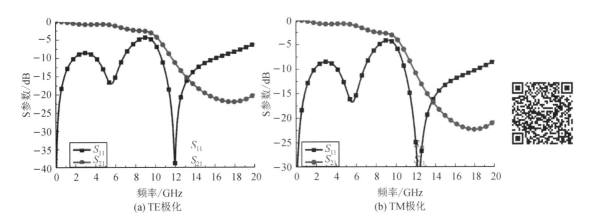

图 3 - 76　Layer Ⅱ 不同极化下 FSS 的 S 参数

3) 小型化后的 FSR

如图 3 - 77 所示，整个模型所用的介质基板材料均为 RogersRT5880（介电常数 $\varepsilon_r=2.2$，$\tan\delta=0.0009$），对 Layer Ⅰ 中的损耗层的偶极子枝节进行弯曲折叠处理，交叉印刷在介质基板上下表面，每个偶极子中间加载有集总电阻 $R_1=220\ \Omega$，下层 FSS 仍是方环形金属贴片印刷在介质基板上，Layer Ⅱ 中的也是对偶极子弯曲折叠，每个偶极子中间加载有集总电阻 $R_2=120\ \Omega$，下层 FSS 仍是由两层金属贴片组成的。两金属贴片间的填充为泡沫，其电特性（$\varepsilon_r=1.07$，$\tan\delta=0.0017$）接近自由空间损耗，其他介质板之间的空间均填充为空气，整体模型大小为 7.5 mm，比上节模型单元大小减小了 2 mm，其模型的具体参数如表 3 - 3 所示。

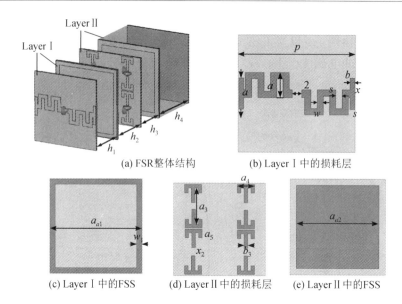

(a) FSR整体结构　　　　　　　(b) Layer I 中的损耗层

(c) Layer I 中的FSS　　(d) Layer II 中的损耗层　　(e) Layer II 中的FSS

图 3 - 77　小型化 FSR 的结构

表 3 - 3　　FSR 单元结构的尺寸参数 2　　　　　单位：mm

参数	P	a_1	a_2	b_1	w_{s2}	s_2	x_1
值	7.5	2	1.6	0.3	0.4	0.4	0.6
参数	a_{a1}	w_1	a_3	a_4	a_5	b_3	x_2
值	7.4	0.8	3	1.4	0.7	0.3	0.6
参数	a_{a2}	h_1	h_2	h_3	h_4		
值	6.5	4.35	4.8	3.8	6.2		

　　小型化后模型的频率响应如图 3 - 78 所示，在 TE 极化下，$|S_{21}| < 3$ dB 的传输带为 $0 \sim 3.7$ GHz，$|S_{11}| > 10$ dB 的吸波带为 $6.7 \sim 29.5$ GHz，吸波带宽达到了 130%，如图 3 - 79 所示，吸波带内的吸波率可达到 90% 以上，在 TM 极化下的 $|S_{21}| < 3$ dB 传输带为 $0 \sim 3.7$ GHz，$|S_{11}| > 10$ dB 吸波带为 $6.6 \sim 29.5$ GHz，小型化前后模型的 S 参数对比图如图 3 - 80 所示，从图中可以看出，小型化的设计基本没有改变 FSR 的吸透波的带宽，而且小型化后的模型的吸波带比小型化之前的吸波带更宽，小型化后的模型仍能保持良好的极化稳定性。

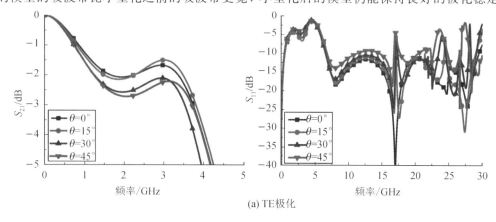

(a) TE极化

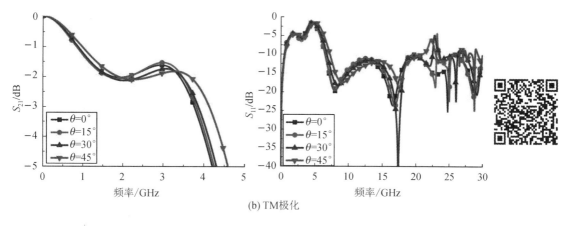

(b) TM极化

图 3-78　TE 和 TM 极化下斜入射时的角度稳定性

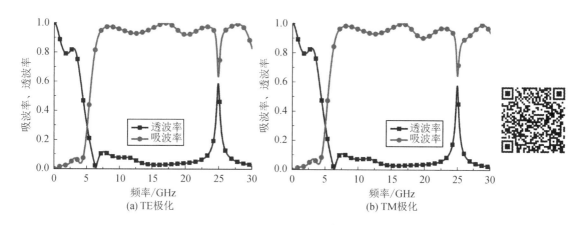

(a) TE极化　　　　　　　　　　　(b) TM极化

图 3-79　TE 极化和 TM 极化下 FSR 的透波率和吸波率

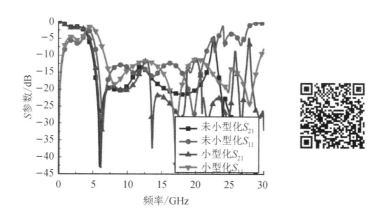

图 3-80　小型化前后模型的 S 参数对比图

　　当入射角到达 10°时，FSR 的吸波带会出现小谐振，而小型化之后的模型在入射角为 10°时吸波带内并没有谐振；当入射角到达 20°时，在 17 GHz 处出现谐振，相比于小型化之前的模型，其出现的谐振频率向高频挪动，从图中可以看出，小型化的设计可以使模型在大角度电磁波入射的情况下，将不必要的谐振向高频挪去，除了 17 GHz 出现的谐振，模型的吸波能力在大角度入射下仍然保持良好的性能，传输带宽随着电磁入射角的改变几乎没有变化，仅是带内损耗变大，FSR 具有良好的角度稳定性。

2. 低频吸波/高频宽透波的小型化 FSR 的设计

这一节主要设计低频吸波/高频宽透波的 FSR，Munk 教授提出了一种设计低吸高透的 FSR 思路，即在阵子中加入某些结构，可以阻断高频段的感应电流，使电磁波低插损地通过 FSR。

1）单极化宽透波的 FSR

所设计的 FSR 由损耗层和带通 FSS 构成，损耗层和带通 FSS 中的介质基板采用的材料均为高透 RogersRT5880 高透（介电常数为 $\varepsilon_r = 2.2$，损耗正切角 $\tan\delta = 0.0009$），如图 3-81 所示，损耗层是由印刷在介质板上的金属方环构成的，金属方环每个顶点上都加载有集总电阻，阻值为 110 Ω，方环的每一边都嵌入弯曲折叠的方形金属枝节。这些方形金属枝节通过介质板上的金属过孔印刷在介质基板的背面。在其中两个方形金属枝节的基础上又分别并联了两个三角形金属枝节，具体尺寸如表 3-4 所示。

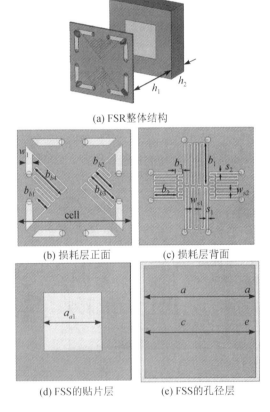

(a) FSR 整体结构

(b) 损耗层正面　　　(c) 损耗层背面

(d) FSS 的贴片层　　　(e) FSS 的孔径层

图 3-81　FSR 单元结构尺寸

下层带通 FSS 依旧是贴片型金属层级联孔径型金属层构成，三层金属贴片分别印刷在介质基板上，为了实现低频吸波/高频透波的频率响应，带通 FSS 需要与损耗层有相同的透波带，此 FSS 的通带可以覆盖 X 波段和 Ku 波段。同时在低频率处呈现阻带响应，保证入射的电磁波反射到上层损耗层。

表 3 - 4　FSR 单元结构的尺寸参数 3　　　　单位：mm

参数	b_{b1}	b_{b2}	b_{b3}	b_{b4}	w_1	b_1	b_2
值	1	1.6	2.3	2.6	0.5	2.9	1.6
参数	b_3	w_{s1}	w_{s2}	s_1	s_2	h_1	h_2
值	0.45	0.1	0.1	0.1	0.12	8.4	2.8
参数	a_{a1}	a_{a2}	cell				
值	4	7.5	8				

上层损耗层中有两个方形金属枝节上又添加了两个小的方形金属枝节，如图 3 - 82 所示。这一小段金属枝节的添加可以有效地抑制上层损耗层的 S 参数上的谐振，如 3 - 83 图中的(a)所示，未加载小枝节时上层损耗层的 S 参数，可以看出当 $b_2 = 1.6$ mm 时，在 6.36 GHz 处会出现谐振，在透波带内的 17.7 GHz 处也会出现一个小凹陷，当 b_2 变大时，6 GHz 处的谐振会减弱，但是透波带内会出现多处凹陷，当在方形金属枝节上加一个小枝节，如图 3 - 87 中的(b)所示，在 6 GHz 处的谐振减弱的同时又保证了 8.6～17.9 GHz 的透波带内无凹陷，图 3 - 83(c)为最终优化了的方形金属枝节，可以看出，6 GHz 处的 S_{21} 趋于平滑，没有谐振产生，而且高频处透波带的带宽为 8.6～19.2 GHz，比未加载时的透波带要宽。

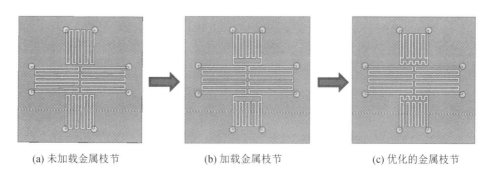

(a) 未加载金属枝节　　　　(b) 加载金属枝节　　　　(c) 优化的金属枝节

图 3 - 82　金属枝节的变化

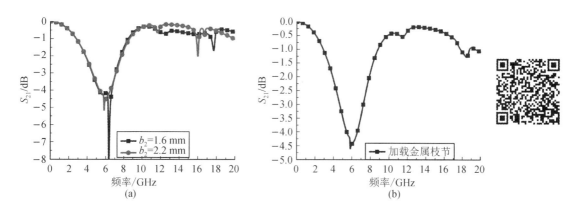

(a)　　　　　　　　　　　　　　(b)

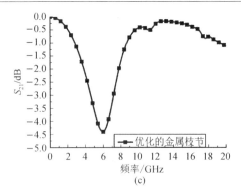

图 3 - 83   优化过程中损耗层的 S 参数

2）双极化宽透波的 FSR

双极化宽透波的 FSR 是由损耗层和带通 FSS 组成的，其单元结构如图 3 - 84 所示，模型的尺寸如表 3 - 5 所示。上层损耗层采用集总电阻加载的金属圆环印刷在介质基板上，介质基板的材料为 RogersRT5880，介电常数为 $\varepsilon_r = 2.2$，损耗正切角 $\tan\delta = 0.001$，集总电阻的阻值 R_1 为 110 Ω，6 个集总电阻把圆环均匀地分割成 6 段，每一小段圆环上加载的有弯曲折叠的方形金属枝节，6 段圆环中又有 3 段圆环在方形金属枝节的基础上分别并联了弯曲折叠的三角形金属枝节。为了避免这两种金属枝节不被重叠，其中方形金属枝节通过金属过孔印刷在介质基板的背面，加载不同长度的金属枝节在一定程度上拓展了 FSR 的透波带。

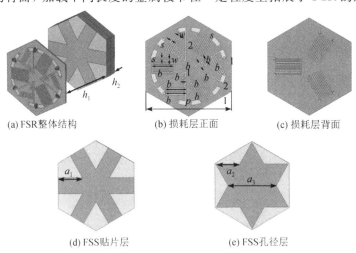

(a) FSR整体结构	(b) 损耗层正面	(c) 损耗层背面

(d) FSS贴片层	(e) FSS孔径层

图 3 - 84   FSR 的结构

表 3 - 5   FSR 单元结构的尺寸参数 4

单位：mm

参数	b_{b1}	b_{b2}	b_{b3}	b_{b4}	b_{b5}	w_{s2}	s_2
值	2.4	2.4	0.3	0.7	0.5	0.1	0.12
参数	b_1	w_{s1}	S_1	a_1	a_2	a_3	h_1
值	2.5	0.1	0.1	2	2	8	10
参数	h_2	p					
值	2.4	10					

下层带通 FSS 是由贴片型金属层级联孔径型金属层组成的，贴片型金属形状为三角形，孔径型金属形状为五角星，分别印刷在介质基板上。介质基板的材料为 F4B，介质常数为 $\varepsilon_r=2.65$，$\tan\delta=0.001$，为了使 FSR 能够表现出低频吸波/高频透波的性能，FSS 需要有 $8\sim14$ GHz 的低插损耗通带，以保证电磁波通过。同时在 $1\sim6$ GHz 表现为阻带可等效为理想金属板，把入射波反射到损耗层，由上层的损耗元件损耗掉，下层带通 FSS 的频率响应如图 $3-85$ 所示。

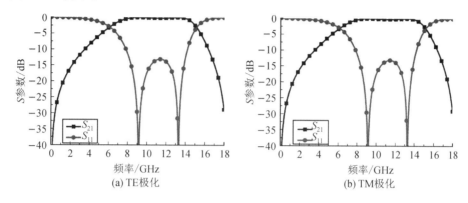

图 $3-85$　带通 FSS 不同极化下的 S 参数

从图中可以看出，FSS 的 $|S_{21}|<1$ dB 带宽为 $7.3\sim13.6$ GHz，在 6 GHz 时 $|S_{11}|<1$ dB，此时相当于金属板，可将来波反射。

参 考 文 献

[1]　MUNK B A. Frequency Selective Surfaces：Theory and Design[M]. New York：Wiley，2000.

[2]　WU T K Frequency Selective Surfaces and Grid Array[M]. New York：Wiley，1995.

[3]　VARDAXOGLOU J C. Frequency Selective Surfaces：Analysis and Design[J]. Research Studies Press，Wiley，1997.

[4]　门薇薇，王志强，等. 隐身雷达罩技术研究进展综述[J]. 现代雷达，2017，39(10)：60-66.

[5]　孟庆杰，樊君，等. 隐身天线罩的研究现状与发展趋势[N]. 纺织导报，2018(S1)：110-114.

[6]　朱逸，李歌，等. 宽频带超材料微波吸收结构研究[N]. 南京大学学报，2019，55(03)：478-485.

[7]　宋荟荟，周万城，等. 超材料吸波体研究进展与展望[N]. 材料导报，2015，29(9)：43-46.

[8]　周倩，殷小玮，等. 微波可调谐超材料吸波体研究进展[N]. 科技导报，2016，34(18)：40-46.

［9］　李振华. 电磁超材料吸波结构的设计和应用[D]. 西安电子科技大学，2013.

［10］　LANDY N I，SAJUYIGBE S，MOCK J J. et al[J]. Perfect metamaterial absorber. Physical Review Letters，2008，100：207402.

［11］　LANDY N I，BINGHAM C M，TYLER T，et al. Design，theory，and measurement of a polarizationinsensitive absorber for terahertz imaging[J]. Physical Review B，2009，79(12)：125104.

［12］　LI H，YUAN L H，ZHOU B，et al. Ultrathin multiband gigahertz metamaterial absorbers[J]. Journal of Applied Physics，2011，110：014909.

［13］　LUUKKONEN O，COSTA F，SIMOVSKI C R，et al. A thin electromagnetic absorber for wide incidence angles and both polarizations[J]. IEEE Transactions on Antennas and Propagation，2009，57(10)：3119－3125.

［14］　YANG Y，LI L，LIANG C H，A wide-angle polarization-insensitive ultra-thin metamaterial absorber with three resonant modes[J]. Journal of Applied Physics，2011，110(6)：063702.

［15］　XU H X，WANG G M，QI M Q，et al. Triple-band polarization-insensitive wide-angle ultra-miniature metamaterial transmission line absorber[J]. Physical Review B，2012，86(20)：205104.

［16］　ZHAI H Q，LI Z H，LI L，et al. A Dual-band Wide-angle Polarization- insensitive Ultra-thin Gigahertz Metamaterial Absorber[J]. Microwave and Optical Technology Letters，2013，55(7)：1606－1609.

［17］　BHATTACHARYYA S，GHOSH S，SRIVASTAVA K V. Triple band polarization-independent metamaterial absorber with bandwidth-enhancement at X-band[J]. Journal of Applied Physics，2013，114(9)：094514.

［18］　ZHAI H Q，ZHAN C H，LI Z H，et al. A Triple-Band Ultrathin Metamaterial Absorber with Wide-Angle and Polarization Stability[J]. IEEE Antennas and Wireless Propagation Letters，2015，14：241－244.

［19］　BHATTACHARYYA S，SRIVASTAVA K V. Triple band polarization-independent ultra-thin metamaterial absorber using electric field-driven LC resonator [J]. Journal of Applied Physics，2014，115(6)：064508.

［20］　DING F，CUI Y X，GE X C，et al. Ultra-broadband microwave metamaterial absorber[J]. Applied Physics Letters，2012，100：103506.

［21］　YE Y Q，JIN Y，HE S L. Omnidirectional，polarization-insensitive and broadband thin absorber in the terahertz regime[J]. Journal of the Optical Society of America B，2010，27(3)：498－504.

［22］　ALICI K B，TURHAN A B，SOUKOULIS C M，et al. Optically thin composite resonant absorber at the near-infrared band：a polarization independent and spectrally broadband configuration[J]. Optics Express，2011，19(15)：14260－14267.

［23］　SUN J B，LIU L Y，DONG G Y，et al. An extremely broad band metamaterial absorber based on destructive interference[J]. Optics Express，2011，19(22)：

21155 - 21162.

[24] LI M，XIAO S Q，BAI Y Y，et al. An Ultrathin and Broadband Radar Absorber Using Resistive FSS[J]. IEEE Antennas and Wireless Propagation Letters，2012，11：748 - 751.

[25] NOOR A，HU Z. Metamaterial dual polarised resistive Hilbert curve array radar absorber[J]. IET Microwaves，Antennas and Propagation，2010，4(6)：667 - 673.

[26] CHENG Y Z，NIE Y，WANG Y，et al. Adjustable low frequency and broadband metamaterial absorber based on magnetic rubber plate and cross resonator[J]. Journal of Applied Physics，2014，115(6)：064902.

[27] YILDIRIM E，AYDIN C O. Design of a wideband radar absorbing structure. 2011 5th European Conference on Antennas and Propagation[C]，2011：1324 - 1327.

[28] YANG J，SHEN Z X. A Thin and Broadband Absorber Using Double-Square Loops[J]. IEEE Antennas and Wireless Propagation Letters，2007，6：388 - 391.

[29] CHENG Y Z，WANG Y，NIE Y，Et al. Design，fabrication and measurement of a broadband polarization-insensitive metamaterial absorber based on lumped elements [J]. Journal of Applied Physics，2012，111(4)：044902.

[30] LI S J，GAO J，CAO X Y，et al. Wideband，thin，and polarization-insensitive perfect absorber based the double octagonal rings metamaterials and lumped resistances[J]. Journal of Applied Physics，2014，116(4)：043710.

[31] CHEN J F，HUANG X T，ZERIHUN G，et al. Polarization-Independent，Thin，Broadband Metamaterial Absorber Using Double-Circle Rings Loaded with Lumped Resistances[J]. Journal of Electronic Materials，2015，44(11)：4269 - 4274.

[32] GU C，QU S B，PEI Z B，et al. Planar Metamaterial Absorber Based on Lumped Elements[J]. Chinese Physics Letters，2010，27(11)：117802.

[33] ZHAI H Q，ZHAN C H，LIU L，et al. Reconfigurable Wideband Metamaterial Absorber with Wide-Angle and Polarization Stability[J]. Electronics Letters，2015，51(21)：1624 - 1626.

[34] ABBAS S M，CHATTEIJEE R，DIXIT A K，et al. Electromagnetic and microwave absorption properties of substituted barium hexaferrites and its polymer composite[J]. Journal of Applied Physics，2007，101(7)：074105.

[35] SUGIMOTO S，MAEDA T，BOOK D，et al. GHz microwave absorption of a fine α-Fe structure produced by the disproportionation of Sm2Fe17 in hydrogen[J]. Journal of Alloys and Compounds，2002，330(1/2)：301 - 306.

[36] LIU J，YUN G H，SU M L. Crystal microstructure，infrared absorption，and microwave electromagnetic properties of (Lai-xDyx) 2/3Sri/3Mn03 [J]. Rare Metals，2009，28(5)：494 - 499.

[37] JIN H B，CAO M S，ZHOU W，et al. Microwave synthesis of Al-dope SiC powders and study of their dielectric properties[J]. Materials Research Bulletin，2010，45(2)：247 - 250.

[38]　梁彤祥，赵宏生，张岳. SiC/CNTs 纳米复合材料吸波性能的研究[N]. 无机材料学报，2006，21(3)：659－663.

[39]　周克省，黄可龙，孔德明，等. 吸波材料的物理机制及其设计[N]. 中南工业大学学报. 2001，32(6)：617－621.

[40]　MUNK B A. Frequency Selective Surfaces：Theory and Design[M]. New York：Wiley，2000.

[41]　COSTA F，MONORCHIO A. A Frequency Selective Radome With Wideband Absorbing Properties[J]. IEEE Transactions on Antennas & Propagation，2012，60(6)：2740－2747.

[42]　YU W，LUO G Q，YU Y，et al. Broadband Band-Absorptive Frequency-Selective Rasorber With a Hybrid 2-D and 3-D Structure[J]. IEEE Antennas and Wireless Propagation Letters，2019，18(99)：1701－1705.

[43]　LUO G Q，YU W，YU Y，et al. Broadband Dual-polarized Band-Absorptive Frequency Selective Rasorber Using Absorptive Transmission/Reflection Surface [J]. IEEE Transactions on Antennas and Propagation，2020，68(12)：7969－7977.

[44]　WANG Z，FU J，ZENG Q，et al. Wideband Transmissive Frequency-Selective Absorber[J]. IEEE Antennas and Wireless Propagation Letters，2019，18(7)：1443－1447.

[45]　WANG Z，ZENG Q，FU J，et al. A High-Transmittance Frequency-Selective Rasorber Based on Dipole Arrays[J]. IEEE Access，2018，PP：1－1.

[46]　WANG L，LIU S，KONG X，et al. Frequency-Selective Rasorber With a Wide High-Transmission Passband Based on Multiple Coplanar Parallel Resonances[J]. IEEE Antennas and Wireless Propagation Letters，2019，19(2)：337－340.

[47]　JIA Y，WU A，LIU Y，et al. Dual-Polarization Frequency Selective Rasorber With Independently Controlled Dual-Band Transmission Response[J]. IEEE Antennas and Wireless Propagation Letters，2020，19(5)：831－835.

[48]　WANG Y，QI S，SHEN Z，et al，Ultrathin 3-D Frequency Selective Rasorber With Wide Absorption Bands[J]. IEEE Transactions on Antennas and Propagation，2020，68(6)：4697－4705.

[49]　ZHANG B，JIN C，CHEN K，et al. Aperture Antenna Embedded Notched Parallel Plate Waveguide and Its Application to Dual-Po-larized 3-D Absorptive Frequency-Selective Transmission Structure[J]. IEEE Access，2020，PP(99)：1－1.

[50]　SANZ-IZQUIERDO B，PARKER E A，BATCHELOR J C. Dual-Band Tunable Screen Using Complementary Split Ring Resonators[J]. Antennas and Propagation，IEEE Transactions on，2010，58(11)：3761－3765.

[51]　QIAN G，ZHAO J，REN X，et al，Switchable Broadband Dual-Polarized Frequency-Selective Rasorber/Absorber [J]. IEEE Antennas and Wireless Propagation Letters，2019，18(12)：2508－2512.

第4章

基于超表面的波束赋形调控研究

在现代通信系统中，阵列天线的波束赋形是十分关键的技术。当工作在不同场景的天线需要实现不同的辐射模式时，需要设计低副瓣阵列来避免移动通信与卫星通信等其他通信方式的频段共用时造成的干扰。波束赋形的关键在于对各个阵元的激励幅度和相位进行调控，从而实现空间内任意形状的波束赋形。电磁超表面由于其独特的特性，可以实现幅度和相位的独立调控，对于实现阵列天线的波束赋形具有十分重要的意义。

本章将基于电磁超表面，对阵列天线进行波束赋形，并通过实例说明实现低副瓣波束、差波束，一维及二维波束的赋形方法，并介绍借助于遗传算法设计超表面的方法。

4.1 电磁超表面及阵列天线的基本理论

4.1.1 广义斯涅尔定律

利用电磁超表面对电磁波进行调制，本质上是让入射电磁波与调制超表面发生干涉，激发电磁场的幅度和相位的叠加效果。目前，利用超表面调制电磁波的方法主要有三类：幅相调制、阻抗调制、时空调制。本节主要是分析单元的幅度和相位响应，以类比阵列天线方向图综合的基本理论，通过重构入射到超表面上的电场的幅度和相位分布，实现电磁波前调整。

如图4-1所示为广义斯涅尔定律的示意图，当电磁波从一种介质入射到另一种介质时，在交界面上会同时发生反射现象和折射现象。假设介质1的折射率为n_i，介质2的折射率为n_t，当电磁波从介质1以θ_i角度斜入射到介质2中时，入射电磁波和透射电磁波将位于同一平面内且在法线两侧，与法线的夹角满足如下关系：

$$n_t \sin\theta_t = n_i \sin\theta_i \tag{4-1}$$

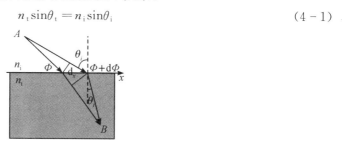

图4-1　广义斯涅尔定律的示意图

荷兰物理学家威里博·斯涅尔(Willebrord Snell)最早发现了这一定律，故称为斯涅尔折射定律。这一定律奠定了整个几何光学的基础，具有非常重要的物理意义。斯涅尔定律揭示了电磁波的传播方式与分界面无关，而是由两种介质的光学属性决定的。然而，超材料和超表面这类人工材料突破了自然规律的限制，可以操纵电磁波的波前、相位以及极化等属性，使得传统的斯涅尔定律不再适用。2011年，哈佛大学 Capasso 课题组引入了相位突变的概念，明确了广义斯涅尔定律[1]，揭示了电磁波与超表面的作用机制，为利用人工电磁表面操纵电磁波提供了理论支撑。

超表面是由亚波长单元构成的周期性结构，单元的尺寸小于电磁波的波长，远大于原子和分子的尺寸。因此对于入射电磁波来说，超表面可以认为是均匀材料，边界条件依然成立。

如图 4-2 所示，假设电磁波在 xOz 面内传播，xOy 面为两种介质的分界面，平面波以入射角 θ_i 入射，波矢为 $\boldsymbol{k}_i$，反射波和透射波的波矢分别为 $\boldsymbol{k}_r$ 和 $\boldsymbol{k}_t$，θ_r 和 θ_t 分别为反射电磁波和透射电磁波与法线的夹角。

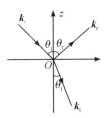

图 4-2 光在界面上的反射/折射示意图

假定电场的切向分量连续，则有

$$E_{ix} + E_{rx} = E_t x \tag{4-2}$$

其中，

$$E_{ix} = A_{ix} \exp(-\mathrm{i}[\omega_i t - k_i(l_i x + m_i y + n_i z)]) \tag{4-3}$$

$$E_{rx} = A_{rx} \exp(-\mathrm{i}[\omega_r t - k_r(l_r x + m_r y + n_r z) + \Phi(x)]) \tag{4-4}$$

$$E_{tx} = A_{tx} \exp(-\mathrm{i}[\omega_t t - k_t(l_t x + m_t y + n_t z) + \Phi(x)]) \tag{4-5}$$

其中，l_i、l_r、l_t，m_i、m_r、m_t，n_i、n_r、n_t 分别为 k_i、k_r 和 k_t 在 x、y、z 三个方向的方向余弦，$\Phi(x)$ 为入射波路径在介质分界面处产生的相位突变。在两种介质的交界面上，任意时刻 t 和任意位置(x, y, z)处边界条件都成立，故式(4-3)、式(4-4)、式(4-5)中 t 的系数和 x、y 的系数分别相等。根据 x 的系数相等，我们可以得到

$$k_i l_i x = k_r l_r x - \Phi(x) = k_t l_t x - \Phi(x) \tag{4-6}$$

已知入射波的波矢量为

$$\boldsymbol{k}_i = k_i(\sin\theta_i, 0, \cos\theta_i) \tag{4-7}$$

根据 y 的系数相等可得

$$m_i = m_t = 0 \tag{4-8}$$

由此我们可以看出，反射波以及透射波均在入射波与法线所在的平面内。将 $l_r = \sin\theta_r$、$l_t = \sin\theta_t$ 带入式(4-6)中，有

$$\frac{\omega}{c} n_i \sin\theta_i = \frac{\omega}{c} n_i \sin\theta_r x - \Phi(x) = \frac{\omega}{c} n_t \sin\theta_t - \Phi(x) \tag{4-9}$$

考虑到对于任意 x，式(4-9)均成立，则有

$$\frac{\omega}{c}n_i\sin\theta_i = \frac{\omega}{c}n_i\sin\theta_r - \frac{\mathrm{d}\Phi(x)}{\mathrm{d}x} = \frac{\omega}{c}n_t\sin\theta_t - \frac{\mathrm{d}\Phi(x)}{\mathrm{d}x} \tag{4-10}$$

对式(4-10)进行简化和整理，可得广义斯涅尔反射定律和折射定律：

$$\begin{cases} \sin\theta_r - \sin\theta_i = \dfrac{\lambda_0}{2\pi n_i}\dfrac{\mathrm{d}\Phi(x)}{\mathrm{d}x} \\[3mm] n_t\sin\theta_t - n_i\sin\theta_i = \dfrac{\lambda_0}{2\pi}\dfrac{\mathrm{d}\Phi(x)}{\mathrm{d}x} \end{cases} \tag{4-11}$$

值得注意的一点是，当 $\dfrac{\mathrm{d}\Phi(x)}{\mathrm{d}x}=0$ 时，式(4-11)可以化简为

$$\begin{cases} \theta_i = \theta_r \\[2mm] \theta_t = \arcsin\left(\dfrac{n_i}{n_t}\sin\theta_i\right) \end{cases} \tag{4-12}$$

从上面的分析中我们可以看出，当 $\dfrac{\mathrm{d}\Phi(x)}{\mathrm{d}x}=0$ 时，广义斯涅尔定律就变成了经典的反射/折射定律。因此，经典反射/折射定律是广义斯涅尔定律的一种特殊情况。广义斯涅尔定律是电磁超表面调控电磁波的理论基础，它的提出为研究人员设计和操纵电磁波打开了一片新的天地，因而衍生出一系列的技术革新，例如隐身衣、平面透镜、极化转换器、空间相位调制器等。

4.1.2　超表面对电磁波的调控机理

超表面技术不断演变，现在已逐渐工程化，可以实现多种应用，例如 RCS 缩减、生成涡旋波束、全息成像等。超表面在雷达天线领域最典型的应用是实现高增益，下面以此为例来阐述超表面对电磁波的调控机理。

高增益超表面天线的基本原理就是通过改变单元的尺寸参数，使得入射到超表面上电磁波的相位发生突变，将馈源辐射的球面波在出射方向转化为平面波，提高天线的增益。如图 4-3 所示，由馈源辐射出的电磁波为球面波，其等相位面为一球面，为了使出射波为平面波，超表面需补偿电磁波波前到超表面波程不同所导致的相位差，也即图中虚线右半部分。因此，超表面上单元补偿的相位满足

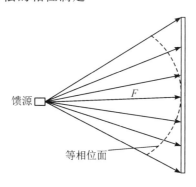

图 4-3　相位补偿示意图

$$\varphi(x, y) = \varphi_0 + \frac{2\pi}{\lambda}(\sqrt{x^2 + y^2 + F^2} - F) \tag{4-13}$$

其中，(x, y) 为超表面单元的位置坐标，F 为焦距，λ 为工作波长，φ_0 为超表面中心位置处单元的相位响应。根据光路的可逆性原理，当入射波为平面波时，电磁波经过同样的超表面后，电磁波离开超表面后会产生聚焦的效果。

这类高增益的超表面天线克服了抛物面天线体积较大、重量较重、制备成本高的缺陷，同时又具备了抛物面天线高增益、高方向性的优势，在卫星通信、雷达、遥感等领域具有很大的应用潜力。

4.1.3　阵列天线的基本理论

由于单个天线的电性能指标有限，因此常常将天线以直线或平面等特定的形式进行排列，以组成具有不同功能的阵列天线。具有不同功能的阵列天线在无线电通信系统中扮演着重要的角色，通过与馈电网络相结合可以实现高增益窄波束、波束赋形和低副瓣方向图等。

基于广义斯涅尔定律，相位梯度的引入使得超表面在控制电磁波方面表现出明显的优势。通常，电磁超表面由一系列结构参数不同的超表面单元按照一定方式在二维平面中排列而成，并采用空馈的形式，馈源天线辐射的电磁波照射到超表面上并激励起各单元的电磁响应，经超表面反射或透射在空间形成特定的辐射场。近年来，阵列天线的分析和综合方法被应用于超表面设计中，使得利用超表面可以实现特定目标方向图，且由于超表面结构简单、具有亚波长厚度、能实现对电磁波的任意操控等，因此超表面在众多领域得到广泛的关注并且拥有广阔的工程应用前景。

低副瓣和窄主瓣是两个相互矛盾的参量，不可兼得，因此在天线设计中，往往需要在二者之间取最佳折中，这个折中发生在空间内有尽可能多的副瓣，且所有副瓣均相等时。道尔夫发现切比雪夫多项式正好具有这样的特性，因而将其应用于阵列天线的综合。

1. 直线阵列

直线阵列是阵列天线中最基本的形式，由若干天线单元沿直线进行排列形成。图 4-4 是由 N 个单元组成的直线阵列示意图。

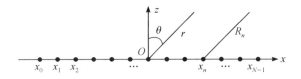

图 4-4　N 个天线单元组成的直线阵列

在图 4-4 所示的直线阵中，根据天线相关理论可以知道，第 n 个天线单元 x_n 在远区所产生的辐射场可以表示为

$$E_n = I_n e^{ja_n} f_e(\theta) \frac{e^{-jkR_n}}{R_n} \tag{4-14}$$

式中，I_n 为第 n 个天线单元 x_n 的激励幅度；a_n 为第 n 个天线单元 x_n 的激励相位；$f_e(\theta)$ 为天线单元的方向函数，在这里可以假设每个天线单元的方向函数均相等；k 为自由空间

中的波数，且 $k=2\pi/\lambda$。由式(4-14)可知，每一组阵列激励对应着固定的辐射场。

根据场的叠加原理，该直线阵列的远区总场为

$$E_{\mathrm{T}} = \sum_n f_{\mathrm{e}}(\theta) \sum_{n=0}^{N-1} I_n \mathrm{e}^{ja_n} \mathrm{e}^{-jk(R_n-r)} = \frac{\mathrm{e}^{-jkr}}{r} f_{\mathrm{e}}(\theta) \sum_{n=0}^{N-1} I_n \mathrm{e}^{ja_n} \mathrm{e}^{-jk(R_n-r)} \qquad (4-15)$$

波程差为 $R_n - r = -x_n\sin\theta$，则式(4-15)可以表达为

$$E_{\mathrm{T}} = \frac{\mathrm{e}^{-jkr}}{r} f_{\mathrm{e}}(\theta) \cdot f_{\mathrm{a}}(\theta) \qquad (4-16)$$

$$f_{\mathrm{a}}(\theta) = \sum_{n=0}^{N-1} I_n \mathrm{e}^{ja_n} \mathrm{e}^{jkx_n\sin\theta} \qquad (4-17)$$

当 $a_n = -kx_n\sin\theta_0$ 时，直线阵的阵因子 $f_{\mathrm{a}}(\theta)$ 在 θ_0 方向具有最大值，则此时的阵因子可表达为

$$f_{\mathrm{a}}(\theta) = \sum_{n=0}^{N} I_n \mathrm{e}^{jkx_n(\sin\theta-\sin\theta_0)} \qquad (4-18)$$

由式(4-18)的阵因子可知，通过改变阵列的相位分布可以实现波束扫描，使波束的最大方向指向 θ_0。

根据方向图乘积定理可以得到直线阵的方向图函数为

$$f(\theta) = f_{\mathrm{e}}(\theta) \cdot f_{\mathrm{a}}(\theta) \qquad (4-19)$$

2. 平面阵列

图4-5为 $M \times N$ 个天线单元组成的二维平面阵列示意图，在 xOy 平面内以间隔 $(\mathrm{d}x, \mathrm{d}y)$ 进行排列设计，这是一种常用的平面阵列形式。

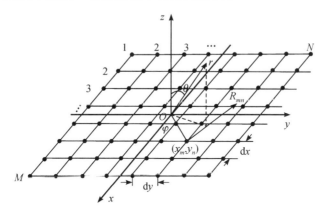

图4-5　$M \times N$ 个天线单元组成的二维平面阵列

将直线阵列的分析方法应用于平面阵列中，可以得到平面阵列的阵因子为

$$f(\theta, \varphi) = \sum_{n=1}^{N} \sum_{m=1}^{M} I_{mn} \mathrm{e}^{jk_n[(m-M/2-0.5)\mathrm{d}x\sin\theta\cos\varphi+(n-N/2-0.5)\mathrm{d}y\sin\theta\sin\varphi]} \qquad (4-20)$$

根据阵列天线理论，若阵列单元激励按行和列满足可分离条件，即

$$I_{mn} = I_{xn} \cdot I_{yn} \qquad (4-21)$$

则矩形栅格平面阵列的方向图就可以表达成如下形式：

$$f(\theta, \varphi) = f_x(\theta, \varphi) \cdot f_y(\theta, \varphi) \qquad (4-22)$$

3. 直线阵列的泰勒综合法

低副瓣阵列天线是高性能无线通信系统的重要组成部分，它通过最大限度地减少环境的干扰来保证电磁信号收发的准确性。通常，远场方向图的低副瓣特性由阵列的激励幅度来控制，当幅度分布规律满足不同的泰勒分布时，其方向图可以实现不同的副瓣电平值。泰勒综合法是一种经典的实现低副瓣远场方向图的方案，通过使阵列天线中各单元的激励幅度分布满足泰勒分布来产生低副瓣的远场方向图。泰勒阵列产生的方向图具有明显的特征，具体表现为：在靠近主瓣某个区域内具有接近相等的副瓣电平，在此区域之外副瓣电平呈单调递减规律。

泰勒综合法的理论已经非常成熟且在众多领域广泛应用，这种方法最初被提出是基于连续线源模型来进行论证的。将其应用于阵列天线设计中时，需要对其进行抽样离散化，通过采用足够多的阵列单元来近似等效连续线源模型，使得激励幅度分布满足泰勒分布。下面对泰勒综合法的原理进行简要概述。

首先，构建泰勒方向图函数 $s(u)$：

$$s(u) = C\,\frac{\sin(\pi u)}{\pi u}\,\frac{\displaystyle\prod_{n=1}^{\bar{n}-1}\left[1-(u/u_n)^2\right]}{\displaystyle\prod_{n=1}^{\bar{n}-1}\left[1-(u/u)^2\right]} \tag{4-23}$$

其中，$C = \cosh(\pi A)$。

对式(4-23)进行归一化，并写成阶乘形式，取 $u = m$ 为整数，可得

$$\bar{S}(m) = \begin{cases} 1, & m = 0 \\ \dfrac{\left[(\bar{n}-1)!\right]^2}{(\bar{n}+m-1)!\,(\bar{n}+m-1)!}\displaystyle\prod_{n=1}^{\bar{n}-1}\left\{1-\dfrac{m^2}{\sigma^2\left[A^2+(n-1/2)^2\right]}\right\}, & 1\leqslant m\leqslant\bar{n}-1 \\ 0, & m\geqslant\bar{n} \end{cases} \tag{4-24}$$

如图 4-6 所示，在 z 轴上电流 $I(z)$ 呈连续分布且满足中心对称性，将 $I(z)$ 展开成傅里叶级数形式：

$$I(z) = \sum_{m=0}^{\infty} B_m \cos\left(\frac{2m\pi}{L}z\right) \tag{4-25}$$

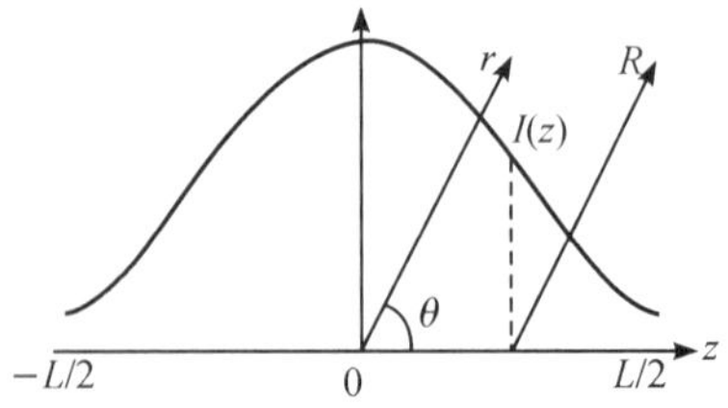

图 4-6 连续线源上的对称电流分布

其次，计算由电流 $I(z)$ 求得的矢量位为

$$\boldsymbol{A}(z) = \frac{\mu}{4\pi}\int_L I(z)\frac{\mathrm{e}^{-jkR}}{R}\mathrm{d}z = \frac{\mu\mathrm{e}^{-jkr}}{4\pi r}\sum_{m=0}^{\infty}B_m\int_{-L/2}^{L/2}\cos\left(\frac{2m\pi}{L}z\right)\mathrm{e}^{j(2u\pi/L)z} = \frac{\mu\mathrm{e}^{-jkr}}{4\pi r}S(u) \tag{4-26}$$

其中，$u = (L/\lambda)\cos(\theta)$，利用空间因子 $S(u)$ 的正交性可求解出系数 B_m，然后将此系数代入 $I(z)$ 的表达式中，就得到泰勒方向图的连续线源电流分布为

$$I(z) = \frac{1}{L}\left[\overline{S}(0) + 2\sum_{m=1}^{\overline{n}-1}\overline{S}(m)\cos\left(\frac{2m\pi}{L}z\right)\right] \tag{4-27}$$

最后，将满足泰勒规律的电流分布进行抽样离散化处理以对应阵列各单元激励，通过足够多的采样点来逼近泰勒方向图。如图 4-7 所示为连续线源电流分布的离散化示意图，按照间隔 d 等间隔采样 N 点。

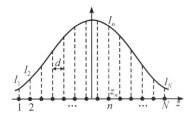

图 4-7　离散化的电流分布

以阵列中心为坐标原点，各单元位置为

$$z_n = \left(n - \frac{N+1}{2}\right)d, \ n = 1, 2, 3, \cdots, N \tag{4-28}$$

于是得离散化的泰勒阵列各单元的激励幅度为

$$I_n(z_n) = 1 + 2\sum_{m=1}^{\overline{n}-1}\overline{S}(m)\cos\left[\frac{2\pi m}{N}\left(n - \frac{N+1}{2}\right)\right] \tag{4-29}$$

式(4-29)为泰勒幅度分布满足的数学表达式，当阵元数一定时就可以求解出相应的激励电流分布。由不同单元组成的超表面同样也可以实现这样的激励分布，以达到降低远场方向图副瓣电平的目的。

如图 4-8 所示为由 20 个单元组成的直线阵列在主副瓣电平比从 20 dB 到 40 dB 所对应的泰勒幅度分布规律。由图可见，随着主副瓣电平比的增大，阵列两端激励的幅度值降低，这表明可以通过增大幅度锥削的方法来降低副瓣电平值。

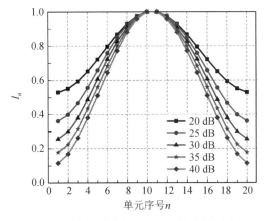

图 4-8　不同主副瓣电平比对应的泰勒幅度分布

4. 切比雪夫阵列

切比雪夫多项式的表达式为

$$\begin{cases} T_0(x) = 1 \\ T_1(x) = x \\ T_2(x) = 2x^2 - 1 \\ T_3(x) = 4x^2 - 3x \\ T_4(x) = 8x^4 - 8x^2 + 1 \end{cases} \quad (4-30)$$

其递推公式为

$$T_{n+1} = 2xT_n - T_{n-1}(x) \quad (4-31)$$

如图 4-9 所示为低阶切比雪夫多项式曲线，从曲线看，若令 (x_1, x_0) 区间内的曲线为方向图的主瓣，令 $(-1, x_1)$ 内的曲线为方向图的副瓣，那么利用切比雪夫多项式来构造的方向图就可以同时具有较窄的主瓣宽度和较低的副瓣电平。

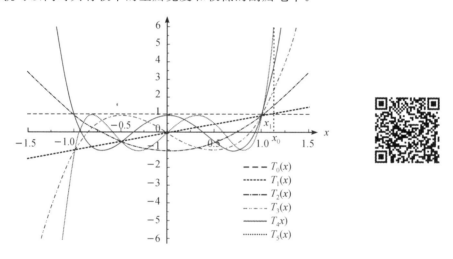

图 4-9 $T_0(x) \sim T_5(x)$ 随 x 的变化曲线

道尔夫将切比雪夫多项式和阵因子多项式联系起来，推导出了生成切比雪夫方向图所需的激励分布，并且可以通过适当选择 x_0 的值调整主瓣和副瓣的比值。偶数阵列 $N = 2M$，其切比雪夫阵列的激励可由下式得到：

$$I_n = \sum_{q=n}^{M} (-1)^{M-q} \frac{\chi_0^{2q-1}(q+M-2)!(2M-1)}{(q-n)!(q+n-1)!(M-q)!}, \quad n = 1, 2, \cdots, M$$

$$(4-32)$$

奇数阵列 $N = 2M+1$，其切比雪夫阵列的激励公式变为

$$I_n = \sum_{q=n}^{M+1} (-1)^{M-q+1} \frac{\chi_0^{2(q-1)}(q+M-2)!(2M)}{\varepsilon_0(q-n)!(q+n-2)!(M-q+1)!}, \quad n = 1, 2, \cdots, M+1$$

$$(4-33)$$

其中，$\varepsilon_0 = \begin{cases} 2, & n=1 \\ 1, & n \neq 1 \end{cases}$，$x_0$ 可由下式得到：

$$x_0 = \frac{1}{2}\left[\left(R_0 + \sqrt{R_0^2 - 1}\right)^{\frac{1}{N-1}} + \left(R_0 - \sqrt{R_0^2 - 1}\right)^{\frac{1}{N-1}}\right] \qquad (4-34)$$

这里的 R_0 为主副瓣电平比，是正数。当阵列单元数较多时，可采用计算机编程的方法由式 (4-32) 和式 (4-33) 计算出各单元的激励系数。式 (4-32) 和式 (4-33) 是由巴贝尔 (Barbiere) 给出的，又称巴贝尔公式。

5. 差方向图的贝利斯分布

由切比雪夫综合法得到的激励幅度对称、相位均匀，一般多用于实现单脉冲的和方向图。当阵列单元的个数为偶数时，令阵列两半单元的相位相差 π，就可以实现差方向图。但是，通过这种方法得到的差方向图副瓣电平高，且不可控。贝利斯 (E. T. Bayliss) 提出一种新的综合方法，得到的方向图具有较低的副瓣电平，并且可以实现副瓣可控，按这种方法得到的方向图称为贝利斯差方向图，阵列称为贝利斯阵列。

若要实现低副瓣的差方向图，则可以采用类似于全正弦函数的激励分布，如图 4-10 所示，用傅里叶级数表示为

$$I(\xi) = \sum_{m=0}^{\infty} B_m \sin\left[\left(m + \frac{1}{2}\right)\frac{2\pi\xi}{L}\right] \qquad (4-35)$$

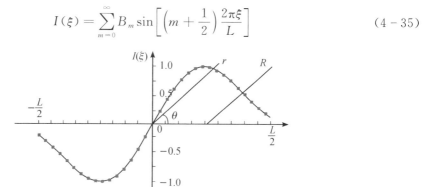

图 4-10　奇函数的 $I(\xi)$ 归一化分布示意图

$I(\xi)$ 为线源的贝利斯分布，将其按照等间距 d 进行抽样，得到的离散数据使叫作为阵列天线的激励。离散化后的贝利斯分布可由下式得到：

$$I_n(p) = \sum_{m=0}^{\bar{n}-1} S_D\left(m + \frac{1}{2}\right)\sin\left[\left(m + \frac{1}{2}\right)P\right] \qquad (4-36)$$

其中，$P = \dfrac{2\pi}{L}\xi_n$，$L = Nd$，N 为阵列单元的个数，ξ_n 为单元的坐标位置，可由下式得到：

$$\xi_n = \left(n - \frac{N+1}{2}\right)d,\ n = 1, 2, \cdots, N \qquad (4-37)$$

令 $u = m + \dfrac{1}{2}$，S_D 可由下式计算得到：

$$S_D\left(m + \frac{1}{2}\right) = \pi u C_{\text{Null}} \frac{\displaystyle\prod_{n=1}^{\bar{n}-1}\left[1 - \left(\frac{u}{u_n}\right)^2\right]}{\displaystyle\prod_{\substack{n=0 \\ n \neq m}}^{\bar{n}-1}\left[1 - \left(\frac{u}{u+1/2}\right)^2\right]} \qquad (4-38)$$

这里，$C_{\text{Null}} = \dfrac{\pi}{2}u\sin(\pi u)\big|_{u = m + \frac{1}{2}}$。式 (4-38) 中 u_n 表示差方向图的零点位置，可以表示为

$$u_n = \begin{cases} 0, & n=0 \\ \left(\bar{n} + \dfrac{1}{2}\right) \dfrac{\xi_n}{\sqrt{A^2 + \bar{n}^2}}, & n=1, 2, 3, 4 \\ \left(\bar{n} + \dfrac{1}{2}\right) \sqrt{\dfrac{A^2 + n^2}{A^2 + \bar{n}^2}}, & n=5, 6, \cdots, \bar{n}-1 \end{cases} \tag{4-39}$$

式中，A 和 ξ_n 与副瓣电平有关。在给定副瓣电平的情况下，根据式(4-36)~式(4-39)我们可以得到对应贝利斯差方向图的激励分布。贝利斯差方向图与泰勒方向图的副瓣类似，靠近两个主瓣附近有若干个电平相等的副瓣，远副瓣按照 $|u|^{-1}$ 的规律减小。

4.2 基于超表面的低副瓣波束赋形研究

4.2.1 单元的仿真分析

若要实现能够对电磁波幅度和相位同时进行控制的超表面，则需要单元对电磁波的幅度和相位具有独立调制的能力，即在幅度保持不变的情况下，单元对入射电磁波能够提供 $0°\sim360°$ 的相位突变；在相位保持不变的情况下，出射波幅度能在 $0\sim1$ 之间调控。由于这里的超表面是无源的，不能像相控阵天线那样通过馈电网络控制激励的幅度，而是通过控制其转化交叉极化的幅度来实现幅度控制的，因此本节设计的幅度和相位同时控制的超表面器件均通过交叉极化馈电。目前，幅相双控型单元应用最多的单层结构是"I"字形单元和"C"字形单元。本节选择的单元是"I"字形单元，后续的研究工作均在这个单元的基础上展开。2016 年，南京航空航天大学赵永久和东南大学崔铁军课题组提出了这款单元(I 字形单元)，并用其设计了能够产生多级衍射波束的超表面[8]。

这里使用商业电磁仿真软件 CST Microwave Studio 对该单元进行进一步的优化，仿真设置如图 4-11 所示。该单元由上层"I"字形的金属贴片、介质基板和低层金属反射面构成。金属贴片半径为 2.7 mm、宽度为 0.8 mm，以 F4B 为介质基板的材料，其介电常数为 2.65，损耗正切为 0.003，最底层为全金属。反射电磁波的相位和幅度分别由 α 和 β 两个参数决定，其中弧度 α 控制"I"字形单元的臂长，β 代表单元绕 Z 轴的旋转角度。整个单元的

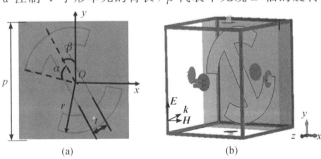

(a)　　　　　　　　　(b)

图 4-11　单元结构与仿真示意图

边长为 6 mm，厚度为 2.3 mm，工作在 10 GHz 处。

　　该单元具有将入射波的线极化转换为交叉极化的能力，可以通过旋转角度 β 和圆环的开口弧度 α 这两个参数独立控制其反射交叉极化的幅度和相位，并且对 x 极化入射波和 y 极化入射波具有完全相同的幅度和相位响应。我们在 CST 中设置该单元沿 x 轴方向和 y 轴方向为周期性边界条件，z 轴方向为开放边界条件，激励为 Floquet 端口激励，可以得到单元在 5～15 GHz 范围内的 S 参数变化曲线，仿真结果如图 4-12 所示。图 4-12(a)所示为当旋转角度 β 一定时，不同开口大小情况下单元反射交叉极化的幅度和相位响应，从图中可以看出，随着圆环开口弧度 α 由 30°变化到 86°，在 7～12 GHz 内，反射系数的幅度波动较小，相位可以实现 180°范围内的调控。图 4-12(b)所示为单元的旋转角度不同时反射的交叉极化波的幅度和相位响应，不同的旋转角度 β 会影响反射系数的幅度，对反射系数的相位影响很小。在中心频率 10 GHz 处，交叉极化的反射系数随 α 的变化曲线如图 4-12(a)所示。从图中也可以看出，当 α 由 30°变化到 86°时，交叉极化反射系数的幅度保持在 0.8 以上，相位可以实现 180°范围的调控。在参数扫描过程中可以发现，当 β 的正负号发生变化时，相位会发生 180°突变，故可以通过 α 和 β 两个参数共同实现对交叉极化波相位 360°的调控。

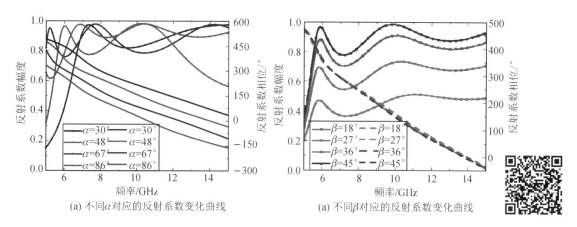

图 4-12　不同尺寸参数的单元在 5～15 GHz 的幅度相位响应

　　为了更直观地观察反射系数的幅度和相位随单元的尺寸变化关系，这里对单元进行了参数扫描。在工作频率为 10 GHz 时，可以通过仿真得到如图 4-13 所示的反射系数随 α 和 β 的变化关系。从图中 4-13(a)中可以看出，通过控制圆环开口弧度 α 的大小，可以使相位实现 180°范围内的连续调控，幅度保持在 0.8 以上。但是，若要实现相位调控，需要对相位实现 360°范围的调控，仅通过 α 无法实现。图 4-13(b)所示为反射系数的幅度和相位随单元旋转角度 β 的变化关系。从图可以看出，当 β 的正负号发生变化时，反射系数的相位会发生 180°突变，但是反射系数的幅度不变。因此，可以通过控制 α 和 β 实现反射系数的相位在 0°～360°范围内连续调控。当用 MATLAB 进行曲线拟合时，可以得到反射系数的幅度和相位分别与单元的旋转角度和圆环开口弧度的函数关系式，方便对阵列进行精确建模。此外，通过图 4-13(b)可以看出，随着单元旋转角度由 0°变化到 45°，反射系数的幅度可以在(0，0.96)区间内连续变化。因此，该单元的交叉极化波的幅度和相位可以由 α 和 β 两个参数分别独立调控，互不影响。

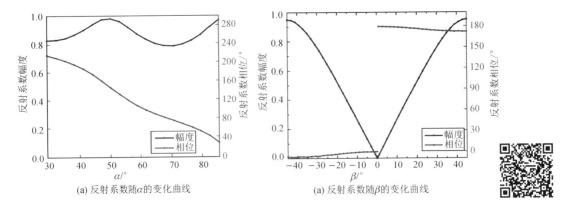

(a) 反射系数随α的变化曲线　　　　(a) 反射系数随β的变化曲线

图 4 - 13　10 GHz 时反射系数随尺寸参数的变化关系曲线

综上所述，可以通过改变单元的开口弧度和旋转角度，实现对反射的交叉极化波的相位和幅度任意调控。这为幅相双控人工电磁表面的设计提供了有力支撑。

4.2.2　高增益超表面天线的设计

馈源辐射的球面波经过超表面作用后，在其反射/透射方向形成等相位面，从而实现高方向性的窄波束。本节将从极化转换型幅相双控单元出发，设计一款相位调控的高增益超表面天线。

根据相位补偿原理，电磁波经过聚焦超表面后的相位分布应该满足以下方程：

$$\varphi(x, y) = \frac{2\pi}{\lambda_0}(\sqrt{x^2 + y^2 + F^2} - F) + \varphi_1 \tag{4-40}$$

式中，$\varphi(x, y)$为超表面上最终的相位分布，λ_0为工作频率处的自由空间波长，φ_1为超表面中心位置处单元的相移，F为焦距，即馈源的相位中心到超表面中心的距离。因此，(m, n)位置处的单元需补偿的相位可以表示为

$$\Delta\varphi(m, n) = \frac{2\pi}{\lambda_0}(\sqrt{(mp)^2 + (np)^2 + F^2} - F) \tag{4-41}$$

基于以上原理，我们设计了一款单元数为 13×13 的聚焦超表面，焦径比为 0.5，每个单元所需补偿的相位分布如图 4 - 14(a)所示。结合单元尺寸与相位响应的关系，可以建立

　　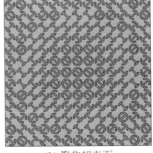

(a) 相位补偿矩阵　　　　　(b) 聚焦超表面

图 4 - 14　相位补偿矩阵和聚焦超表面

如图 4-14(b)所示的超表面阵列。考虑到只有相位调控，这里设置所有单元的反射系数幅度均为最大值，即单元的旋转角度的绝对值为 45°。

为了尽量减小馈源对反射波的遮挡，超表面的馈源采用 Vivaldi 天线。这类天线的特点是：带宽较宽，具有很低的剖面，结构简单，并且加工制造方便。图 4-15 所示为 Vivaldi 天线经典结构与其远场方向。图 4-15(a)是 Vivaldi 天线正视图，整个结构由上层金属贴片、中间介质基板以及下层耦合馈电的微带线构成。其中，$l=35$ mm，$l_1=26.5$ mm，$g=0.5$ mm，$w=18$ mm，$w_1=1.5$ mm。通过在 CST 中对该天线进行全波仿真，可以得到该天线的增益为 5.46 dB，相位中心在距天线开口前沿 9.5 mm 处。图 4-15(b)为对该天线进行全波仿真后得到的远场方向图。

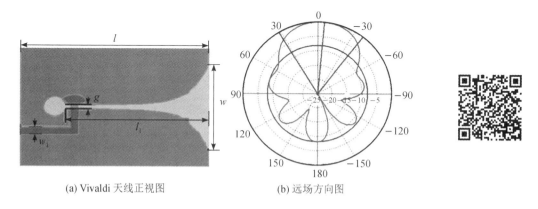

(a) Vivaldi 天线正视图   (b) 远场方向图

图 4-15　馈源结构和远场方向图

我们将前面通过相位调制设计的聚焦超表面加载到 Vivaldi 天线上，如图 4-16 所示。根据前文中对单元的仿真分析，Ⅰ字形单元具有将线极化波转化为交叉极化波的能力，这里我们设置 Vivaldi 天线在超表面正前方沿 y 轴放置，天线的相位中心位于焦点 A 处。在 CST Microwave Studio 中进行全波仿真后，其反射的交叉极化波的三维方向图和二维远场方向图如图 4-17 所示。Vivaldi 天线加载超表面后，天线的波束能量更加集中，其增益为 18.43 dBi，副瓣电平为 −17.5 dB。可见超表面的引入，明显提高了馈源天线的增益。

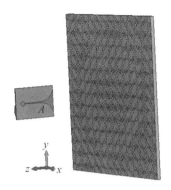

图 4-16　超表面阵列仿真示意图

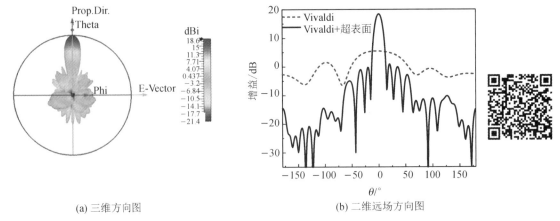

(a) 三维方向图　　　　　　　　　　(b) 二维远场方向图

图 4-17　超表面天线的三维方向图和二维远场方向图

4.2.3 副瓣可控的高增益超表面天线的设计

1. 单方向低副瓣阵列的设计

在阵列天线理论中,对于等间距同相的直线阵列,当使电流的幅度由中间向两端逐渐降低时,可以降低天线的副瓣电平,但同时也使得副瓣展宽。切比雪夫阵列能够产生"最佳方向图",在主瓣宽度和副瓣电平之间取了最佳折中,当给定副瓣电平时,使用切比雪夫分布得到的主瓣宽度会尽可能窄。超表面作为一种通过空间电磁波耦合馈电的特殊阵列,若通过幅度调制的方式,将超表面反射电磁波的电场幅度修正成切比雪夫阵列要求的激励分布,理论上可以获得低副瓣性能。

前面已经分析过切比雪夫阵列的特点和激励的计算公式,通过式(4-32)~(4-34),可以得到任意单元数副瓣电平下的切比雪夫分布。我们将巴贝尔公式在 MATLAB 中进行编程,可以计算得到不同副瓣电平和阵列单元数对应的切比雪夫分布,如图 4-18 所示。从图中可以看出,副瓣电平相同的情况下,当阵列单元数增多时,阵列两端单元的激励会出现跳变,单元数越多,跳变越大。由于馈源辐射到超表面的电磁波强度由中间向两端递减,

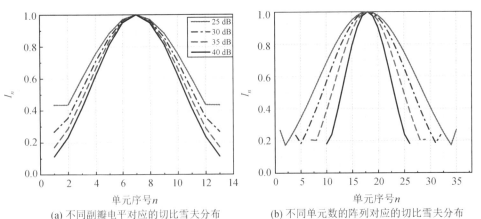

(a) 不同副瓣电平对应的切比雪夫分布　　　(b) 不同单元数的阵列对应的切比雪夫分布

图 4-18　切比雪夫阵列激励分布

大的激励跳变意味着能量利用率低，对超表面天线的性能是不利的。对比图 4-18(a) 和 (b)，副瓣电平越低，要求阵列的激励幅度锥削越大。因此，我们需要合理地安排单元数量和副瓣电平，使得阵列两端激励的跳变尽可能小。

根据前文中对单元的仿真分析，I 字形单元具有对幅度和相位独立调制的能力，在进行幅度调制时对相位的影响很小，可以忽略不计。为了保证天线的增益，我们依然通过相位调制将经过超表面的电磁波调制成等相位面，实现聚焦。在此基础上，通过改变每个单元的旋转角度，将辐射到超表面上电磁波的电场修正成切比雪夫阵列要求的排布，实现高增益的同时降低天线副瓣。通过给定副瓣电平计算出来的激励分布为理想情况下的分布，但实际上超表面单元之间存在强烈的耦合，并且由于斜入射的影响，修正后的幅度和相位存在一定的误差，会导致副瓣电平的升高。因此，我们应该保留足够的设计余量。比如，若是给定 SLL≤-25 dB，实际设计的时候应该以 SLL≤-33 dB～-35 dB 为指标进行设计。为了与上一节的高增益天线对比并且避免阵列两端的激励跳变，设置低副瓣超表面阵列的单元数为 13×13、主副瓣电平比为 30 dB，代入式(4-32)～式(4-34)中，得到如图 4-19 所示的激励分布。

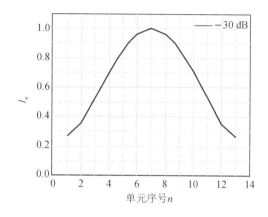

图 4-19 副瓣电平为 -30 dB、阵列单元数为 13 的切比雪夫分布

为了修正超表面上电场的幅度，我们首先需要得到馈源辐射到超表面上的初始电场分布。如图 4-20 所示，馈源将电磁波辐射到超表面位置处的一个平面上，通过在 CST 中设置电场监视器，以单元的周期为采样周期，可以得到该平面上的电场幅度分布，即为电场矩阵 $\boldsymbol{E}$。超表面上电场修正的原理可由下式表示：

$$\boldsymbol{A}_{\text{che}} = \boldsymbol{A}_{\text{com}} \cdot \boldsymbol{A}_{\text{origin}} \qquad (4-42)$$

其中，$\boldsymbol{A}_{\text{che}}$ 为图 4-21 中所示的切比雪夫分布所需的激励矩阵，$\boldsymbol{A}_{\text{com}}$ 为超表面的幅度修正矩阵，对应交叉极化的反射系数矩阵，$\boldsymbol{A}_{\text{origin}}$ 为馈源辐射到超表面位置处的电场幅度分布矩阵。图 4-21(a)、(b)所示分别为最终修正后的切比雪夫阵列的幅度分布和幅度修正所需的反射系数幅度矩阵。最后，通过 4.2.1 小节单元分析

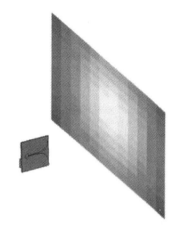

图 4-20 馈源辐射到超表面位置处的电场分布

中得到的单元尺寸参数与反射系数中幅度和相位的关系，构造出如图 4 - 22 所示的超表面阵列。

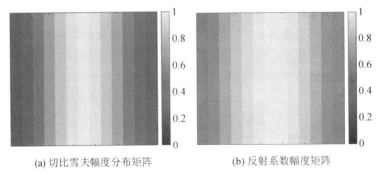

(a) 切比雪夫幅度分布矩阵　　　　　　　　(b) 反射系数幅度矩阵

图 4 - 21　幅度分布矩阵

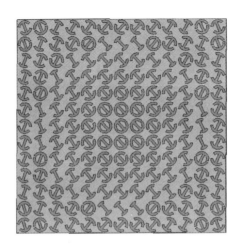

图 4 - 22　幅度相位同时调制的超表面阵列

为了验证低副瓣超表面天线的性能，使用 CST Microwave Studio 对阵列进行全波仿真，仿真时入射波为 y 极化，其交叉极化的方向图如图 4 - 23 所示。

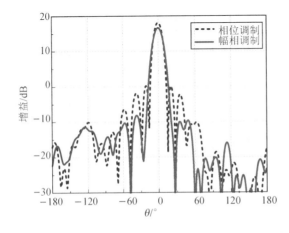

图 4 - 23　沿 x 轴方向引入幅度调制前后阵列的二维方向图

通过引入幅度调制前后超表面散射方向图的对比可以看出，将超表面反射的电场幅度修正为切比雪夫分布以后，主副瓣电平比由原来的 -17.9 dB 降低到 -24.5 dB。随着副瓣电平的降低，增益由 18.1 dB 降低到 16.7 dB，即采用牺牲一部分效率的代价获得了更低的副瓣电平。

以上为切比雪夫分布沿着 x 轴分布的超表面，它使得 xOz 面上的方向图副瓣电平得以降低。这里又设计了一款电场沿 y 轴方向为切比雪夫分布的超表面阵列，以降低 yOz 面上的副瓣电平，引入幅度前后方向图对比如图 4-24 所示。从仿真对比结果可以看出，将电场幅度沿 y 轴调制成切比雪夫分布以后，主副瓣电平比由 -20.4 dB 降低到 -27.4 dB，副瓣电平明显降低，但是主瓣电平也降低了 1 dB，并且主瓣宽度稍微展宽。

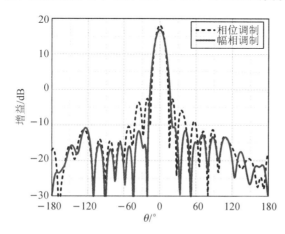

图 4-24　沿 y 轴方向引入幅度调制前后阵列的二维方向图

综上所述，通过幅度和相位同时调制的方法，可以有效控制超表面天线的副瓣电平，使得在某些对副瓣电平要求较高的应用场合，可以使用该方法设计符合应用需求的具有低副瓣特性的超表面天线。

2. 全空间的低副瓣阵列的设计

前面讨论并验证了利用幅相双控型超表面在单个剖面内产生具有低副瓣特性的切比雪夫方向图，这里将介绍利用切比雪夫平面阵列的综合设计在两个维度上具有低副瓣特性的超表面天线。

矩形边界的切比雪夫平面阵列，可以分为可分离型和不可分离型。对于可分离型切比雪夫平面阵列，其单元数为 $m \times n$ 的阵列激励分布矩阵可由下式得到：

$$\boldsymbol{I}_{mn} = \boldsymbol{I}_{xm} \cdot \boldsymbol{I}_{yn} \tag{4-43}$$

式中，$\boldsymbol{I}_{xm}$ 和 $\boldsymbol{I}_{yn}$ 分别为沿 x 方向和 y 方向的切比雪夫线阵的激励分布。采用这种方法得到的方向图为两个正交的直线阵列方向图的乘积，也就是说，得到的方向图在两个主平面内满足预期的副瓣电平。

我们将一维切比雪夫分布通过矩阵相乘的方式拓展成二维矩阵，再通过幅度和相位同时调制的方法，设计超表面阵列进行仿真，得到两个平面上的方向图如图 4-25 所示。

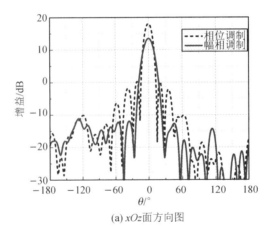

(a) xOz 面方向图

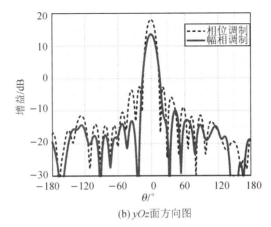

(b) yOz 面方向图

图 4-25　二维幅度调制前后的远场方向图

　　通过以上对比可以发现，通过矩阵相乘的方式可以将切比雪夫分布从一维拓展到二维，使得在两个面上的副瓣电平均有明显降低。但是矩阵相乘使得阵列两端的激励幅度下降的程度增大，转化为交叉极化的能量增多，进而使得主瓣的增益下降明显。因此，实际应用过程中，我们需要根据不同的应用场景需求，选择性地降低不同面上的副瓣电平，尽量在主瓣增益和副瓣电平之间取折中。

4.3　基于超表面的差波束赋形研究

4.3.1　线阵的贝利斯阵列综合

　　理论上，只要阵列的单元数为偶数，阵列两半单元的相位相差 π，就可以得到差方向图。但是这类差方向图的副瓣电平不可控，哪怕激励锥削再大也具有较高的副瓣。在第 2 章已经讨论过贝利斯综合的基本理论，我们可以类比上一节的方法，通过将超表面反射的电磁波电场修正成贝利斯分布，即可得到副瓣电平可控的贝利斯方向图。

　　图 4 - 26 所示为不同副瓣电平下贝利斯分布曲线，从图中可以看出贝利斯分布的特点：阵列呈近似的正弦分布，阵列两端的激励幅度对称，相位相差 π；并且，目标方向图的副瓣电平越低，阵列两端的激励幅度下降越快。选取阵列的单元数为偶数，以使阵列两端的电场相位为 180° 的单元和电场相位为 0° 的单元个数相等。令线阵的单元数为 20，主副瓣电平比为 −30 dB，根据式（4 - 36）～式（4 - 39），可以计算得到图 4 - 27(a) 所示的激励分布和图 4 - 27(b) 所示的理论方向图。

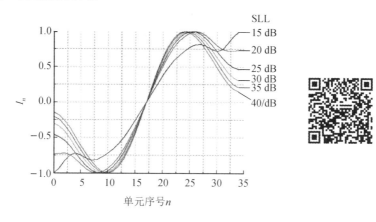

图 4 - 26　贝利斯激励分布随副瓣电平的变化（$N = 35$[54]）

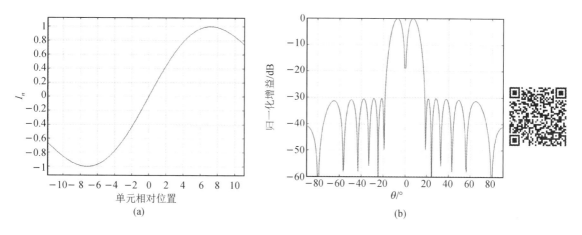

图 4 - 27　贝利斯激励分布及其理论方向图

　　根据幅度和相位响应的关系，可以建立如图 4 - 28 所示的一维贝利斯分布的超表面阵列。

图 4 - 28　一维贝利斯分布的超表面阵列

为了验证该阵列差波束赋形的效果,在 CST 中对其进行全波仿真,设置 y 极化平面波入射,开放边界条件。图 4-29 所示为归一化的二维方向图,从图中可以看出,根据贝利斯综合的方法可以得到良好的差波束赋形效果,凹陷明显,但是副瓣电平为 -12.58 dB,并未达到预期目标。由于实际设计过程中,单元之间不可避免地存在耦合,导致全波仿真得到的差波束方向图与理论计算的副瓣电平存在较大差异。为此加大了设计余量,以目标方向图的副瓣电平为 -35 dB 设计了一组线阵,全波仿真的结果如图 4-29(b)所示,从图中可以看出,方向图的副瓣电平为 -14 dB,稍有降低,差波束的凹陷更明显,赋形效果更佳。

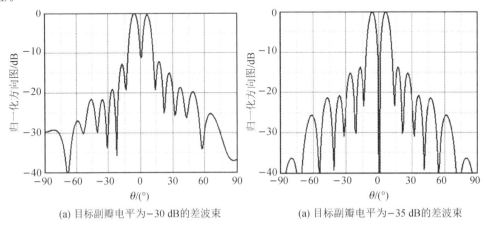

(a) 目标副瓣电平为 -30 dB 的差波束　　　　　(a) 目标副瓣电平为 -35 dB 的差波束

图 4-29　超表面二维散射方向图

　　由上述差波束赋形的仿真结果分析可知,通过幅度和相位同时调制的超表面,可以对辐射到超表面上的电磁波的电场进行修正,实现差波束的赋形。通过控制生成贝利斯分布的系数,可以控制其副瓣电平。因此,利用天线阵列综合的基本理论,通过超表面实现幅度和相位重新修正,从而实现波束赋形的方法是可行的。

4.3.2　基于幅相调制的差波束超表面的设计

　　目前,在雷达研究领域实现和差方向图的方法是利用相控阵,需要复杂的馈电网络。超表面作为一种二维平面结构,易于加工,无需复杂的馈电网络就有调幅移相的功能,具有传统天线无法比拟的优点,是波束赋形合适的实现途径。上一节我们已经验证了在平面波激励下,基于阵列天线原理,利用一维线阵实现差波束赋形的可行性。本小节将介绍非平面波照射下利用二维人工电磁表面实现差波束赋形的设计方法。

　　在一维线阵的分析中,讨论了要实现副瓣可控的差波束需要满足的幅度和相位分布。我们将上一节中得到的线阵的幅度和相位分布进行周期性延拓,得到如图 4-30 所示的幅度分布矩阵和相位分布矩阵。对于二维阵列,经过超表面后反射波的电场幅度和相位需满足图中的分布。调制幅度的方法与 4.2 节相同,根据式(4-42)的幅度修正方法,S 参数的幅度分布矩阵如图 4-31 所示。其中,图 4-31(a)为馈源的原始幅度分布,图 4-31(b)为根据目标方向图特性计算得到的贝利斯分布,图 4-31(c)为馈源辐射的电磁波在超表面位置处电场的幅度分布矩阵。

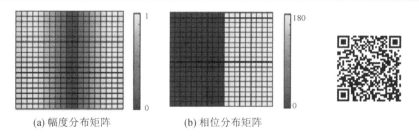

(a) 幅度分布矩阵　　　　　(b) 相位分布矩阵

图 4 - 30　二维超表面的贝利斯幅度分布矩阵和相位分布矩阵

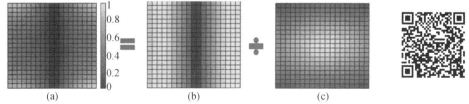

(a)　　　　　　　　(b)　　　　　　　　(c)

图 4 - 31　幅度修正的原理示意图

　　考虑到从馈源辐射的电磁波为球面波，需要在补偿由波程导致的相位差的基础上满足图 4 - 30 所示的阵列两半单元相位相差 π 的要求。图 4 - 32 所示为相位补偿的基本原理。其中，图 4 - 32(a)为超表面所需补偿的总相位差，图 4 - 32(b)为超表面所需补偿的由波程导致的相位差，图 4 - 32(c)为超表面所需补偿的贝利斯分布的相位差。得到 S 参数的幅度矩阵和相位矩阵后，根据幅度和相位与尺寸参数的关系，可以建立如图 4 - 33 所示的超表面阵列。

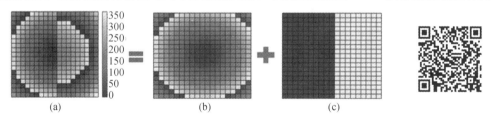

(a)　　　　　　　　(b)　　　　　　　　(c)

图 4 - 32　相位补偿原理示意图

图 4 - 33　超表面阵列仿真设置示意图

　　超表面阵列的大小为 20×20，焦径比为 0.8，馈源为 Vivaldi 天线，辐射 y 极化波。为了验证波束赋形效果，用 CST Microwave Studio 对其进行全波仿真。图 4 - 34(a)所示为全波仿真得到的差波束三维方向图，由图可以明显看出差波束的形状，两个波束中间有明显的凹陷，但整个超表面天线的增益仅为 8.87 dB。这是由于天线辐射到超表面上的电场呈从中间向两边递减的高斯分布，而贝利斯综合得到的电场分布近似为正弦分布，对电场幅度的修正导致产生了较大的极化损耗，使得效率降低。通过图 4-34(b) 所示的二维方向图，可以更直观地观察到差波束的赋形效果，差波束的副瓣电平为 -15 dB，凹陷 -31.2 dB。尽管由于单元耦合的关系，所设计的差波束超表面并未达到 -30 dB 副瓣电平的设计目标，但是波束赋形的效果良好。

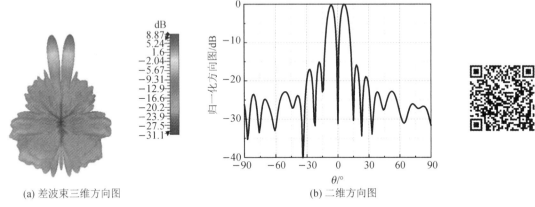

(a) 差波束三维方向图　　　　　　　　　　(b) 二维方向图

图 4-34　超表面远场方向仿真图

4.4　基于超表面的一维波束赋形研究

在卫星通信和雷达系统中，常常选用阵列天线实现波束赋形功能。根据阵列天线方向图综合理论，在阵列单元数和单元间隔一定的条件下，通过控制阵列中各阵元的激励幅度和相位就可以在空间任意区域形成任意形状的波束。本节基于阵列天线波束赋形方向图综合理论设计了幅度和相位可以同时且相对独立控制的电磁超表面，以在反射域实现具有低副瓣特性的一维平顶波束方向图和一维余割平方波束方向图。

4.4.1　超表面单元的仿真与分析

幅度分布和相位分布均影响着电磁波的传播，要实现特殊形状的波束赋形，幅度和相位的同时控制是非常必要的。近年来，不同形式的幅相双控超表面单元相继被提出，用于实现对电磁波幅度和相位的同时调制[2-6]。本章采用文献[3]中由南京航空航天大学赵永久课题组和东南大学崔铁军课题组提出的"Ⅰ"字形超表面单元结构，由"Ⅰ"字形金属结构的旋转和大小来独立地控制反射振幅和相位，通过合理设计并排布该单元可以实现对电磁波幅度和相位同时调控的反射超表面。

图 4-35 所示为"Ⅰ"字形单元结构与仿真设置示意图，该反射型单元由两层金属结构和一层介质基板构成，工作的中心频点为 10 GHz。图 4-35(a) 为单元的正视图，标注了重要的参数尺寸。其中，单元周期 $P=10$ mm($P=1/3\lambda$，λ 为频点 10 GHz 对应的波长，下

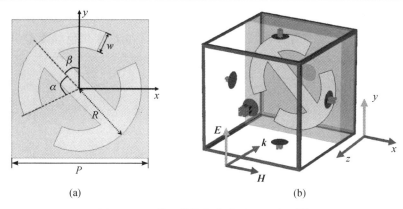

(a)　　　　　　　　　　　(b)

图 4-35　单元结构与仿真设置示意图[3]

同）。上层"Ⅰ"字形金属结构中圆环外径 $R=4.5$ mm，圆环内径为 $R-w$，$w=1.5$ mm，β 为"Ⅰ"字形金属结构的对称轴相对于 y 轴的旋转角度，α 为圆环开口弧度；底层为全金属结构；两层金属中间为 F4B 介质基板，其厚度为 3 mm(0.1λ)，相对介电常数 $\varepsilon_{\mathrm{r}}=2.65$，损耗角正切 $\tan\delta=0.009$。将该超表面单元在 CST Microwave Studio 中进行仿真优化，仿真设置如图 4-35(b) 所示。x 方向和 y 方向边界条件均设置 Unit Cell 边界，z 方向为开放边界条件，并在 $+z$ 端口处设置 Floquet 端口，当 y 极化电磁波沿 $-z$ 方向入射激励超表面单元时，会产生两个电谐振模式和两个磁谐振模式，并且完成极化转换。反射的 x 极化波可以表示为

$$\boldsymbol{E}_x^{\mathrm{r}}=\frac{1}{2}\boldsymbol{E}_y^{\mathrm{i}}\sin(2\beta)\sum_{n=1}^{4}A_n\mathrm{e}^{\mathrm{j}\phi_n} \tag{4-44}$$

其中，$\boldsymbol{E}_x^{\mathrm{r}}$ 表示反射的 x 极化波，$\boldsymbol{E}_y^{\mathrm{i}}$ 表示入射的 y 极化波，A_n 和 ϕ_n 为当 $\beta=45°$ 时第 n 个谐振模式的散射波幅度和相位。

该超表面单元的反射系数可以用一个琼斯矩阵来描述：

$$\boldsymbol{R}=\begin{bmatrix}R_{xx} & R_{yx}\\ R_{xy} & R_{yy}\end{bmatrix} \tag{4-45}$$

其中，用 R_{ij} 来表示当 j 极化波入射、i 极化波反射时单元的反射系数。在本章中入射波为 y 极化波，R_{xy} 表示交叉极化波的反射系数。

通过 CST Microwave Studio 仿真得到了交叉极化波反射系数的幅度和相位与"Ⅰ"字形金属结构的旋转角度 β 和圆环开口弧度 α 的对应关系。在 10 GHz 频点处仿真得到的交叉极化波反射系数的幅度 $\mathrm{Am}(R_{xy})$ 和相位 $\mathrm{Arg}(R_{xy})$ 随 β 的变化曲线如图 4-36(a) 所示。此时设置 α 为 86°。从图中可以看出，当 β 从 0°变化到 90°和从 $-90°$变化到 0°时，反射系数的幅度 $\mathrm{Am}(R_{xy})$ 可以从 0 变化到 1，且相位分布 $\mathrm{Arg}(R_{xy})$ 基本保持不变，仅在 $\beta=0°$ 时出现 180°的相位突变。可见，通过参数 β 可以控制交叉极化波的幅度。$\beta=\pm45°$ 时，交叉极化反射波的幅度接近 1，因此该单元调控电磁波幅度的原理是将不需要的电磁波能量转化到不需要的极化上。在 10 GHz 处固定 β 为 $-45°$ 时，交叉极化反射波的幅度 $\mathrm{Am}(R_{xy})$ 和相位 $\mathrm{Arg}(R_{xy})$ 随参数 α 的变化曲线如图 4-36(b) 所示。由图可知，当 α 从 28°变化到 86°时，反射系数的幅度 $\mathrm{Am}(R_{xy})$ 总是大于 0.8 的，而相位 $\mathrm{Arg}(R_{xy})$ 可以从 0°变化到 $-180°$。另外，从图 4-36(a) 可以知道，当 β 改变符号时相位会发生 180°的跳变，因此 β 为 45°且当 α 从

28°变化到 86°时，$\text{Arg}(R_{xy})$可以从 180°变化到 0°。从以上分析可知，通过控制参数 α 的大小以及 β 的正负号就可以实现在幅度变化可忽略的情况下相位变化范围覆盖 360°。

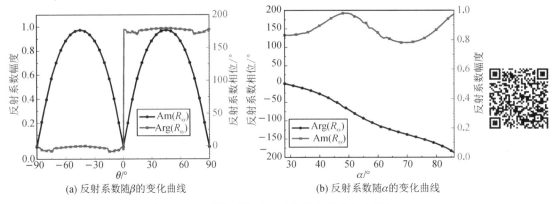

(a) 反射系数随β的变化曲线　　　　　(b) 反射系数随α的变化曲线

图 4 - 36　在 10 GHz 处单元的反射系数随参数的变化规律

　　另外，通过仿真分析得到了单元在频段 5～15 GHz 内的交叉极化反射波幅度和相位特性，如图 4 - 37 所示。图 4 - 37(a)为 β 为 45°，α 分别取 35°、52°、69°和 86°时反射系数 R_{xy} 的幅度和相位随频率变化的规律，可见在频段 7～12 GHz 内，随着 α 的变化，反射系数幅度 $\text{Am}(R_{xy})$ 均大于 0.8，且相位 $\text{Arg}(R_{xy})$ 的曲线具有很好的平行性，因此该单元的相位调

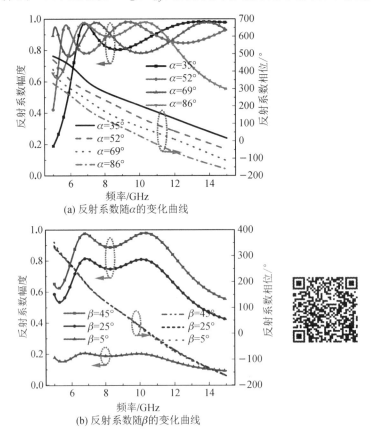

(a) 反射系数随α的变化曲线

(b) 反射系数随β的变化曲线

图 4 - 37　在 5～15 GHz 频段内单元反射系数随参数的变化规律

控具有一定的宽带特性。图 4-37(b)为 α 为 86°，β 分别取 5°、25°和 45°时反射系数 R_{xy} 的幅度和相位随频率变化的规律，从图中看出，β 可以调控电磁波的幅度，且 β 变化时相位曲线基本保持不变，同时这种特性在较宽频段范围内均满足。

综上所述，这款"I"字形单元可以通过调整旋转角度 β 和圆环开口弧度 α 这两个重要的参数来实现对电磁波幅度和相位的独立调控，同时实现极化转化功能，并且该单元在 7～12 GHz 频段范围内都具有良好的幅相特性。通过建立交叉极化反射系数的幅度、相位与参数 β、α 的一一对应关系，可以将目标方向图所需的激励幅度和相位转换成不同参数的超表面单元，进而设计能产生目标方向图的超表面阵列。

4.4.2　一维波束赋形超表面设计

本节基于一维直线阵列方向图综合理论设计幅度和相位同时可调控的电磁超表面，分别以一维平顶波束和余割平方波束为目标方向图，采用文献[7]中提出的阵列天线波束赋形方法——泰勒综合法和叠加原理，计算出各超表面单元对应的激励幅度和相位分布，设计实现波束赋形超表面，现将其归纳为以下四个步骤。

第一步，确定阵列单元数 N 和主副瓣电平比 R_0，根据泰勒综合法，由式(4-29)可以计算得到阵列的激励幅度分布为 $(I_1, I_2, \cdots, I_N)$，设所有阵元的初始相位均为 0，则这组激励幅度和相位分布对应最大方向指向 $\theta=0°$ 且副瓣电平为 $-R_0$ 的笔形波束。

第二步，由式(4-18)可知，保持激励幅度分布 I_n 不变，改变相位分布时，可以实现波束扫描。设定目标方向图，在赋形区域内等间隔采样 M 点 $(\theta_1, \theta_2, \cdots, \theta_M)$，生成指向这 M 个点的笔形波束，M 的值可以通过式(4-46)来确定：

$$M \geqslant \frac{\theta_{p0.5}}{\theta_{0.5}} + 1 \tag{4-46}$$

其中，$\theta_{p0.5}$ 为赋形波束的半功率波瓣宽度，$\theta_{0.5}$ 为单个低副瓣笔形波束的半功率波瓣宽度。

这 M 个低副瓣笔形波束对应的阵因子为 $f(\theta, \theta_1)$，$f(\theta, \theta_2)$，$f(\theta, \theta_3)$，$\cdots$，$f(\theta, \theta_M)$，将其按权重值 $(b_1, b_2, \cdots, b_M)$ 进行相加可得新的阵因子为

$$F(\theta) = b_1 f(\theta, \theta_1) + b_2 f(\theta, \theta_2) + \cdots + b_M f(\theta, \theta_M) \tag{4-47}$$

第三步，当目标方向图赋形区域确定时，M 个笔形波束的角度 $(\theta_1, \theta_2, \cdots, \theta_M)$ 就确定了，所以需要求解权重值 $(b_1, b_2, \cdots, b_M)$ 来逼近目标方向图，形成想要的赋形波束。

第四步，计算目标方向图对应的激励幅度和相位分布。设直线阵单元数 N 为偶数，阵元间距为 d，阵列中心在坐标轴原点，式(4-18)的阵因子可进一步表达为

$$f(\theta, \theta_0) = \sum_{n=1}^{N} I_n e^{jkd(n-N/2-0.5)(\sin\theta-\sin\theta_0)} \tag{4-48}$$

将式(4-48)代入式(4-47)中得

$$F(\theta) = \sum_{m=1}^{M} b_m \sum_{n=1}^{N} I_n e^{jkd(n-N/2-0.5)(\sin\theta-\sin\theta_m)}$$

$$= e^{-jkd(N/2+0.5)\sin\theta} \sum_{n=1}^{N} \sum_{m=1}^{M} b_m \left[I_n e^{-jkd(n-N/2-0.5)\sin\theta_m} \right] e^{jkdn\sin\theta} \tag{4-49}$$

将式(4-49)与式(4-48)比较可得赋形波束阵列第 n 个单元所需的复激励值为

$$C_n = I_n \sum_{m=1}^{M} b_m \mathrm{e}^{\mathrm{j}kd(n-N/2-0.5)\sin\theta_m} \tag{4-50}$$

然后将式(4-50)表示成矩阵相乘的形式:

$$\boldsymbol{C} = \boldsymbol{Q} \cdot \boldsymbol{A} \tag{4-51}$$

其中,

$$\boldsymbol{Q} = [b_1 g_1, \ b_2 g_2, \ \cdots, \ b_M g_M] \tag{4-52}$$

$$g_i = \mathrm{e}^{\mathrm{j}kd(N/2+0.5)\sin\theta_i} \tag{4-53}$$

$$\boldsymbol{A} = \begin{bmatrix} I_1 \mathrm{e}^{-\mathrm{j}kd\sin\theta_1} & I_1 \mathrm{e}^{-\mathrm{j}kd\sin\theta_2} & \cdots & I_1 \mathrm{e}^{-\mathrm{j}kd\sin\theta_M} \\ I_2 \mathrm{e}^{-\mathrm{j}kd\sin\theta_1} & I_2 \mathrm{e}^{-\mathrm{j}kd\sin\theta_2} & \cdots & I_2 \mathrm{e}^{-\mathrm{j}kd\sin\theta_M} \\ \vdots & \vdots & & \vdots \\ I_N \mathrm{e}^{-\mathrm{j}kd\sin\theta_1} & I_N \mathrm{e}^{-\mathrm{j}kd\sin\theta_2} & \cdots & I_N \mathrm{e}^{-\mathrm{j}kd\sin\theta_M} \end{bmatrix} \tag{4-54}$$

根据式(4-50)~式(4-54),在 MATLAB 中编写程序代码就可以计算得到目标方向图所需的激励幅度和相位分布。

1. 一维平顶波束赋形超表面

基于上述理论分析,下面利用之前介绍的超表面单元设计电磁超表面来实现 $\phi = 0°$ 面内的一维平顶波束赋形。

设一维直线阵列的单元数 $N = 20$,单元沿 x 轴排列,根据泰勒阵列激励幅度计算公式(4-27),在 MATLAB 中编写代码可以计算得到该直线阵在主副瓣电平比为 25 dB 时的激励幅度分布,如图 4-38(a)所示。在工作频率为 10 GHz 时,超表面单元间距为 10 mm,由式(4-19)可以计算得到如图 4-38(b)所示副瓣电平为 -25 dB 的低副瓣笔形波束,最大方向为 0°,其半功率波束宽度 $2\theta_{p0.5}$ 约为 9°。

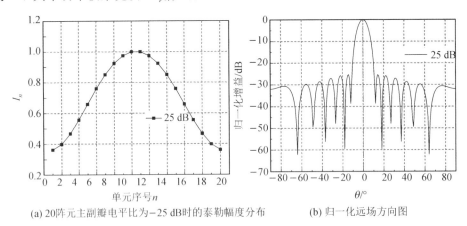

(a) 20阵元主副瓣电平比为-25 dB时的泰勒幅度分布　　(b) 归一化远场方向图

图 4-38　离散泰勒幅度分布及其对应的归一化远场方向图

设目标方向图为 $-20° \leqslant \theta \leqslant 20°$ 的平顶波束,其半功率波束宽度 $2\theta_{p0.5}$ 为 40°,根据采样点数满足的条件式(4-46),在主瓣区域等间隔采样 8 个点,则采样角度间隔 $\Delta\theta$ 为 40°/7。如图 4-39 所示为由 8 个低副瓣笔形波束逼近平顶波束方向图的示意图,求得的 8 个低副瓣笔形波束的指向角以及各波束相应权重值如表 4-1 所示。

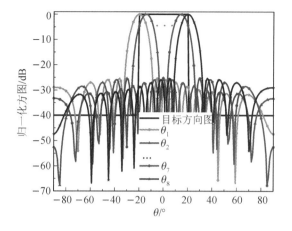

图 4-39　泰勒综合法和叠加原理示意图（平顶波束）

表 4-1　形成平顶波束的 8 个笔形波束的方向角和权重值

$\theta_n/°$	-20	-14.286	-8.5714	-2.8571	2.8571	-8.5714	14.286	20
b_n	0.0015	0.9624	3.07×10^{-7}	0.5744	0.5744	3.07×10^{-7}	0.9624	0.0015

　　然后根据式(4-50)～式(4-54)可以计算得到 20 个单元组成的直线阵实现一维平顶波束赋形所需要的激励幅度和相位分布，如图 4-40 所示。需要注意的是：该幅度和相位分布是在平面波激励下实现平顶波束赋形所需要的。

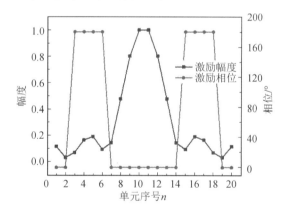

图 4-40　直线阵列形成一维平顶波束所需要的激励幅度和相位分布

　　在 4.2.1 小节中已经仿真并分析了反射超表面单元的电磁特性，并给出交叉极化反射系数 R_{xy} 的幅度和相位与"I"字形金属贴片结构的参数 β 和 α 之间的一一对应关系，利用该单元可以实现幅度和相位的同时调控。将图 4-40 中所示激励幅度和激励相位的分布转换为各超表面单元的尺寸参数，在 CST Microwave Studio 中进行建模并仿真。如图 4-41 所示为平顶波束赋型的一维直线超表面阵列，其沿 x 轴放置，设置 x、y、z 方向均为开放边界条件，使用理想 y 极化平面波激励该超表面。仿真得到的 $\varphi=0°$ 面平顶波束方向图如图 4-42 中带有圆形标注的曲线所示。带有方形标注的曲线为由泰勒方法和叠加原理计算得到的平顶波束方向图。由于超表面单元间存在相互耦合作用，所以仿真得到的方向图与泰勒方法计算得到的理论方向图在主瓣区域和副瓣区域均存在一定差异，但整体趋势一致，这初步证明了上文中所论述的泰勒综合法和叠加原理在实现波束赋形方面的合理性。

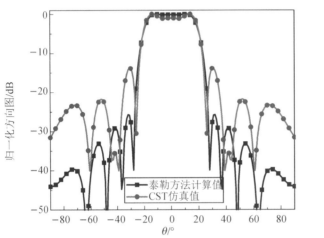

图 4-41 一维平顶波束超表面阵列

图 4-42 理想平面波激励下一维平顶波束方向图

由于现实中并不存在理想的平面波，为了验证该方法在实际中的有效性，需要使用馈源天线作为激励源来照射超表面以实现反射电磁波波前赋形。将上述 $1×20$ 的超表面直线阵列沿 y 方向进行周期性复制，扩展为 $20×20$ 的超表面阵列，则平顶波束方向图对应的各单元幅度和相位分布由图 4-40 变为图 4-43 所示，也就是说馈源天线发出的电磁波经二维超表面阵列反射后，其反射波的电场幅度和相位只有满足图 4-43 所示分布，才能在远场形成想要的平顶波束方向图。

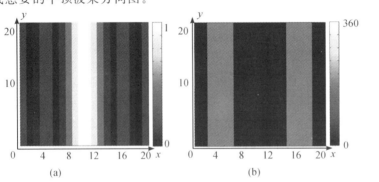

(a)　　　　　　　　　(b)

图 4-43 $20×20$ 超表面阵列实现一维平顶波束赋形的激励幅度和相位分布

为了尽可能减小馈源天线对反射波束的遮挡效应，采用了结构简单、剖面低的 Vivaldi 天线作为馈源激励超表面阵列。如图 4-44(a) 所示为设计中所采用的 Vivaldi 天线的结构示意图。该天线由三层结构组成，上层是金属贴片，中间层是介质基板，下层是金属微带线。电磁波经微带线耦合到渐变槽线部分后产生有效辐射，并且该天线具有宽带特性。图中标注了该天线的一些重要结构参数尺寸，$l=35$ mm，$l_1=25$ mm，$g=0.5$ mm，$w=18$ mm，

$w_1 = 1.5$ mm，在 CST Microwave Studio 中建模并进行全波仿真，得到该天线在中心频点 10 GHz 处的远场方向图，如图 4 - 44(b) 所示，并且仿真计算得到该天线的相位中心在距天线开口前沿 9.5 mm 处。

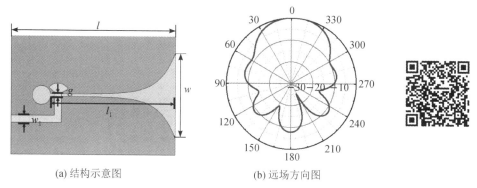

(a) 结构示意图　　　　　　　　(b) 远场方向图

图 4 - 44　Vivaldi 天线结构

基于反射型电磁超表面的波束赋形阵列由馈源 Vivaldi 天线和反射型超表面两部分构成，用馈源天线激励超表面阵列时，通过各超表面单元对电磁波幅度和相位的不同响应来将反射电磁波束调制成特定的波束形状。Vivaldi 天线辐射的电磁波为球面波，即其等相位面是一个球面，另外其在超表面位置处的电场幅度分布有一个初始值。因此，要想让超表面的反射幅度和相位分布满足图 4 - 45(a) 和 (b) 所示分布，需要进行幅度和相位的补偿设计。

首先是相位分布的补偿。要想使馈源发射的电磁波从球面波变成平面波，需要补偿入射电磁波前到超表面之间由于路径不同引起的波程相位差。根据 4.1 节所介绍的广义斯涅尔定律，该相位差可以由超表面各单元产生的相位突变进行补偿，需要补偿的相位分布满足

$$\boldsymbol{\varphi}_{\text{path}}(x, y) = \varphi_0 + \frac{2\pi}{\lambda}\left(\sqrt{x^2 + y^2 + F^2} - F\right) \pm 2k\pi \quad (k = 0, 1, \cdots) \quad (4 - 55)$$

其中，φ_0 为超表面中心位置处的初始相位，通常设为 0；λ 是超表面工作频率下对应的波长；F 是焦距，是指馈源天线的相位中心到超表面中心的距离，设为 160 mm；$\varphi(x, y)$ 为位置 (x, y) 处的反射相位。在由 4.4.1 小节所介绍的超表面单元组成的超表面阵列中，单元间隔为 P，需要将式 (4 - 55) 离散化，得到每个单元需要提供的反射相位为

$$\boldsymbol{\varphi}_{\text{cul}} = \boldsymbol{\varphi}_{\text{com}} + \boldsymbol{\varphi}_{\text{path}} \quad (4 - 56)$$

式中，$\boldsymbol{\varphi}_{\text{cul}}$ 是实现一维平顶波束方向图的理论相位分布，即图 4 - 43(b) 所示相位分布矩阵；$\boldsymbol{\varphi}_{\text{com}}$ 是超表面最终需要补偿的反射相位分布矩阵。

如图 4 - 45 所示，将相位分布补偿原理和过程以颜色图的方式展示。

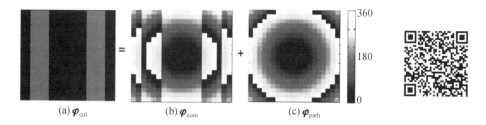

(a) $\boldsymbol{\varphi}_{\text{cul}}$　　　　　(b) $\boldsymbol{\varphi}_{\text{com}}$　　　　　(c) $\boldsymbol{\varphi}_{\text{path}}$

图 4 - 45　一维平顶波束相位补偿原理示意图

其次是幅度分布的补偿。为了实现一维平顶波束远场方向图，需要将馈源 Vivaldi 天线辐射到超表面位置处的初始电场幅度分布进行修正，以满足图 4-43(a)所示。截获的超表面位置处的初始电场幅度分布矩阵 $\boldsymbol{A}_{\text{origin}}$ 如图 4-46 所示。超表面上电场幅度修正原理可以用下式表示：

$$\boldsymbol{A}_{\text{cul}} = \boldsymbol{A}_{\text{com}} \cdot \boldsymbol{A}_{\text{orign}} \tag{4-57}$$

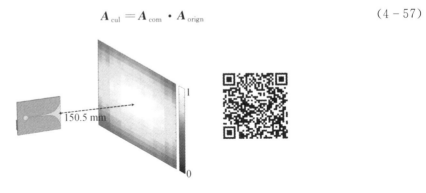

图 4-46　馈源 Vivaldi 天线辐射到超表面位置处的初始电场分布

在这里，$\boldsymbol{A}_{\text{cul}}$ 是实现一维平顶波束方向图的理论幅度分布，即图 4-43(a)所示幅度分布矩阵；$\boldsymbol{A}_{\text{com}}$ 是超表面最终需要补偿的幅度分布矩阵。

如图 4-47 所示，将幅度分布补偿原理和过程以颜色图的方式展示。

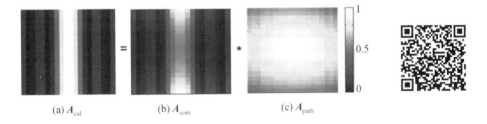

(a) $\boldsymbol{A}_{\text{cul}}$　　　　(b) $\boldsymbol{A}_{\text{com}}$　　　　(c) $\boldsymbol{A}_{\text{path}}$

图 4-47　一维平顶波束幅度补偿原理示意图

在 4.4.1 小节中通过仿真分析已经建立了超表面单元结构参数 α、β 与交叉极化反射系数的相位、幅度之间的一一对应关系。根据图 4-45(b)的相位分布矩阵和图 4-47(b)的幅度分布矩阵，利用 MATLAB 编写程序代码在 CST Microwave Studio 中建立超表面模型，该模型由 20×20 个不同结构参数的超表面单元组成。利用 Vivaldi 天线辐射的 y 极化电磁波激励该超表面。超表面距离 Vivaldi 天线的相位中心 160 mm，即焦径比设为 0.8。

全波仿真得到的一维平顶波束在 $\varphi = 0°$ 面远场方向图如图 4-48 所示，图中虚线①为目标方向图，实线③是由泰勒综合法和叠加原理计算得到的理论方向图，实线②是在电磁仿真软件 CST 中全波仿真得到的方向图。由图可见，三者在主瓣区域和副瓣区域均吻合得很好。全波仿真结果显示该一维平顶波束副瓣电平为 -22 dB，且主瓣最大波动幅度小于 1 dB。如图 4-49 所示为建立的平顶波束赋形超表面阵列结构以及全波仿真得到的三维远场方向图。

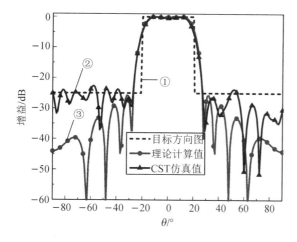

图 4 - 48　平顶波束的二维远场方向图

图 4 - 49　平顶波束赋形超表面阵列结构
以及三维远场方向图

　　另外，我们还仿真计算了 8～12 GHz 频段内该平顶波束赋形超表面的远场特性，如图 4 - 50 所示。由图可见该超表面具有一定的宽带特性。偏离设计频点 10 GHz 后，波程差以及初始电场幅度的不同，使得在其他频点处平顶波束方向图的主瓣宽度以及波动幅度和副瓣电平均发生了一定变化，但仍然保持了平顶波束特性。

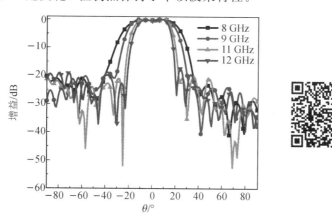

图 4 - 50　一维平顶波束赋形超表面的频率特性

　　综上所述，这里以 $\varphi = 0°$ 面中一维平顶波束为目标方向图，利用幅度和相位可以同时调控的超表面单元，设计了一款由 20×20 单元组成的反射型电磁超表面，并以 Vivaldi 天线为馈源激励该超表面，在 CST 中全波仿真得到了 10 GHz 处交叉极化波的远场方向图，得到的平顶波束在主瓣赋形效果良好，且副瓣电平可达 −22 dB，同时该超表面有一定的宽带特性。这也证明了利用泰勒综合法和叠加原理实现波束赋形的可行性。

2. 一维余割平方波束赋形超表面

　　上文中利用幅相双控电磁超表面实现了 $\varphi = 0°$ 面中的一维平顶波束远场方向图，理论计算结果与全波仿真结果一致。以下以余割平方波束为目标方向图，来进一步验证上文中设计理论的可靠性。

　　设计原理与一维平顶波束基本一致，仅把目标方向图改为余割平方方向图，其主瓣区

域在 $-18° \leqslant \theta \leqslant 15°$ 范围内，等间隔采样 5 个点，由 5 个副瓣电平为 -25 dB 的笔形波束进行加权和逼近目标方向图。由式(4-50)～式(4-54)可计算得到一组激励幅度和相位分布，如图 4-51 所示，其远场方向图为余割平方波束。

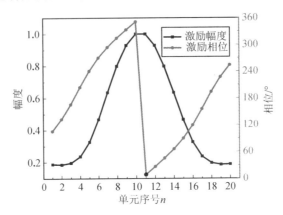

图 4-51 直线阵列形成一维余割平方波束所需要的激励幅度和相位分布

这里仍然使用 4.2.1 节中的超表面单元来实现余割平方波束赋形超表面的设计。将图 4-51 中 1×20 直线阵激励幅度和相位分布进行周期性延拓，即得到 20×20 个单元组成的超表面实现 $\varphi = 0°$ 面余割平方波束所需要的激励幅度和相位分布矩阵。

同样地，使用图 4-44 中的 Vivaldi 天线作为馈源激励超表面，按照式(4-54)～式(4-57)进行幅度和相位补偿工作。图 4-52 为利用馈源天线激励超表面实现余割平方波束方向图的幅度和相位补偿原理示意图。其中，图(a)为生成余割平方波束的理论计算幅度值，图(b)为超表面需要补偿的电场幅度值，图(c)为超表面位置处截获的馈源辐射场的初始幅度值，三者满足关系式(4-57)；图(d)为生成余割平方波束的理论计算相位值，图(e)为超表面需要补偿的总相位值，图(f)为将馈源发射的球面波变成平面波需要补偿的波程相位差值，这三者满足关系式(4-56)。

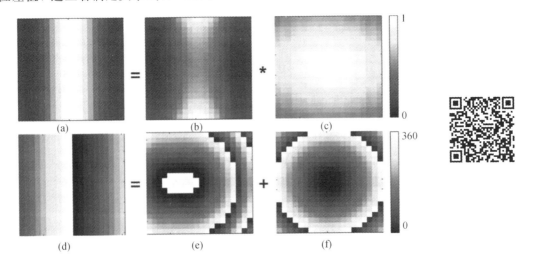

图 4-52 一维余割平方波束幅度和相位补偿原理示意图

根据图 4-52(b)、(e)所示的幅度和相位分布矩阵，在 CST 中建立超表面模型，采用时域求解器，设置开放边界条件，以 Vivaldi 天线为激励源，添加远场监视器进行全波仿真计算，得到如图 4-53 所示余割平方波束远场方向图。将目标方向图、泰勒综合法和叠加原理得到的理论计算方向图、CST 全波仿真方向图三者进行对比，可见在主瓣区域赋形效果良好，在副瓣区域获得−20 dB 的副瓣电平值。

　　如图 4-54 所示为建立的余割平方波束赋形超表面阵列结构以及全波仿真得到的三维远场辐射方向图。

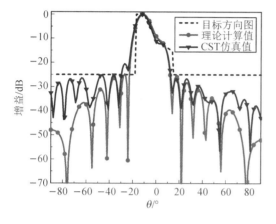

图 4-53　余割平方波束的二维远场方向图

图 4-54　余割平方波束赋形超表面以及
三维远场方向图

　　另外，我们还进一步仿真分析了余割平方波束赋形超表面在频段 9~12 GHz 的远场特性，如图 4-55 所示。

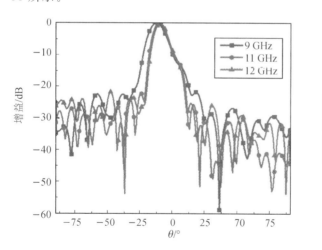

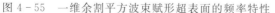

图 4-55　一维余割平方波束赋形超表面的频率特性

　　由图 4-55 可以看出该超表面具有一定的宽带特性。同样也可以发现，在偏离设计频点 10 GHz 时，波程差的不同以及初始电场幅度分布的差异，使得远场方向图的主瓣形状和副瓣电平发生了一些变化，但仍然保持余割平方波束的性质。

4.5　基于超表面的二维波束赋形研究

4.5.1　超表面单元的仿真与分析

本节采用的是一种透射型的超表面单元，中间金属层为"I"字形的贴片结构，与 4.4 节所展示的反射型单元类似，通过"I"字形结构的旋转角度 β 控制透射电磁波的幅度，圆环开口弧度 α 控制透射电磁波的相位。如图 4-56 所示，为超表面单元的结构视图以及仿真设置示意图，该单元工作的中心频点为 10 GHz，由三层金属结构和两层介质基板组成，相关尺寸参数在图中进行了标注，单元周期为 $P=10$ mm（$P=1/3\lambda$，λ 为频点 10 GHz 对应的波长，下同）；上下两层为一组正交的金属极化栅，其宽度和间距分别为 $w_1=2.5$ mm、$w_2=2$ mm；介质基板采用 F4B 材料（相对介电常数为 2.65，损耗角正切为 0.003），其厚度 $h=2$ mm（$h=1/15\lambda$，λ 为频点 10 GHz 对应的波长，下同）；中间层"I"字形金属结构中圆环外径 $R=4.5$ mm，圆环内径为 $R-w$，$w=1.5$ mm，β 为"I"字形金属结构的对称轴相对于 y 轴的旋转角度，α 为圆环开口弧度；一组正交的金属极化栅与"I"字形金属贴片形成类 Fabry-Perot 腔，使得电磁波进行多次反射实现高效的交叉极化波透射。在 CST Microwave Studio 中对该单元进行优化仿真，仿真设置如图 4-56 所示，沿 x 方向和 y 方向设置为周期边界条件，沿 z 方向设置为开放边界条件，将端口设置为 Floquet 端口，采用 y 极化电磁波从 $+z$ 方向到 $-z$ 方向激励，通过全波仿真分析该单元的电磁特性。

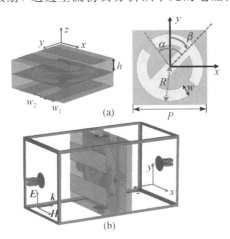

图 4-56　单元结构与仿真设置示意图

该超表面单元的透射系数可以用一个琼斯矩阵来描述：

$$\boldsymbol{T}=\begin{bmatrix} T_{xx} & T_{yx} \\ T_{xy} & T_{yy} \end{bmatrix} \tag{4-58}$$

其中，T_{ij} 用来表示当 j 极化波入射、i 极化波透射时单元的透射系数，在本章中入射波为 y 极化波，T_{xy} 表示为交叉极化波的透射系数。

　　如图 4-57 所示，选择了两个单元，其 α 为 80°，β 分别为 0° 和 45°，通过仿真得到了该单元的透射系数和反射系数随频率的变化关系。当 y 极化平面波作为入射波沿 $-z$ 方向传播时，上层沿 x 方向放置的金属极化栅使得 y 极化电磁波透过，"Ⅰ"字形金属贴片使得 y 极化波转换为 x 极化波，下层沿 y 方向放置的金属极化栅反射 y 极化波同时透射 x 极化波。从图 4-57(a)、(b)可见，$\mathrm{Am}(R_{xy})$ 和 $\mathrm{Am}(T_{yy})$ 始终保持较小的值。另外，S 参数的各分量满足下式：

$$\mathrm{Am}(R_{xy})^2 + \mathrm{Am}(R_{yy})^2 + \mathrm{Am}(T_{xy})^2 + \mathrm{Am}(T_{yy})^2 = 1 \tag{4-59}$$

因此，入射波的大部分功率被分配到 $\mathrm{Am}(R_{yy})$ 和 $\mathrm{Am}(T_{xy})$ 中。

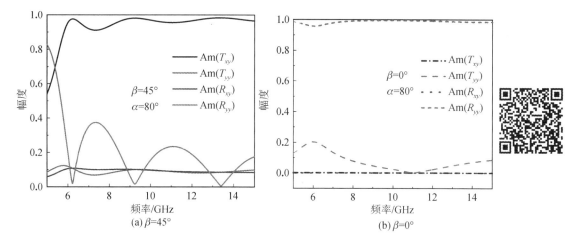

图 4-57　单元的透射系数和反射系数随频率的变化规律

　　下面通过仿真数据来说明该单元实现透射波幅度和相位同时调控的基本原理。如图 4-58(a)所示，在工作中心频点 10 GHz 处，设置 α 为 86°，仿真得到该超表面单元的交叉透射系数幅度和交叉极化透射系数相位随单元旋转角度 β 的变化规律，可见，当 β 从 $-90°$ 变化到 0° 和从 0° 变化到 90° 时，交叉极化透射系数幅度 $\mathrm{Am}(T_{xy})$ 可以从 0 变化到 1，且相位 $\mathrm{Arg}(T_{xy})$ 基本保持不变，仅在 β 为 0° 时出现 180° 的相位跳变。在 10 GHz 频点处，设置 β 为 45°，单元的交叉极化透射系数随单元圆环开口弧度 α 的变化如图 4-58(b)所示，当参数

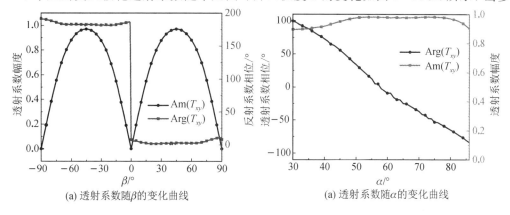

图 4-58　在 10 GHz 处单元的透射系数随参数 β 和 α 的变化规律

α 从 30°变化到 86°时，交叉极化透射系数的相位 $\mathrm{Arg}(T_{xy})$ 变化可以覆盖 180°，同时其幅度 $\mathrm{Am}(T_{xy})$ 保持在 0.9 以上，当 β 为 −45°时，随着 α 的变化 $\mathrm{Arg}(T_{xy})$ 可以实现另外 180°的相位覆盖。因此，通过参数 β 可以实现交叉极化透射波幅度从 0 到 1 调控，而相位基本保持不变；通过参数 β 和 α 的可以实现交叉极化透射波相位 360°范围调控，而幅度基本保持不变。

另外，通过仿真还得到了该超表面单元在 5 GHz 到 15 GHz 频段的交叉极化透射系数幅度和相位特性随参数 β 和 α 的关系，如图 4 − 59 所示。在图 4 − 59(a) 中设置 α 分别为 45°、65°、80°时，观察交叉极化透射系数的幅度和相位随频率的变化关系，可见，在 7 ~ 15 GHz 时，随着参数 α 的变化，幅度 $\mathrm{Am}(T_{xy})$ 基本保持在 0.8 以上，其相位 $\mathrm{Arg}(T_{xy})$ 随着 α 的取值不同而变化，且变化曲线在频带内保持较好的平行性，这说明该单元调控相位时具有一定的宽带特性。在图 4 − 59(b) 中取 β 分别为 4°、25°、45°，可见随着 β 的变化，幅度 $\mathrm{Am}(T_{xy})$ 取不同的值，且在频段 7 ~ 15 GHz 内，$\mathrm{Am}(T_{xy})$ 保持较好的平行性，同时相位 $\mathrm{Arg}(T_{xy})$ 随频率变化的曲线基本重合，这说明该单元在调控幅度时也具有一定的带宽特性。

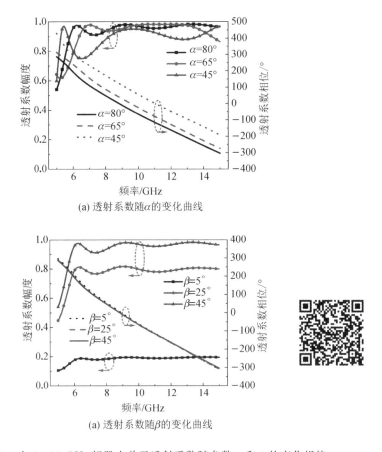

图 4 − 59　在 5 ~ 15 GHz 频段内单元透射系数随参数 α 和 β 的变化规律

综上所述，这款透射型的超表面单元可以通过 α 和 β 两个参数实现交叉极化透射波幅度和相位的同时控制，且具有一定的宽带特性，为后续透射式幅相双控超表面的设计奠定基础。

4.5.2　二维波束赋形超表面设计

如图 4-60 所示为基于透射型电磁超表面的二维波束赋形原理示意图，采用标准增益喇叭天线作为馈源激励超表面，通过调制交叉极化透射波的幅度和相位分布，实现特定的远场辐射方向图。

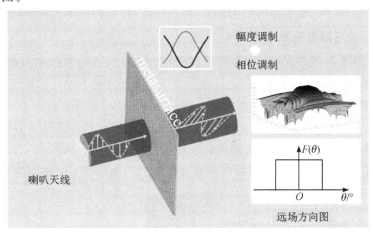

图 4-60　基于透射型电磁超表面的二维波束赋形原理示意图

图 4-5 所示为 $M \times N$ 单元组成的平面阵列，沿 xOy 面放置，设 M 和 N 均为偶数，阵列中心位于坐标原点，基于泰勒综合法和叠加原理实现二维波束赋形的基本原理与 4.4 节所述的一维波束赋形原理类似，可以概括为以下几个步骤：

第一步，确定单元数 $M \times N$，设沿 x 方向的 M 元直线阵和 y 方向的 N 元直线阵激励均满足泰勒分布，其主副瓣电平比均为 R_0，由泰勒公式(4-29)可以计算得到沿 x 方向的激励分布为 $(I_{1x}, I_{2x}, \cdots, I_{Mx})$，沿 y 方向的激励分布为 $(I_{1y}, I_{2y}, \cdots, I_{Ny})$，根据式(4-21)可得平面阵的泰勒激励分布为

$$I_{mn} = I_{mx} \cdot I_{ny} \quad (m = 1, 2, \cdots, M; \ n = 1, 2, \cdots, N) \tag{4-60}$$

此时，设相位均为 $0°$，则得到的笔形波束指向为 $(\theta, \varphi) = 0°$，且副瓣电平为 $-R_0$。

第二步，根据阵列天线波束扫描理论，最大方向指向 (θ_i, φ_i) 方向的阵因子可以表示为

$$f(\theta, \varphi, \theta_i, \varphi_i) = \sum_{n=1}^{N} \sum_{m=1}^{M} I_{mn} e^{jk[(m-M/2-0.5)dx\sin\cos\varphi + (n-N/2-0.5)dy\sin\theta\sin\varphi]} e^{j\psi(\theta_i, \varphi_i, m, n)} \tag{4-61}$$

$$\psi(\theta_i, \varphi_i, m, n) = \psi(Az_i, El_i, m, n)$$
$$= -k \left[\left(m - \frac{M}{2} - 0.5 \right) dx \sin Az_i + \left(n - \frac{N}{2} - 0.5 \right) dy \sin El \right] \tag{4-62}$$

设置目标方向图，在赋形区域内采样，通过 K 个不同指向角的低副瓣笔形波束按照一定权重系数进行叠加逼近目标方向图，则新的阵因子可以表示为

$$F(\theta, \varphi) = \sum_{i=1}^{K} b_i f(\theta, \varphi, \theta_i, \varphi_i)$$
$$= \sum_{n=1}^{N} \sum_{m=1}^{M} \left(\sum_{i=1}^{K} b_i I_{mn} e^{j\psi(\theta_i, \varphi_i, m, n)} \right) e^{jk[(m-M/2-0.5)dx\sin\theta\cos\varphi + (n-N/2-0.5)dy\sin\theta\sin\varphi]} \tag{4-63}$$

第三步：求解 K 个笔形波束的权重值，即 $(b_1, b_2, \cdots, b_K)$，则生成目标方向图所需的复激励分布为

$$C_{mn} = \sum_{i=1}^{K} b_i I_{mn} e^{j\psi(\theta_i, \varphi_i, m, n)} \tag{4-64}$$

第四步，根据式(4-64)在 MATLAB 中编写程序代码，将求得的目标方向图对应的激励幅度和相位分布应用于超表面阵列的设计中，以实现特定的波束赋形功能。

1. 矩形平顶波束赋形超表面设计

基于上述二维波束赋形方法，在本节选择图 4-56 中的透射型幅相双控超表面单元来构建矩形平顶波束赋形超表面。

设置超表面阵列由 24×24 个单元组成，即 $M=N=24$，单元边长为 10 mm，因此整个超表面阵列的大小为 240 mm×240 mm，且放置于 xOy 平面内，阵列中心位于坐标原点。当取主副瓣电平比为 25 dB 时，平面阵列的泰勒幅度分布分别为图 4-61(a)所示，设初始相位为 0，则由该泰勒分布确定的低副瓣笔形波束的归一化远场方向图如图 4-61(b)所示。

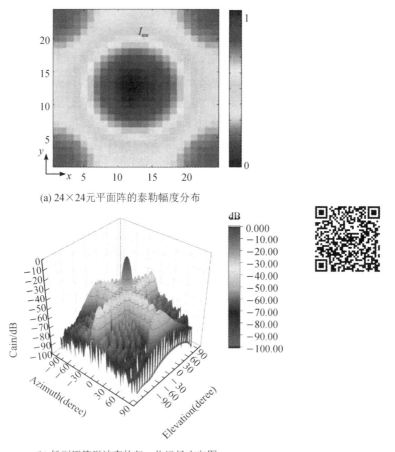

(a) 24×24元平面阵的泰勒幅度分布

(b) 低副瓣笔形波束的归一化远场方向图

图 4-61　平面阵列的泰勒幅度分布及三维归一化远场方向图

设目标方向图为矩形平顶波束，如图 4 - 62 所示，在方位面和俯仰面的角度均为
−20°~20°，沿方位角和俯仰角均等间隔采样 8 点，则形成 64 个低副瓣的笔形波束来逼近
目标方向图，最后求解的各波束指向角与权重值。

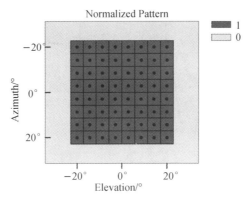

图 4 - 62　理想矩形平顶波束方向图

根据式(4 - 60)~式(4 - 64)综合得到的矩形平顶波束如图 4 - 63 所示，其对应的激励
幅度和相位分布如图 4 - 64 所示。该幅度和相位分布是模拟理想平面波激励时，超表面实
现矩形平顶波束所需要的对应幅度和相位分布。

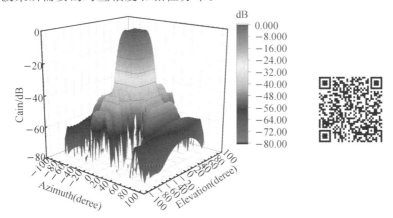

图 4 - 63　由泰勒方法计算的矩形平顶波束 3D 归一化方向图

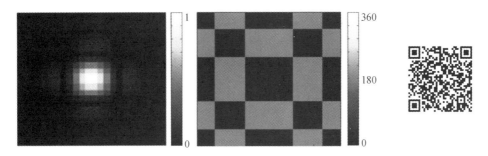

图 4 - 64　矩形平顶波束所需激励幅度和相位分布

在本节中，选择标准增益喇叭天线作为馈源激励超表面，在 CST Microwave Studio 中
使用时域求解器仿真分析该喇叭天线，如图 4 - 65 所示为 10 GHz 频点处喇叭天线的远场

方向图，计算得到喇叭天线的相位中心位于距喇叭前端 57 mm 处。

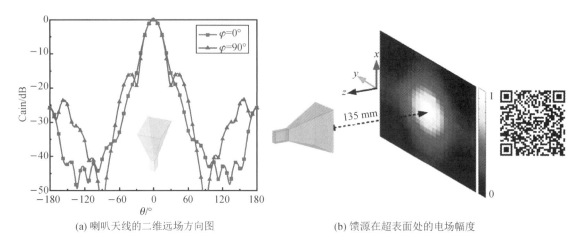

(a) 喇叭天线的二维远场方向图　　　　　(b) 馈源在超表面处的电场幅度

图 4-65　喇叭天线远场方向图以及电场幅度分布

　　设置超表面中心与馈源喇叭天线的相位中心之间的距离为 $F=192$ mm，即焦径比为 0.8，如图 4-65 所示为喇叭天线在超表面位置处截取的电场幅度分布。

　　由于馈源喇叭天线的辐射场其等相位面为球面，且电场幅值不均匀，因此用于激励超表面来实现波束赋形时需要进行幅度和相位的补偿，补偿的原理与前文中的类似，如图 4-66 所示。其中，图 4-66(a)~(c) 为幅度补偿原理，图(a) 为实现矩形平顶波束的理论激励幅度值，图(b) 为馈源喇叭天线在超表面位置处的初始电场幅度分布，图(c) 为超表面最终需要补偿的激励幅度值；图 4-66(d)~(f) 为相位补偿原理，图(d) 为实现矩形平顶波束的理论激励相位值，图(f) 为将馈源发射的球面波变成平面波需要补偿的波程相位差值，图(e) 为超表面最终需要补偿的激励相位值。

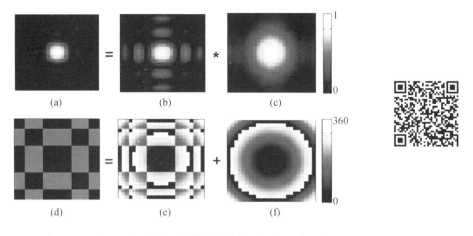

图 4-66　矩形平顶波束的幅度和相位补偿原理示意图

　　根据图 4-66(b) 和(e) 所示的幅度和相位分布矩阵，并借助单元交叉极化透射系数的幅度和相位与单元结构参数 β 和 α 之间的一一对应关系，在 HFSS 中建立矩形平顶波束赋形超表面模型，进行全波仿真计算。如图 4-67 所示为仿真得到的矩形平顶波束的二维以及三维远场辐射方向图，由图 4－67(a)可以看出全波仿真得到 $\varphi=0°$ 面和 $\varphi=90°$ 面的二维远场归一化方向图与 MATLAB 中的数值计算结果一致，副瓣电平小于－20 dB，且主瓣最大波动幅度小于 1 dB。

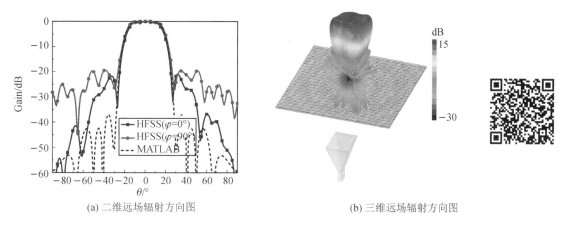

(a) 二维远场辐射方向图　　　　　　　　　(b) 三维远场辐射方向图

图 4－67　10 GHz 处矩形平顶波束的二维以及三维远场辐射方向图

综上所述，设计了一款 24×24 的单元组成的电磁超表面，工作频点为 10 GHz，以标准增益喇叭天线作为馈源激励超表面，通过同时调制交叉极化透射波的幅度和相位，在透射方向上实现低副瓣的矩形平顶波束方向图，这也表明利用泰勒综合法和叠加原理实现二维波束赋型的可行性。

2. 三角形平顶波束赋形超表面设计

为了进一步验证泰勒综合法和叠加原理在实现任意二维波束赋形中的灵活性，这里以三角形平顶波束为目标方向图，设计由 24×24 个单元组成的透射型电磁超表面，工作频率为 10 GHz，以图 4－65 所示的喇叭天线为馈源激励该超表面。

由前文所述的泰勒综合法和叠加原理可以计算得到实现三角形平顶波束所需要的激励幅度和相位，按照前文展示的幅度和相位补偿原理可以得到超表面实现三角形平顶波束所需补偿的幅度和相位分布矩阵，如图 4－68 所示。

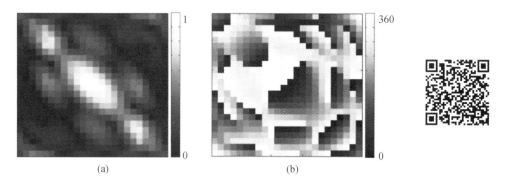

(a)　　　　　　　　　　　(b)

图 4－68　三角形平顶波束所需补偿的幅度和相位分布矩阵

根据图 4－68 所示的幅度和相位分布矩阵在 HFSS 中建立超表面模型，并进行全波仿真分析，得到如图 4－69 所示的三角形平顶波束的二维及三维远场辐射方向图，实现低副瓣的二维波束赋形。

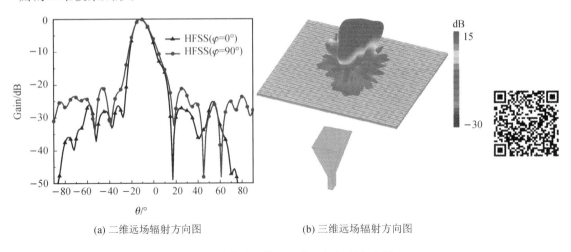

(a) 二维远场辐射方向图　　　　　　(b) 三维远场辐射方向图

图 4-69　三角形平顶波束的二维及三维远场辐射方向图

同样地，该方法可以应用到任意方向及任意波束覆盖的波束赋形设计中，在保证主瓣区域特性的同时可以实现低副瓣特性。

4.6　基于遗传算法的多波束赋形超表面

4.6.1　遗传算法概述

1. 遗传算法概述

从 20 世纪 40 年代开始，生物模拟逐渐成为计算科学中的一个重要组成部分[9]。经过几十年的研究与应用，这种生物模拟思想已经演化出一套以进化算法为代表的较为成熟的算法模型，可以为诸多领域的工程问题寻找解决方案。与其他搜索方法相比，这类算法的优势十分明显：首先，这类算法在寻找最优解的时候不容易陷入局部最优，能够以较大的概率找到全局最优解；其次，进化算法可以并行计算，许多复杂的现象都可以用简单的进化机制来表示，能够快速可靠地解决问题；最后，进化算法很容易与其他模型结合，扩展性高，易于与别的技术融合，因此广泛应用于最优化、机器学习、并行处理等领域。

1975 年，美国密歇根大学 John H. Holland 教授提出了一种通过模拟生物进化来寻找问题全局最优解的方法——遗传算法（Genetic Algorithm，GA）[10]。这种算法的基本思想来源于达尔文进化理论和适者生存的概念。如图 4-70 所示，在生物进化过程中，种群内的个体在繁衍的过程中，染色体在复制的同时会随机发生变异，使得下一代的个体呈现出不同于父辈的新性状，当外界环境发生改变时，更加适应环境的个体会被选择而留存下来，不适应环境的个体则会被淘汰。遗传算法就是基于这样的思想发展起来的。

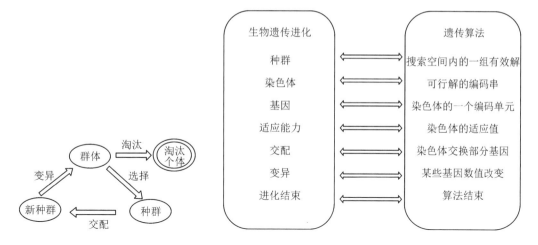

图 4 - 70　生物进化过程　　　　　图 4 - 71　生物进化过程与遗传算法的类比关系

图 4 - 71 所示为生物进化过程与遗传算法的类比关系。在遗传算法中，我们把问题的所有可能解比作生物进化过程中的群体，搜索空间内的一组有效解就是生物进化过程中的种群。问题的解在编码以后得到的字符串相当于生物进化过程的染色体，也可以当作一个个体；编码串上的每个码元相当于一个基因。遗传算法中适应度函数的值可以用来评价进化过程中个体对环境的适应能力，染色体的适应值代表了个体对于环境的适应能力。遗传算法在优化过程中，通过染色体的交叉和变异不断探索新的搜索区域，通过对每个个体进行适应度评价，淘汰掉适应度评分较低的个体，以此提高种群内个体的平均质量。经过一代代的进化，算法最后会收敛到最适应环境的一个个体上，也就是我们所要求解问题的最优解。这种借鉴生物界的进化规律演化出来的随机化搜索方法，已经被广泛应用于机器学习、组合优化、自适应控制、信号处理等领域，是现代智能计算的关键技术之一。

2. 遗传算法的流程结构

在使用遗传算法解决问题时，首先要对问题的求解参数进行分析，将问题的求解参数用字符串来表示，就是遗传算法的编码机制。编码机制是遗传算法的基础。如果要求解的问题是某些参数的值，例如阵列各个单元的激励幅度分布，编码的对象就是阵列单元的幅度。如果将单元的幅度按一定顺序写成一个一维向量（也就是一个编码串），那么这个向量中的每个元素就是一个基因。

适应度函数是用来评价一个个体好坏的参考函数，即当前解与目标解的逼近程度。适应度函数一般与目标函数有关，往往是目标函数的变种。例如，如果提前设定一个期望方向图为优化目标，那么这时的适应度函数就可以是当前个体的方向图与目标的逼近程度，以此作为评价当前个体优良程度的指标。

群体的大小、交叉概率和变异概率作为控制算子，是需要在使用遗传算法之前提前设定的参数。合理设置这些参数可以提高算法的性能，节省优化时间。例如选取适当的种群大小有利于提高选优的效果，而选择适当的变异概率可以加速算法向最优解收敛。

遗传算法的基本流程如下：

（1）种群初始化。首先，我们要对问题进行分析，抽象出参数，对优化变量进行编码；

然后，对染色体进行初始化，产生初始种群，这一步一般是通过生成随机数的方法来进行的，其机理如图 4 - 72 所示。

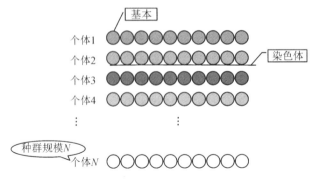

图 4 - 72　遗传算法种群初始化示意图

（2）适应度评价。适应度函数是将优化变量与优化目标联系起来的评价函数，在每次进行遗传操作之前，需要对种群内所有的个体进行评价，为后面的选择操作提供参考。

（3）选择操作。在进化过程中，并不是种群内所有的个体都参与繁殖进化过程，选择就是选择父代进行繁殖的过程。一般情况下，选择操作是通过简单地从父代群体中挑选个体对来完成的。

（4）交叉操作。遗传算法交叉操作原理示意图如图 4 - 73 所示。选择操作选好用于繁殖的一对个体后，以某一概率随机选择其染色体上的某一段基因进行交换。

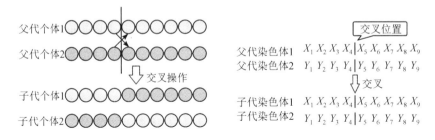

图 4 - 73　交叉操作原理示意图

（5）变异操作。变异操作原理示意图如图 4 - 74 所示。根据变异的概率，选出需要进行变异操作的个体，父代个体在复制的过程中，某一位置上的基因值突变为任一随机值。变异操作可以帮助维持种群的多样性，提高局部随机搜索的能力。

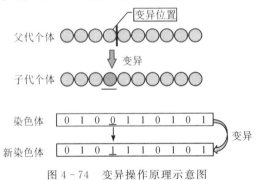

图 4 - 74　变异操作原理示意图

（6）环境选择。环境选择的示意图如图 4 - 75 所示。它是建立在适应度的基础上进行的，选择适应度评估结果优良的个体参与繁衍，产生下一代，剔除不适合种群发展的基因。环境选择是一种概率选择，较好的个体有更大的概率被选中。但是，在这一过程中，最好的个体仍然可能被丢失，最差的个体也有可能被选择。目前的选择策略多种多样，轮盘赌选择法、随机遍历抽样法、锦标赛法等都是经典的选择策略。

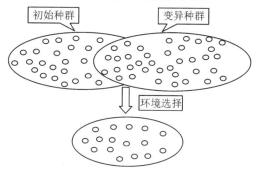

图 4 - 75　环境选择

（7）终止条件判断。进化过程结束的条件有两种：一种是达到最大迭代代数，另一种是得到的适应度值达到要求。若满足二者中的任何一个，则进化过程终止。此时，种群中适应度函数评价最优的个体输出，将其进行解码后就是所要解决问题的最优解。至此，整个优化过程结束。

遗传算法的搜索策略和优化方法在计算时只与目标函数和适应度函数有关，不依赖于梯度信息和其他辅助知识，因此为我们提供了一种求解复杂系统问题的通用框架，可以广泛地应用于许多领域，比如在天线阵列的波束赋形方面。相比经典的波束赋形方法，例如道尔夫-切比雪夫法、伍德沃德法、傅里叶变换法等综合方法，遗传算法不需要进行复杂的计算，设计灵活度更高，只需占用较少的资源和仿真时间，大大提高了天线阵列的设计效率。

4.6.2　基于遗传算法的波束赋形超表面的设计概述

1. 一维波束调控的超表面设计

如果把超表面的单元看作一个天线单元，那么整个超表面就可以看作如图 4 - 76 所示的矩形栅格平面阵列。

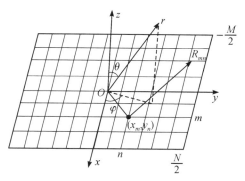

图 4 - 76　单元数为 $M \times N$ 的矩形栅格平面阵列

根据阵列天线理论，由 $M \times N$ 个单元组成的平面阵列的辐射方向图可以写作：

$$F(\theta, \varphi) = f(\theta, \varphi) \sum_{M=1}^{M} \sum_{n=1}^{N} A_{mn} e^{-j\varphi_{mn}} e^{-jkd\sin\theta[(m-1/2)\cos\varphi + (n-1/2)\sin\varphi]} \quad (4-65)$$

其中，$f(\theta, \varphi)$ 为单元因子，A_{mn} 为位置在第 m 行第 n 列的天线单元的激励幅度，φ_{mn} 为第 m 行第 n 列的天线单元激励的相位，(θ, φ) 为方位角，d 为天线单元的排列间隔，在超表面阵列里为单元的周期。

超表面阵列的不同之处在于，阵列天线通过复杂的馈电网络馈电，超表面阵列通过空间电磁波耦合馈电。因此，超表面阵列的单元因子通过对单个天线单元空间馈电得到，提取单元因子的方式如图 4-77 所示。在 CST 中设置单元的旋转角度为 45°，控制圆环的开口弧度为 44°（对应的反射系数的相位为 0），平面波 y 极化入射，得到单个单元因子的归一化方向图如图 4-77(b) 所示。这里假设单元的旋转角度和臂长对其散射方向图没有影响，将其作为阵列的单元因子。

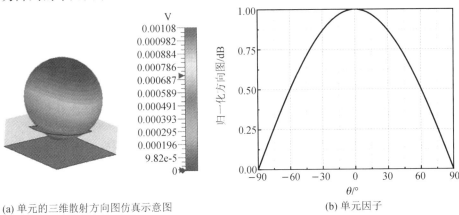

(a) 单元的三维散射方向图仿真示意图 (b) 单元因子

图 4-77 单元因子提取示意图

为了设计简便，节省优化时间，我们将问题进行简化，先对线阵进行优化，再拓展成平面阵列。如图 4-78 所示为由 N 个单元组成的沿 x 轴排列的等间距线阵，其在 $\varphi = 0°$ 面上的方向图可以简化为

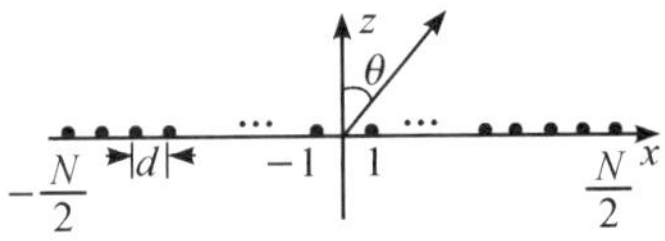

图 4-78 N 个单元组成的一维线阵示意图

$$F(\theta) = f(\theta) \sum A_n \exp[j(k_0 d_n \cos\theta + \varphi_n)] \quad (4-66)$$

若设计的目标方向图为对称的，那么激励的幅度和相位也应该是对称的，因此，单元的位置和幅度相位分布存在如下关系：

$$\begin{cases} A_n = -A_n \\ \varphi_n = -\varphi_n \end{cases} \quad (4-67)$$

$$d_n = \begin{cases} (n-0.5)d, & n > 0 \\ (-n+0.5)d, & n < 0 \end{cases} \quad (4-68)$$

式 (4-66) 可以简化为

$$F(\theta) = f(\theta) \left\{ \sum_n^{N/2} A_n e^{-j\varphi n} \left[e^{jk(n-1/2)d\sin\theta} + e^{-jk(n-1/2)d\sin\theta} \right] \right\} \quad (4-69)$$

其中，$f(\theta)$ 为单个单元在 $\varphi=0°$ 面上的散射方向图，A_n 为标号为 n 的单元反射电磁波的电场幅度，φ_n 为标号为 n 的单元反射电磁波的电场相位，k 为波常数，d 为单元的周期。因此，对于任意幅度和相位的组合，我们可以通过式(4-69)得到任意组合对应的理论方向图。

采用遗传算法优化方向图的基本步骤可以由如图 4-79 所示的过程示意图来说明。

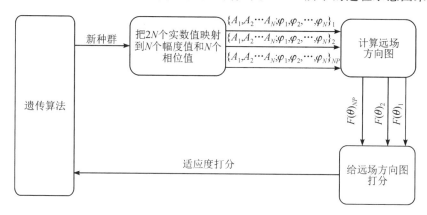

图 4-79　遗传算法优化方向图过程示意图

假设种群中含有的个体数为 NP，首先通过随机产生 NP 个含有 $2N$ 个向量的数组 $\{A_1, A_2, \cdots, A_N; \varphi_1, \varphi_2, \cdots, \varphi_N\}$ 作为初始种群(初始解集)，其中 $A_1 \sim A_N$ 为幅度的权值，是$(0, 1)$区间内的随机数，$\varphi_1 \sim \varphi_N$ 为相位的权值，是$(0°, 360°)$区间内的随机数。然后通过方向图乘积定理，计算出每个个体对应的远场方向图，再通过适应度函数对每个个体的优劣程度进行打分，根据适应度评价的情况对种群进行遗传进化操作，一直循环，直到找到最优解。这里的适应度函数用来评价当前个体的方向图与目标方向图的逼近程度，可以用当前方向图与目标方向图之差的绝对值来表示：

$$\text{Fitness} = \sum |T(\theta) - F(\theta)|$$

$$(4-70)$$

式中，$T(\theta)$ 为设计的目标方向图，$F(\theta)$ 为个体的当前方向图。因此，方向图优化题就转化为采用遗传算法求最小值的问题。

如图 4-80 所示为具体的遗传算法流程图。遗传算法在优化过程中，通过选择操作选择出适应度评价更高的个体，这些个体比

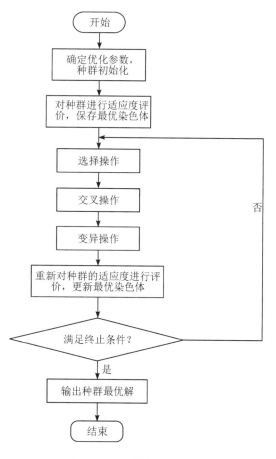

图 4-80　遗传算法流程图

适应度评价低的个体能更多产生后代，有利于种群质量均值的提高。然后，通过交叉和变异操作，使得后代的多样性增加，因此在解的搜索空间中探索了新的搜索区域。这一代代进化下去，直到达到预设的最大进化代数，或者适应度函数的值收敛到预设区间，遗传进化过程终止，当前种群中适应度评价最好的个体被选出作为最终的结果，即最逼近目标方向图的幅度和相位分布。

在这里，设置优化单元的个数为10，因此优化变量为10个幅度值和10个相位值，染色体为$\{A_1, A_2, \cdots A_{10}; \varphi_1, \varphi_2, \cdots \varphi_{10}\}$。设定初始种群数量为50，变异的概率为0.1，即参与进化的基因有0.1的概率变异为变量取值范围内的任意随机数，交叉概率设置为0.15，选择的方式为锦标赛法。为了验证遗传算法的性能，我们设置目标方向为双波束，运行遗传算法，得到了一组激励的幅度和相位，结果如图4-81所示。

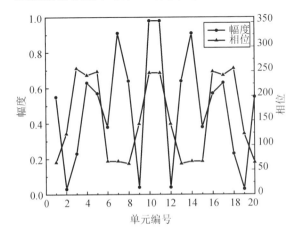

图 4-81 遗传算法得出的最优解

为了验证幅相调控具有更高的灵活性，设置一组仅通过相位优化得到的方向图进行对比，如图4-82(a)所示。可以看出，以幅相为变量得到的方向图比仅由相位优化得到的方向图更逼近目标方向图，且具有更低的副瓣电平。图4-82(b)所示为进化过程中，适应度函数随进化代数的变化情况，遗传函数在100代之内就能收敛，100代以后适应度函数不

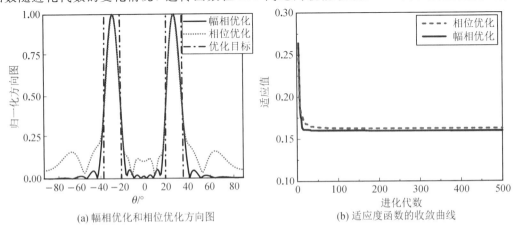

(a) 幅相优化和相位优化方向图   (b) 适应度函数的收敛曲线

图 4-82 遗传算法的优化结果

再有明显变化。引入幅度优化以后，增加了优化变量的个数和搜索空间，使得收敛后的适应度函数的值更小，并且遗传函数收敛更快。

我们将优化得到的幅度和相位进行周期性延拓，得到如图 4 - 83(a)、(d)所示面阵的幅度和相位分布。再结合幅度和相位的补偿方法，可以得到如图(c)和(f)所示的相位和幅度补偿值。根据幅度和相位的补偿值，可以建立超表面阵列，并在 CST 中进行全波仿真，得到归一化 3D 方向图和 2D 方向图，如图 4 - 84 和图 4 - 85 所示。

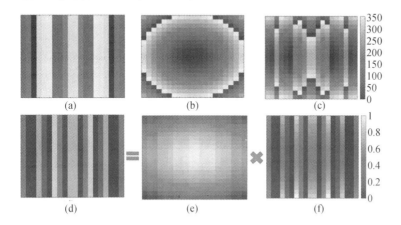

图 4 - 83　相位和幅度补偿原理示意图

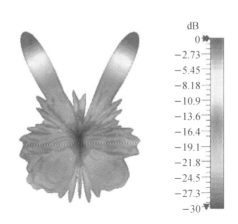

图 4 - 84　超表面的三维仿真方向图

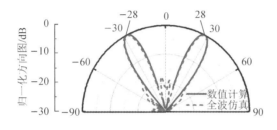

图 4 - 85　超表面全波仿真方向图

通过图 4-84 可以看出，馈源辐射的电磁波经过超表面散射后，分别在 $\theta = \pm 28°$、$\varphi = 0°$ 方向上形成两个对称的波束。图 4-85 对比了根据遗传算法优化得到的幅度和相位，并通过方向图乘积定理数值计算得到理论方向图和超表面阵列在 CST 中全波仿真的结果，可以看出，数值计算和阵列仿真得到的双波束形状基本一致，方向相同。但是，数值计算得到的理论方向图副瓣电平为 -25.4 dB，超表面阵列仿真大的方向图副瓣电平为 -17.2 dB。造成这种误差的原因可能有以下几种：首先，通过方向图乘积定理计算理论方向图时并未考虑单元间耦合，而超表面属于强耦合结构，单元之间的耦合不可忽略不计；其次，提取单元因子时，默认单元尺寸的变化对单元本身的方向性没有影响，但实际情况下，不同尺寸参数的单元的散射方向图会有些许变化；最后，对单元幅度和相位响应的分析是在垂直入射的情况下进行的，实际情况下不同入射角度会影响单元的幅度和相位响应，因此，靠近超表面边缘的单元对电磁波相位和幅度的调制精度有限。

为了验证这种设计方法的可行性，我们又用同样的方法设计了几个散射方向为多个波束的超表面阵列。特别地，为了验证遗传算法在控制电磁波方面的灵活性，又设计了一款双波束超表面。与前文设计的对称双波束超表面不同的是，设计目标为两个波束大小相差 3 dB。它们的幅度和相位补偿值以及对应的三维仿真方向图如图 4-86 所示。

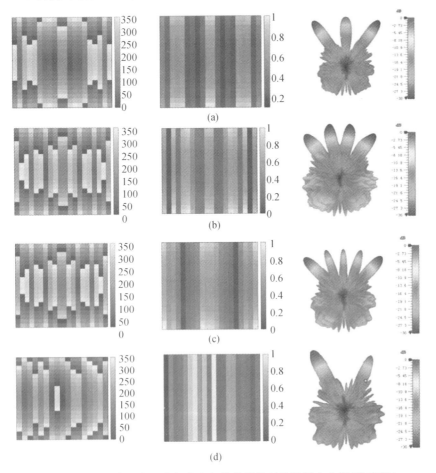

图 4-86 多波束超表面的幅度和相位补偿值以及远场方向图（仿真图）

为了更加直观地观察多个波束的赋形效果，在图 4 - 87 中给出了这几个超表面的数值计算和全波仿真得到的二维方向图对比。可以看出，数值计算得到的波束方向和全波仿真的波束方向基本一致，其中三波束的超表面波束分别朝向 $\theta = 0°$、$\theta = \pm 34°$，四波束分别朝向 $\theta = \pm 12°$、$\theta = \pm 37°$。但因为不同尺寸的单元的耦合强度不一样，导致全波仿真得到的波束大小和副瓣电平均不能与理论计算完全一致。图 4 - 87 所示为非对称的双波束理论计算和全波仿真归一化方向图的对比，双波束位于 $\theta = 0°$、$\theta = \pm 28°$ 方向上，图中虚线圆弧为 -3 dB 线，全波仿真和理论计算的方向图均为一个波束比另一个波束低 3 dB，与设计目标相符，实现了控制波束能量的目的。这也是通过幅相调控和遗传算法实现多波束赋形的优势所在。

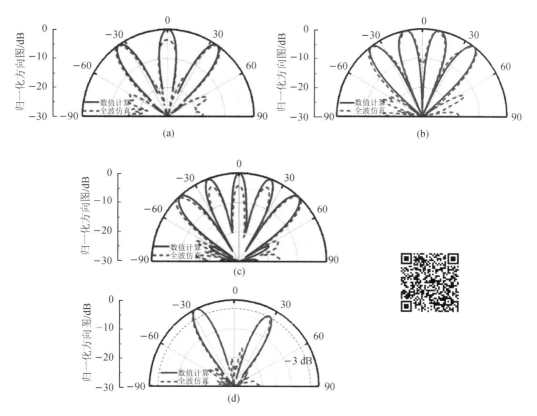

图 4 - 87　数值计算与全波仿真二维方向图对比

综上所述，通过类比阵列天线的设计方法，将遗传算法应用于幅相双控人工电磁表面的方向图设计，可以灵活设计方向图波束的个数和增益大小，使得对电磁波的调控更加灵活，在通信领域具有很大的应用潜力。

4.6.3　全空间波束调控超表面设计

上一节我们通过遗传算法优化线阵设计了几款能够产生多波束方向图的超表面，优化线阵虽然节省了优化时间，但是生成的波束都在一个平面内，难以实现三维空间内的多波束。为此，我们在遗传算法优化的基础上，结合电场叠加原理，将不同平面内的波束叠加，实现三维空间内的波束赋形。

电场叠加法，顾名思义，就是将各个面上波束赋形所需的电场叠加起来。在仅有相位调制的情况下，一般只叠加产生每个波束所需的相位，这样会导致在单元的反射幅度与计算结果上有个系数的偏差，也会影响波束效果。引入幅度调制以后，电场的幅度和相位以复数的形式相加，叠加以后的电场可以由下式表示：

$$E(x_i, y_i) = \sum_{n=1}^{N} A_{n,i}(x_i, y_i) e^{j\varphi_{n,j}(x_i, y_i)} \tag{4-71}$$

其中，$E(x_i, y_i)$ 为所要求的 (x_i, y_i) 位置上单元的切向电场，$A_{n,j}(x_i, y_i)$ 为 (x_i, y_i) 位置上单元产生第 n 个平面内的波束所需电场的幅度，$\varphi_{n,i}(x_i, y_i)$ 为 (x_i, y_i) 位置上单元产生第 n 个平面内的波束所需电场的相位。故超表面上最终电场的幅度和相位分布可以表示为

$$A(x_i, y_i) = \left| \sum_{n=1}^{N} A_{n,j}(x_i, y_i) e^{j\varphi_{n,j}(x_i, y_i)} \right| \tag{4-72}$$

$$\varphi(x_i, y_i) = \arg\left[\sum_{n=1}^{N} A_{n,i}(x_i, y_i) e^{j\varphi_{n,i}(x_i, y_i)} \right] \tag{4-73}$$

为了验证幅相调制中电场叠加原理的可行性，我们设计了一款能够在三维空间内产生4个波束的超表面。首先，需要通过遗传算法得到两组分别能在 $\varphi = 0°$ 面上和 $\varphi = 90°$ 面上产生双波束的幅度分布矩阵 $\boldsymbol{A}_1$、$\boldsymbol{A}_2$ 和相位分布 φ_1、φ_2，带入式(4-72)和式(4-73)中计算，得到产生四波束所需的超表面上的电场分布，如图 4-88(a)、(d)所示。

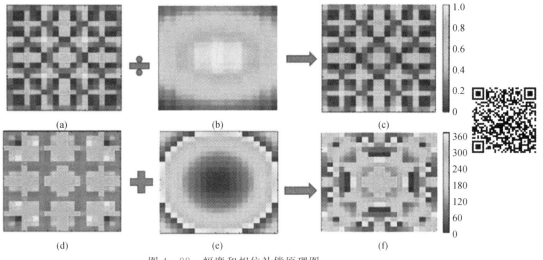

图 4-88 幅度和相位补偿原理图

考虑到馈源辐射的电磁波为球面波，由于波程导致的幅度和相位是不均匀分布的，我们又对幅度和相位进行了补偿。最后，我们可以得到超表面需要提供的 S 参数相位和幅度变化量，如图 4-88(c)、(f)所示，再结合单元尺寸和发射系数的关系，建立起对应的超表面阵列。我们将建立的超表面模型在 CST 中进行全波仿真，可以得到如图 4-89 所示的 $\varphi = 0°$ 和 $\varphi = 90°$ 两个平面上的二维远场方向图。从图中可以看出，通过数值计算得到的理论方向图与全波仿真方向图整体吻合。为了观察四波束的空间分布，我们给出了三维远场方向图仿真结果，如图 4-90 所示。

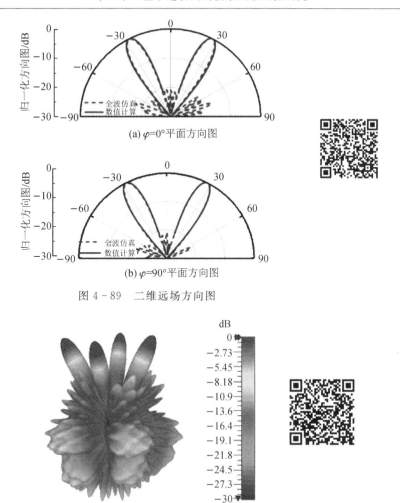

图 4 - 89　二维远场方向图

图 4 - 90　三维远场方向图

　　综上所述，通过遗传算法和电场叠加的方法，可以设计超表面散射方向图，实现不同波束个数和波束能量的分布，具有很高的灵活性。

参 考 文 献

[1]　YU N, GENEVET P, KATS M A, et al. Light propagation with phase discontinuities: generalized laws of reflection and refraction[J]. Science, 2011, 334(6054): 333 - 337.

[2]　LIU L, ZHANG X, KENNEY M, et al. Broadband metasurfaces with simultaneous control of phase and amplitude[J]. Advanced Materials, 2014, 26(29): 5031 - 5036.

[3]　JIA S L, WAN X, SU P, et al. Broadband metasurface for independent control of

reflected amplitude and phase[J]. AIP Advances, 2016, 6(4): 045024.

［4］ FARMAHINI-FARAHANI M, CHENG J, MOSALLAEI H. Metasurfaces nanoantennas for light processing[J]. JOSA B, 2013, 30(9): 2365 – 2370.

［5］ KIM M, WONG A M H, ELEFTHERIADES G V. Optical Huygens' metasurfaces with independent control of the magnitude and phase of the local reflection coefficients[J]. Physical Review X, 2014, 4(4): 041042.

［6］ WAN X, JIA S L, CUI T J, et al. Independent modulations of the transmission amplitudes and phases by using Huygens metasurfaces[J]. Scientific Reports, 2016, 6(1): 1 – 7.

［7］ LI J Y, QI Y X, ZHOU S G. Shaped beam synthesis based on superposition principle and Taylor method[J]. IEEE Transactions on Antennas and Propagation, 2017, 65(11): 6157 – 6160.

［8］ JIA S L, WAN X, SU P, et al. Broadband metasurface for independent control of reflected amplitude and phase[J]. AIP Advances, 2016, 6(4): 045024.

［9］ 姚新, 刘勇. 进化算法研究进展[N]. 计算机学报, 1995, 18(9): 694 – 706.

［10］ HOLLAND J H. Adaptation in natural and artificial systems: an introductory analysis with applications to biology, control, and artificial intelligence[M]. MIT press, 1992.

第 5 章

基于天线阵和超表面的涡旋电磁波调控研究

携带轨道角动量的电磁波，其特征在于拥有螺旋的等相位面，并且螺旋前进。根据麦克斯韦电磁理论，电磁辐射的角动量可以分为自旋角动量（Spin Angular Momentum，SAM）和轨道角动量（Orbital Angular Momentum，OAM）。SAM 与极化偏振方向有关，OAM 与 $\exp(il\theta)$ 这个相位因子有关。现有的无线通信方式是基于平面电磁波的，而平面波可看成是 OAM 的拓扑荷 $l=0$ 的特殊形式，因此 OAM 是一种非平面波承载信息的形式，其出现将对无线通信领域产生重大影响。

5.1 涡旋电磁波的调控研究

轨道角动量经研究学者发现后，首先在光学通信和量子通信领域得到了研究和发展，并取得了很大的研究成果。但是，在射频微波频段，对携带轨道角动量的电磁波研究尚少。

由于本章的 OAM 涡旋波均为基于周期结构超表面产生，所以本节首先对轨道角动量的基本理论进行介绍，然后从电磁超表面出发，通过公式推导，讨论调制电磁波的理论，为后续工作奠定了一定的基础。

5.1.1 涡旋电磁波的概念

轨道角动量普遍存在于自然界各种形式的运动中，例如地球围绕太阳公转、台风眼、龙卷风等，如图 5-1 所示。从图中可以明显地看出，轨道角动量以涡旋的形式展现出来。

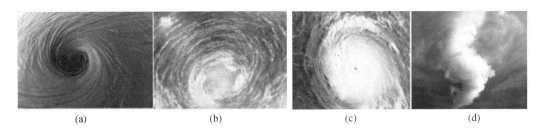

(a)   (b)   (c)   (d)

图 5-1 自然界的涡旋运动形式

轨道角动量也存在于电磁波的运动当中，例如光学涡旋。携带轨道角动量的电磁波是一种非平面波，以螺旋状的形式沿轴传播，故称为涡旋电磁波。正是有了光学涡旋的概念，研究人员才提出是否可将涡旋光引入无线电频段的电磁波。在射频微波频段，携带轨道角动量的电磁波称为涡旋波。涡旋波沿着传播轴螺旋前进，携带不同的模态数 l，呈现不同形式的涡旋，如图 5-2 所示。从图中可以看出，模态数为 0 时，也即普通的平面电磁波。而当模态数 l 为正、负整数时，呈现出旋向相反的涡旋电磁波。

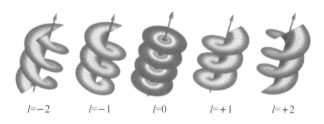

$$l=-2 \qquad l=-1 \qquad l=0 \qquad l=+1 \qquad l=+2$$

图 5-2　OAM 涡旋波结构[1]

5.1.2　涡旋电磁波基本理论

电磁波在传播的过程中不仅携带能量，而且携带动量。动量又分为线性动量和角动量，具体的电磁波的能量与动量关系如图 5-3 所示。

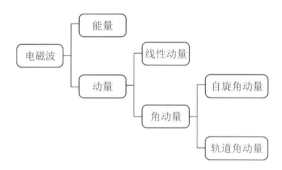

图 5-3　电磁波的能量与动量关系

由经典电磁波理论可知，电磁波携带的线性动量密度 $\rho = \varepsilon_0 (E \times B)$，而角动量密度是与空间位置矢量 r 相关的，即 $M = \varepsilon_0 r \times (E \times B)$。将上述密度均在某个体积 V 内进行积分，可获得线性动量 P 和角动量 J 如下：

$$P = \varepsilon_0 \int \mathrm{Re}\{E \times B^*\} \, \mathrm{d}V \qquad (5-1)$$

$$J = \varepsilon_0 \int r \times \mathrm{Re}\{E \times B^*\} \, \mathrm{d}V \qquad (5-2)$$

在横向平面波的情况下，轨道角动量将为零，因为矢量 $E \times B$ 除了沿传播轴的分量以外，将没有其他分量。如果 $E \times B$ 具有垂直于传播轴的非零分量，则可以产生净总轨道角动量。在经典力学和原子物理学中，我们都知道角动量可以分为两个不同的部分。与地球相似，它绕着自身的轴旋转，同时也围绕太阳轨道运行，电子既有轨道角动量又有自旋。因此，电磁场辐射所携带的角动量可以分成两个不同的部分，即

$$J = L + S \qquad (5-3)$$

其中，L 和 S 分别表示如下：

$$L = \varepsilon_0 \int \mathrm{Re}\{i\boldsymbol{E}^* \cdot (\hat{\boldsymbol{L}} \cdot \boldsymbol{A})\}\mathrm{d}V \tag{5-4}$$

$$S = \varepsilon_0 \int \mathrm{Re}\{\boldsymbol{E}^* \times \boldsymbol{A}\}\mathrm{d}V \tag{5-5}$$

式(5-4)中的算子 $\hat{\boldsymbol{L}} = -\mathrm{i}(\boldsymbol{r} \times \nabla)$ 与位置矢量 $\boldsymbol{r}$ 有关，故 L 称为轨道角动量(OAM)，而 S 与位置矢量无关，称为自旋角动量(SAM)。在经典的电磁理论中，SAM 是与电磁波的极化相联系的。相关研究表明，涡旋电磁波在未来的无线通信、目标探测、雷达成像等领域有巨大的应用前景，值得我们对它的产生、传输、接收理论进行深度探索研究。

1. 经典斯涅尔定律

斯涅尔定律描述的是电磁波或光波从介质 n_1 照射到与介质 n_2 的交界面时，会发生反射和折射等物理现象。最初是由著名的研究学者威理博·斯涅尔发现的。为了与广义斯涅尔定律作出区别，称传统的斯涅尔定律为经典斯涅尔定律。本节以垂直极化波照射为示例，给出电磁波的传播示意图，如图 5-4 所示。从图中可以看出，入射波与透射波、反射波存在某种特定的物理关系，下面对这种关系进行详细的分析和推导。图中 x 轴为法线，那么可以将入射波、反射波、透射波的电场用式(5-6)进行表示，即

$$\begin{cases} \boldsymbol{E}_{\mathrm{i}} = \boldsymbol{E}_{\mathrm{i0}}\exp(-\mathrm{j}\boldsymbol{k}_{\mathrm{i}} \cdot \boldsymbol{r}) \\ \boldsymbol{E}_{\mathrm{r}} = \boldsymbol{E}_{\mathrm{r0}}\exp(-\mathrm{j}\boldsymbol{k}_{\mathrm{r}} \cdot \boldsymbol{r}) \\ \boldsymbol{E}_{\mathrm{t}} = \boldsymbol{E}_{\mathrm{t0}}\exp(-\mathrm{j}\boldsymbol{k}_{\mathrm{t}} \cdot \boldsymbol{r}) \end{cases} \tag{5-6}$$

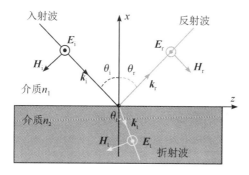

图 5-4　经典斯涅尔定律传播示意图

假设不同介质交界面上方的总矢量电场为 $\boldsymbol{E}_1$，下方的透射矢量电场为 $\boldsymbol{E}_2$，那么综合式(5-6)中的各表达式，得到如下式子：

$$\begin{cases} \boldsymbol{E}_1 = \boldsymbol{E}_{\mathrm{i}} + \boldsymbol{E}_{\mathrm{r}} = \boldsymbol{E}_{\mathrm{i0}}\exp(-\mathrm{j}\boldsymbol{k}_{\mathrm{i}} \cdot \boldsymbol{r}) + \boldsymbol{E}_{\mathrm{r0}}\exp(-\mathrm{j}\boldsymbol{k}_{\mathrm{r}} \cdot \boldsymbol{r}) \\ \boldsymbol{E}_2 = \boldsymbol{E}_{\mathrm{t}} = \boldsymbol{E}_{\mathrm{t0}}\exp(-\mathrm{j}\boldsymbol{k}_{\mathrm{t}} \cdot \boldsymbol{r}) \end{cases} \tag{5-7}$$

根据电磁场边界条件理论可知，在两种媒质的分界面处，总的切向电场分量连续，如等式(5-8)。将式(5-7)带入式(5-8)，可得式(5-9)。

$$\hat{\boldsymbol{n}} \times (\boldsymbol{E}_1 - \boldsymbol{E}_2) = 0 \tag{5-8}$$

$$\hat{\boldsymbol{n}} \times \boldsymbol{E}_{\mathrm{i0}}\exp(-\mathrm{j}\boldsymbol{k}_{\mathrm{i}} \cdot \boldsymbol{r}) + \hat{\boldsymbol{n}} \times \boldsymbol{E}_{\mathrm{r0}}\exp(-\mathrm{j}\boldsymbol{k}_{\mathrm{r}} \cdot \boldsymbol{r}) = \hat{\boldsymbol{n}} \times \boldsymbol{E}_{\mathrm{t0}}\exp(-\mathrm{j}\boldsymbol{k}_{\mathrm{t}} \cdot \boldsymbol{r}) \tag{5-9}$$

若要使等式(5-9)在分界面上任意一点 $\boldsymbol{r}$ 处均成立(时间因子为 $\mathrm{e}^{\mathrm{j}\omega t}$)，则必然满足如下条件：

$$k_i \cdot r = k_r \cdot r = k_t \cdot r \tag{5-10}$$

将等式(5-10)分别转换为反射方向和透射方向的表达式，得到相位匹配条件如下：

$$\begin{cases} (k_i - k_r) \cdot r = 0 \\ (k_i - k_t) \cdot r = 0 \end{cases} \tag{5-11}$$

由式(5-11)可知，位置矢量 r 分别垂直$(k_i - k_r)$ 和$(k_i - k_t)$ 两个矢量。因为位置矢量 r 在分界面整个平面内可以为任意方向，由数学知识可知，r 垂直 $(k_i - k_r)$ 和 $(k_i - k_t)$ 所组成的平面。因而，法向单位矢量$\hat{n}$ 分别平行上述两个波矢量差。可以推断，$\hat{n}$ 与各个波矢量 k_i、k_r、k_t 共面，我们称法向矢量$\hat{n}$ 与入射波矢量 k_i 构成的平面为入射平面。根据图 5-4 中的入射角、反射角、透射角，将式(5-10)进一步推导，表示成标量形式，得到等式(5-12)。

$$k_i \cos\left(\frac{\pi}{2} - \theta_i\right) = k_r \cos\left(\frac{\pi}{2} - \theta_r\right) = k_t \cos\left(\frac{\pi}{2} - \theta_t\right) \tag{5-12}$$

将各波数转换形式，即 $k_i = \dfrac{n_1 \omega}{c}$，$k_r = \dfrac{n_1 \omega}{c}$，$k_t = \dfrac{n_2 \omega}{c}$ 代入式(5-12)后，可以分别得到入射波与反射波、透射波的关系，如下：

$$\theta_r = \theta_i \tag{5-13}$$

$$n_2 \sin\theta_t = n_1 \sin\theta_i \tag{5-14}$$

式(5-13)和式(5-14)称为经典的折射定律和反射定律，它描述了电磁波入射到两种不同媒质的分界面时，入射波与反射波、折射波之间传播方向的关系。为后续的研究人员对电磁波传播的研究提供了理论支撑。

2. 广义斯涅尔定律

针对离散而周期排列的电磁超表面调控电磁波所出现的异常折射和反射这一非常理的现象，经典斯涅尔定律理论却无法解释。直到 2011 年，在Capasso 教授的研究工作[1]中引出"突变相位"的概念，很好地描述和解释了这种非常理的现象，为以后电磁超表面对电磁波波前调控提供了更为精准的理论支撑。

由传统电磁波传播理论可知，电磁波传播至某一处的相位是与波程相联系的，即累积相位。如图 5-5 所示，针对电磁波传播至电磁超表面时，入射波从 A 点照射至不同媒质的分界面，在

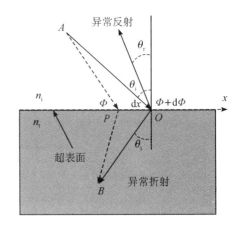

图 5-5   广义斯涅尔定律传播示意图

任意两点处获得不同的相移量。由费曼原理可知，在媒质分界面引入突变相位，即相位不连续。假设图中的路径 AOB 和 APB 无限接近于电磁波的实际传播路径，则它们之间的相位差为零，如式(5-15)所示。

$$[k_0 n_i \sin(\theta_i) \, dx + (\Phi + d\Phi)] - [k_0 n_t \sin(\theta_t) \, dx + \Phi] = 0 \tag{5-15}$$

将式(5-15)进行化简，可得到广义折射定律的式子，具体如下：

$$n_i \sin(\theta_i) - n_t \sin(\theta_t) = k_0 \frac{d\Phi}{dx} \tag{5-16}$$

式中，$\dfrac{\mathrm{d}\Phi}{\mathrm{d}x}$ 称为相位梯度。

假如入射角 θ_i 为零，即电磁波垂直照射到分界面，透射波并不是法向而是向某个方向偏折，这是经典折射定律无法解释的现象。同理，我们可以得出异常反射的简化表达式，如下：

$$\sin(\theta_r) - \sin(\theta_i) = \frac{1}{n_i \cdot k_0} \frac{\mathrm{d}\Phi}{\mathrm{d}x} \tag{5-17}$$

对比经典和广义的折反射定律表达式，当相位不连续引起相位梯度等于零时，广义斯涅尔定律就是经典斯涅尔定律，从而 Capasso 教授将式(5-16)和式(5-17)称为广义化的斯涅尔定律。相比于早期的超材料调控电磁波机理方法更为准确，且容易理解。

本节简要介绍了轨道角动量的概念、基本理论，着重分析了电磁超表面的调制理论。首先，讨论了电磁波的能量与动量关系及类别，通过数学表达式展现自旋和轨道角动量的形式；其次，指出了调控电磁波波前的经典斯涅尔定律和广义斯涅尔定律之间的关系与区别，通过公式推导，分析了广义斯涅尔定律的应用背景，为后续超表面调制电磁相位、极化等提供理论支撑。

5.1.3 Pancharatnam-Berry 相位调控机理

1. Pancharatnam-Berry 相位调控理论分析

一般而言，尺寸渐变型的单元是用来调控线极化电磁波的。而本节所研究的是调控圆极化电磁波的单元，使用 Pancharatnam-Berry(PB)相位调控机理实现电磁波相位调控。如图 5-6 所示，是本节所提出的圆极化单元结构。下面对金属单元逆时针旋转角度 θ 后，分析反射和透射的电场表达式是如何变化的。

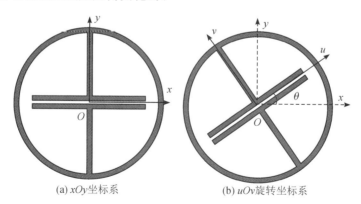

(a) xOy坐标系　　　　(b) uOv旋转坐标系

图 5-6　单元旋转示意图

由于本节电磁超表面阵列使用的空馈馈源是右旋圆极化喇叭天线，故在图 5-6(a)的 xOy 坐标系中分析时使用右旋圆极化波为入射波，表达式如下：

$$\boldsymbol{E}_i = (\hat{x} - \mathrm{j}\hat{y})\,\mathrm{e}^{-\mathrm{j}kz} \tag{5-18}$$

$$\boldsymbol{E}_t = (T_x \mathrm{e}^{\mathrm{j}\varphi_x}\hat{x} - T_y \mathrm{e}^{\mathrm{j}\varphi_y}\mathrm{j}\hat{y})\,\mathrm{e}^{-\mathrm{j}kz} \tag{5-19}$$

其中，T_x、T_y 分别为该单元对右旋圆极化波入射时所产生的幅度，而 φ_x、φ_y 分别为其在 x 方向和 y 方向产生的相移量。

由电磁波在媒质中的传播机理可知，透射方向的电磁波在 xOy 坐标系下的表达式如式（5-19）所示。如图 5-6（b）所示，当单元逆时针旋转了角度 θ 之后，uOv 与 xOy 坐标系之间会产生一个旋转矩阵，如式（5-20）所示：

$$\begin{bmatrix} \hat{x} \\ \hat{y} \end{bmatrix} = \begin{bmatrix} \cos\theta & -\sin\theta \\ \sin\theta & \cos\theta \end{bmatrix} \begin{bmatrix} \hat{u} \\ \hat{v} \end{bmatrix} \tag{5-20}$$

$$R(\theta) = \begin{bmatrix} \cos\theta & -\sin\theta \\ \sin\theta & \cos\theta \end{bmatrix}$$

若单元顺时针旋转，则为 $R(\theta)$，圆极化单元旋转后，将入射波在 uOv 旋转坐标系下进行表示，如式（5-21）所示。同理，式（5-21）对应的透射波在 uOv 旋转坐标系下的表达式如式（5-22）所示。

$$\begin{aligned}
\boldsymbol{E}_i &= (\hat{x} - \mathrm{j}\hat{y})\,\mathrm{e}^{-\mathrm{j}kz} \\
&= \left[(\hat{u}\cos\theta - \hat{v}\sin\theta) - \mathrm{j}(\hat{u}\sin\theta + \hat{v}\cos\theta) \right]\mathrm{e}^{-\mathrm{j}kz} \\
&= \left[\hat{u}(\cos\theta - \mathrm{j}\sin\theta) - \mathrm{j}\hat{v}(\cos\theta - \mathrm{j}\sin\theta) \right]\mathrm{e}^{-\mathrm{j}k\omega} \\
&= (\hat{u} - \mathrm{j}\hat{v})\,\mathrm{e}^{-\mathrm{j}kz}\,\mathrm{e}^{-\mathrm{j}\theta}
\end{aligned} \tag{5-21}$$

$$\boldsymbol{E}_t = (T_u\mathrm{e}^{\mathrm{j}\varphi_u}\hat{u} - T_v\mathrm{e}^{\mathrm{j}\varphi_v}\mathrm{j}\hat{v})\,\mathrm{e}^{-\mathrm{j}kz}\,\mathrm{e}^{-\mathrm{j}\theta} \tag{5-22}$$

其中，T_u、T_v 分别为 uOv 旋转坐标系中所产生的幅度，而 φ_u、φ_v 分别为其在 u 方向和 v 方向产生的相移量。

由电磁波传输理论可知，参数 $T_u = T_x$，$T_v = T_y$，$\varphi_u = \varphi_x$，$\varphi_v = \varphi_y$。从而可以将式（5-22）的透射波表达式反推到 xOy 坐标系下进行表示，如式（5-23）所示。从式（5-23）中可知，旋转之后的单元在原始 xOy 坐标系下的透射波由两部分组成，即由左旋（交叉极化）和右旋（同极化）圆极化分量组成。将透射波的各分量分开表达，如式（5-24）和式（5-25）所示。

$$\begin{aligned}
\boldsymbol{E}_t &= \left[T_u\mathrm{e}^{\mathrm{j}\varphi_u}\hat{u} - T_v\mathrm{e}^{\mathrm{j}\varphi_v}\mathrm{j}\hat{v} \right]\mathrm{e}^{-\mathrm{j}kz-\mathrm{j}\theta} \\
&= \left[T_x\mathrm{e}^{\mathrm{j}\varphi_x}(\cos\theta\hat{x} + \sin\theta\hat{y}) - T_y\mathrm{e}^{\mathrm{j}\varphi_y}\mathrm{j}(-\sin\theta\hat{x} + \cos\theta\hat{y}) \right]\mathrm{e}^{-\mathrm{j}kz-\mathrm{j}\theta} \\
&= \frac{1}{2}\left[(\hat{x} + \mathrm{j}\hat{y})(T_x\mathrm{e}^{\mathrm{j}\varphi_x} - T_y\mathrm{e}^{\mathrm{j}\varphi_y})\mathrm{e}^{-\mathrm{j}kz-\mathrm{j}2\theta} + (\hat{x} - \mathrm{j}\hat{y})(T_x\mathrm{e}^{\mathrm{j}\varphi_x} + T_y\mathrm{e}^{\mathrm{j}\varphi_y})\mathrm{e}^{-\mathrm{j}kz} \right]
\end{aligned} \tag{5-23}$$

$$\boldsymbol{E}_{t(\mathrm{LHCP})} = \frac{1}{2}\left[(\hat{x} + \mathrm{j}\hat{y})(T_x\mathrm{e}^{\mathrm{j}\varphi_x} - T_y\mathrm{e}^{\mathrm{j}\varphi_y})\mathrm{e}^{-\mathrm{j}kz-\mathrm{j}2\theta} \right] \tag{5-24}$$

$$\boldsymbol{E}_{t(\mathrm{RHCP})} = \frac{1}{2}\left[(\hat{x} - \mathrm{j}\hat{y})(T_x\mathrm{e}^{\mathrm{j}\varphi_x} + T_y\mathrm{e}^{\mathrm{j}\varphi_y})\mathrm{e}^{-\mathrm{j}kz} \right] \tag{5-25}$$

从式（5-24）可以看出，左旋圆极化波分量中携带 $\mathrm{e}^{-\mathrm{j}2\theta}$，产生了 PB 相位，而右旋极化分量中不存在因子 $\mathrm{e}^{-\mathrm{j}2\theta}$。如果使相移量 $\lfloor \varphi_x - \varphi_y \rfloor = \pi$，透射幅度 $T_x = T_y$，则可以使得透射波中只有交叉极化分量，同极化分量为零，如式（5-26）和式（5-27）所示。对比式（5-18）和式（5-26），当右旋圆极化波入射时，逆时针旋转角度 θ 的单元获得独特的电磁响应。透射方向电磁波仅存在交叉极化分量，且获得 -2θ 的相移量。

$$\boldsymbol{E}_{t(LHCP)} = \left[(\hat{x} + j\hat{y})(T_x e^{j\varphi_x} - T_y e^{j\varphi_y}) e^{-jkz - j2\theta}\right] \tag{5-26}$$

$$\boldsymbol{E}_{t(RHCP)} = 0 \tag{5-27}$$

由于本节提出的全空间调控圆极化单元是透射和反射同时进行传输的，接下来分析推导反射波是如何变化的。经过反推后的反射波在 xOy 坐标系下的表达式也是由右旋（同极化）和左旋（交叉极化）圆极化波组成的，如式（5-28）所示。注意式（5-28）的因子 e^{jkz} 与透射方向的有所不同。若将相移量差满足 $\varphi_x - \varphi_y = \pi$，反射幅度满足 $R_x = R_y$，则可以使得理论上的反射波中只存在右旋圆极化分量，而左旋圆极化分量为零，如式（5-29）和式（5-30）所示。对比式（5-18）和式（5-30），针对右旋圆极化波入射时，单元逆时针旋转角度 θ 时，右旋圆极化分量且获得 2θ 的相移量。

$$\boldsymbol{E}_r = \frac{1}{2}\left[(\hat{x} + j\hat{y})(R_x e^{j\varphi_x} - R_y e^{j\varphi_y}) e^{jkz + j2\theta} + (\hat{x} - j\hat{y})(R_x e^{j\varphi_x} + R_y e^{j\varphi_y}) e^{jkz}\right] \tag{5-28}$$

$$\boldsymbol{E}_{r(RHCP)} = \left[(\hat{x} + j\hat{y})(R_x e^{j\varphi_x} - R_y e^{j\varphi_y}) e^{jk\omega + 2\theta}\right] \tag{5-29}$$

$$\boldsymbol{E}_{r(LHCP)} = 0 \tag{5-30}$$

综上分析，在单元设计时，如果使得透射和反射方向的 x、y 两个极化分量之间的相位差满足 $180°$ 及幅度相等的条件，则可实现全空间调控圆极化电磁波。

超表面天线辐射特定的方向图，实现特定的辐射特性都需要超表面满足相应的相位分布，首先需要考虑单元是否满足所需的相位跨度，即能否满足 $0°$ 到 $360°$ 之间的改变。入射波采用圆极化天线作为馈源，PB 单元旋转一定角度 θ 时可实现电磁波相移 2θ，从而通过单元旋转 $0°$ 到 $180°$ 即可实现入射电磁波相位 $0°$ 到 $360°$ 的改变，满足所需要的超表面相位分布。

2. 透射电磁波相移理论分析

基于 Pancharatnam-Berry 相位原理[2]，当圆极化电磁波入射到旋转型超表面单元时，单元个同的旋转角度将会引入不同的相位分布，从而改变电磁波在空间的辐射分布。其基本原理如下[3]。

以右旋圆极化作为入射波，其表达式为

$$E_i = E_0(\hat{x} - j\hat{y}) e^{-jkz} \tag{5-31}$$

设透射波为 E_t：

$$E_t = E_0(\hat{x} T_x e^{j\varphi_x} - j\hat{y} T_y e^{j\varphi_y}) e^{-jkz} \tag{5-32}$$

其中，T_x 与 T_y 为入射波到达旋转单元之后 x 极化分量与 y 极化分量的透射系数，Φ_x 与 Φ_y 为 x 极化分量与 y 极化分量的透射相位。

如图 5-7 所示，图（a）为 PB 单元坐标系三维图，图（b）为电磁波入射到单元时，电磁波透射时从传播方向 $-z$ 到 $+z$ 看过去的透射坐标系示意图；图（c）为电磁波入射到单元时，电磁波反射时从传播方向 $+z$ 到 $-z$ 看过去的反射坐标系示意图。对于旋转型单元，初始坐标系为 xyz，单元旋转角度为 θ 时，得到新的坐标系为 uvz。矩形长条为单元示意图，坐标系 $x'y'$、$x''y''$ 为初始坐标系，坐标系 $u'v'$、$u''v''$ 为单元旋转之后的坐标系。值得注意的是，透射坐标系与反射坐标系是在不同视角下所得到的同一种坐标系。图（d）为单元旋转一周透射相位分布图，图(e)为单元旋转一周反射相位分布图，可见透射坐标系与反射坐标系下的相位分布图是镜像对称的。

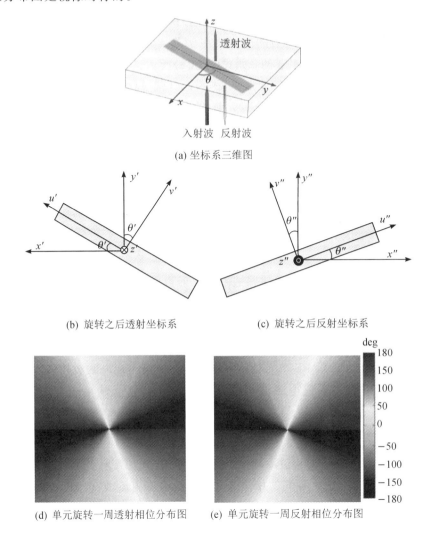

(a) 坐标系三维图

(b) 旋转之后透射坐标系　　　　　(c) 旋转之后反射坐标系

(d) 单元旋转一周透射相位分布图　　(e) 单元旋转一周反射相位分布图

图 5-7　PB 单元坐标系与旋转相位分布图

在透射坐标系，设 x' 轴与 y' 轴所在的单位向量分别为 $\hat{x}'$ 与 $\hat{y}'$，u' 轴与 v' 轴所在的单位向量分别为 $\hat{u}'$ 与 $\hat{v}'$，那么两坐标系对应的关系为

$$\hat{x}' = \hat{u}'\cos\theta' - \hat{v}'\sin\theta' \tag{5-33a}$$

$$\hat{y}' = \hat{u}'\cos\theta' + \hat{v}'\sin\theta' \tag{5-33b}$$

根据图 5-7(b)所示，单元旋转之后，入射波在透射坐标系下的关系表达式为

$$\begin{aligned} E_i &= E_0(\hat{x}' - j\hat{y}')e^{-jkz'} \\ &= E_0\left[(\hat{u}'\cos\theta' - \hat{v}'\sin\theta') - j(\hat{u}'\sin\theta' + \hat{v}'\cos\theta')\right]e^{-jkz'} \\ &= E_0(\hat{u}' - j\hat{v}')e^{-jkz'}e^{-j\theta'} \end{aligned} \tag{5-34}$$

单元旋转角度 θ 之后，在 uvz 坐标系下，电磁波的透射系数以及透射相位分别为 T'_u、T'_v 与 φ'_u、φ'_v。

透射波在透射坐标系下的关系表达式为

$$E_t = E_0 (\hat{u}' T'_u e^{j\varphi'_\mu} - j\hat{v}' T'_v e^{j\varphi'_v}) e^{-jkz'} e^{-j\theta'}$$

$$= E_0 [(\hat{x}'\cos\theta' + \hat{y}'\sin\theta') T'_u e^{j\varphi'_u} - j(-\hat{x}'\sin\theta' + \hat{y}'\cos\theta') T'_v e^{j\varphi'_v}] \times e^{-jkz'} e^{-j\theta'}$$

$$(5-35)$$

由于在 $x'y'z'$ 坐标系以及 $u'y'z'$ 坐标系,圆极化电磁波垂直入射到超表面且圆极化电磁波极化方向与单元的方向一致时,$T'_u = T'_x$,$T'_v = T'_y$,$\varphi'_u = \varphi'_x$,$\varphi'_v = \varphi'_y$,因此,在 xyz 坐标系下的透射波电场表达式为

$$E_t = E_0 [(\hat{x}'\cos\theta' + \hat{y}'\sin\theta') T'_x e^{j\varphi'_x} - j(-\hat{x}'\sin\theta' + \hat{y}'\cos\theta') T'_y e^{j\varphi'_y}] e^{-jkz'} e^{-j\theta'}$$

$$= \begin{cases} \dfrac{E_0}{2}(\hat{x}' + j\hat{y}')(T'_x e^{j\varphi'_x} - T'_y e^{j\varphi'_y}) e^{-jkz'} e^{-j2\theta'} & , \text{LHCP} \\[3mm] \dfrac{E_0}{2}(\hat{x}' - j\hat{y}')(T'_x e^{j\varphi'_x} + T'_y e^{j\varphi'_y}) e^{-jkz'} & , \text{RHCP} \end{cases}$$

$$(5-36)$$

由式(5-36)可以看出,当电磁波入射到旋转单元时,x' 极化分量与 y' 极化分量的透射系数 T'_x 与 T'_y 相等,设为 T',且透射相位 φ'_x 与 φ'_y 的差值为 π,此时左旋圆极化幅度最大,为 $E_0 T' (\hat{x}' + j\hat{y}') e^{-jkz'} e^{-j2\theta'}$,而对于右旋圆极化幅度为 0。比较式(5-36)与式(5-31),可知左旋圆极化与入射波相比,相位偏移 -2θ。因此,当入射波为右旋圆极化波时,透射波为 LHCP,且电场相位相对于入射波而言,相位偏移 -2θ。

3. 反射电磁波相移理论分析

如图 5-7(a)所示的坐标系,当从 $-z$ 到 $+z$ 看过去时获得图 5-7(b)所示的透射坐标系,当从 $+z$ 到 $-z$ 看过去时获得图 5-7(c)所示的反射坐标系,由于透射坐标系与反射坐标系是同样一种坐标系不同视角下所得到的,因此,在反射坐标系下得到的电场-反射电场,与在透射坐标系下得到的电场-透射电场,两者的电场表达式基本相同。

根据透射电场的分析方法,我们设 x'' 极化与 y'' 极化的反射系数分别为 R''_x 与 R''_y,反射相位分别为 φ''_x 与 φ''_y。因此,最终反射波在反射坐标系下的关系表达式为

$$E_r = E_0 [(\hat{x}''\cos\theta'' + \hat{y}''\sin\theta'') R''_x e^{j\varphi''_x} - j(-\hat{x}''\sin\theta'' + \hat{y}''\cos\theta'') R''_y e^{j\varphi''_y}] \times e^{+jkz''} e^{-j\theta''}$$

$$= \begin{cases} \dfrac{E_0}{2}(\hat{x}'' + j\hat{y}'')(R''_x e^{j\varphi''_x} - R_y e^{j\varphi''_y n}) e^{+jkzn} e^{-j2\theta n}, & \text{RHCP} \\[3mm] \dfrac{E_0}{2}(\hat{x}'' - j\hat{y}'')(R''_x e^{j\varphi''_x} + R''_y e^{j\varphi''_y}) e^{+jkz''}, & \text{LHCP} \end{cases}$$

$$(5-37)$$

从式(5-37)可以看出,电磁波入射到旋转单元时,当 x'' 极化分量与 y'' 极化分量的反射系数 R''_x 与 R''_y 相等,设为 R'',且反射相位 φ''_x 与 φ''_y 的差值为 π,此时 RHCP 幅度最大,为 $E_0 R'' (\hat{x}'' + j\hat{y}'') e^{+jkz''} e^{-j2\theta''}$,LHCP 幅度为 0。比较式(5-37)与式(5-31),可知 RHCP 与入射波相比,相位偏移 -2θ。因此,在反射坐标系中,反射波为 RHCP 分量,且电场相位相对于入射波而言,相位偏移 -2θ。

需要注意的是,在透射坐标系当中,透射波为 LHCP,即 $E_0 T' (\hat{x}' + j\hat{y}') e^{-jkz'} e^{-j2\theta'}$;在反射坐标系当中,反射波为 RHCP,即 $E_0 R'' (\hat{x}'' + j\hat{y}'') e^{+jkz''} e^{-j2\theta''}$。

对于极化方式来讲,PB 单元对于透射波或者反射波的作用是相同的,将电场原有的 $(\hat{x}' - j\hat{y}')$ 分量转换为 $(\hat{x}' + j\hat{y}')$ 分量,但透射波的传输方向为 $+z$,而反射波的传输方向

为一z，因此，透射波与反射波的极化方式相反。对于相移来讲，PB 单元对于透射波或者反射波的作用是相同的，相移均为一2θ。由于透射坐标系是从一z到$+z$看去所得的坐标系，因此，单元旋转一周后的相位分布如图 5 - 7(d)所示，当单元顺时针旋转一周后，相位顺时针减小 720°；同样地，由于反射坐标系是从$+z$到一z看去所得的坐标系，反射波与透射波相比，相位分布正好镜面对称，因此，单元旋转一周后的相位分布如图 5 - 7(e)所示，当单元逆时针旋转一周后，相位顺时针增加 720°。对于透射波与反射波来讲，两者相当于以超表面为分界线，极化方式与相位偏移正好相反，我们在这里称这种超表面为"超表面镜子"。

综上，当透射系数 $T'_x = T'_y$ 且反射系数 $R''_x = R''_y$ 时，透射相位 $\varphi'_x - \varphi'_y = 180°$ 且反射相位 $\varphi''_x - \varphi''_y = 180°$，以透射坐标系为参照坐标系，单元顺时针转动角度为 θ，满足如下转换关系：当入射波为右旋圆极化时，透射波极化方式与入射波相反，变为左旋圆极化，且透射波相位与原始信号相比，相位偏移一2θ；反射波极化方式不变仍为右旋圆极化，且反射波相位与原始信号相位相比，相位偏移 2θ。

5.2 双频双模 OAM 阵列天线

5.2.1 OAM 阵列单元

阵列单元的缝隙加载了 H 型微带天线[4]，如图 5 - 8 所示。天线的外部尺寸为 $L_0 \times W_0$，中间凹陷部分为 $d \times s$，加载的缝隙距离天线边缘的距离为 d_f，缝隙尺寸为 $L_s \times W_s$，馈线位于天线纵向中心轴线上，宽度为 W_f，距离底边的距离为 L_m，天线介质基板采用 FR4，其介电常数为 $\varepsilon_r = 4.2$，介质损耗为 0.005，厚度为 5 mm。

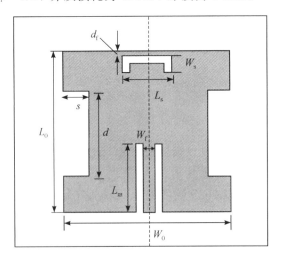

图 5 - 8　阵列单元的结构示意图

由于微带天线的谐振频率与长度成反比，因此 H 型天线在边缘挖槽增加了电流路径，从而减小了天线的尺寸，有利于小型化。由于阵列天线组阵时对单元的尺寸有一定要求，所以小型化的单元有利于接下来组阵。H 型天线长边 L_0 的边缘引入了一个低频谐振频率，通过控制长边 L_0 以及矩形槽 $d \times s$，从而实现低频谐振频率的改变，此时单元天线工作于主模 TM_{10}。通过加载 U 型缝隙，另引入了一个高频谐振频率，控制 U 型槽的尺寸 $L_s \times W_s$，从而实现高频谐振频率的改变，此时天线工作于高次模 TM_{20}。加载 U 型槽相当于引入一个电抗，在一定程度上改善了天线在高频时的阻抗匹配特性。为实现高频与低频两个频段的阻抗匹配，需要不断调节微带天线的宽度 W_f 以及馈线伸到单元的长度 L_m。另外，还有一点需要注意的是，H 型天线的设计使得低频与高频可以相对独立地调节：低频时电流能量主要集中在矩形槽的边缘区域，即在边长为 d 的边缘附近；高频时电流能量主要集中在 U 型槽区域。因此，通过调节 H 型天线的边长 L_0，矩形槽的尺寸 $d \times s$ 以及 U 型槽的尺寸 $L_s \times W_s$，实现低频与高频的改变，同时调节馈线长度 L_m、宽度 W_f 以及介质板的厚度，实现高频与低频的匹配。

根据上述设计思路，通过 HFSS 仿真软件仿真分析并进行优化设计，得到了工作于 0.9 GHz 以及 1.8 GHz 双频工作的微带天线尺寸，如表 5－1 所示。根据表 5－1 设计的微带天线尺寸进行仿真，其回波损耗曲线如图 5－9 所示。

表 5－1　微带天线尺寸

参数	L_0	W_0	d	s	L_s	W_s	d_f	L_m	W_f
尺寸/mm	70	74	35	10.5	16	3	1	31.5	4.85

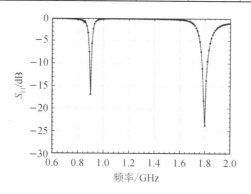

图 5－9　双频微带天线的 S_{11}

通过仿真分析由图 5－9 可知，低频 0.9 GHz 以及高频 1.8 GHz 的反射系数分别为 －17 dB 以及 －23 dB，微带天线工作性能良好，满足将来组阵单元的需求。

5.2.2　OAM 阵列馈电网络

1. OAM 阵列馈电网络布局

本节详细地介绍了馈电网络的设计思路，包括各输出端口到馈电端口之间的电阻匹配设计、拐角设计、匹配枝节设计，为接下来的组阵作好准备。

双频功分馈电网络结构示意图如图 5－10 所示。图中，"port1"标注的是馈电点，采用探针背馈进行馈电，其输入电阻为 50 Ω。枝节 2、3 以及枝节 5、6 为双频阻抗匹配枝节，枝节 1、4 为过渡枝节，枝节 7、8、9、10 为传输线并构成差相以实现对阵列单元的差相馈电。

馈电网络的上半部分通过旋转 180°构成馈电网络的下半部分。

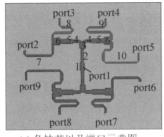
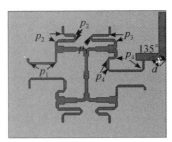

(a) 各枝节以及端口示意图 (b) 拐角示意图

图 5-10 馈电网络结构示意图

枝节 7、8、9、10 的特性阻抗为 75 Ω，枝节 1 和 4 的特性阻抗均为 50 Ω，在 0.9 GHz 以及 1.8 GHz 时，枝节 5、6 实现 37.5～50 Ω 的阻抗匹配，而枝节 2、3 实现 25～100 Ω 的阻抗匹配，特别注意，为实现馈电网络与馈电端口的阻抗匹配，枝节 2 的输入电阻应为 100 Ω，这样才能实现馈电网络的上半部分与下半部分在枝节 1 合并时，其并联电阻由 100 Ω 变为 50 Ω。

需要合理布局枝节 7、8、9、10，以尽可能减小馈电网络的大小，这样有利于组阵时，低频与高频对应的阵列半径较小。根据模态纯度的计算公式 $J_{l-\mu s}^{2}(kb\sin\theta)/\sum J_{l-\mu s}^{2}(kb\sin\theta)$，当阵列半径 b 较小时，可以得到较高的模态纯度，因此较小的半径使得两个频率有更高的模态纯度。此处将枝节 7、8、9、10 设置为蛇形结构，实现了更小的空间设计。

枝节 7、8、9、10 均存在拐角，为实现传输线在 0.9 GHz 以及 1.8 GHz 的相位加倍，需对传输线的拐角设置[44]。由于微带线拐角处存在电容效应，仿真发现，合理设置拐角斜切率的大小，可实现微带传输线工作频率由 0.9 GHz 转变到 1.8 GHz 时的相位加倍。如图 5-10(b)所示拐角，拐角内测与拐角外侧的距离为 d，拐角的切线到拐角内侧的距离为 x 且切线与拐角底边构成的夹角为 45°，设置斜切率 $p=x/d$。从仿真结果来看，设置拐角斜切率 p_1、p_2、p_3、p_4 分别为 0.9、0.95、0.85、0.85 时，所设计的馈电网络在低频 0.9 GHz 可实现 port2 至 port5 以及 port6 至 port9 的相位差为 45°，在高频 1.8 GHz 可实现 port2 至 port5 以及 port6 至 port9 的相位差为 90°。

2. 匹配枝节设计

通过 Agilent ADS 软件仿真发现，当匹配枝节为两段且其长度约为 $\lambda_{0.9}/6$ 时，根据枝节两端匹配电阻的不同，调节两段匹配枝节的宽度可以实现双频阻抗匹配。根据上述设计思路，所设计的阻抗匹配枝节 5、6 以及枝节 2、3 在 0.9 GHz 以及 1.8 GHz 的回波损耗如图 5-11 所示。设计枝节 5、6 的长度分别为 31.5 mm、29 mm，宽度分别为 11.5 mm、13.2 mm；枝节 2、3 的长度分别为 31.5 mm、29.5 mm，宽度分别为 6.8 mm、29.5 mm。根据设计的尺寸在 ADS2015.01 分析仿真可得仿真结果，如图 5-11 所示。需注意的一点是，由于 ADS2015.01 仿真软件可通过调节按钮调节每个枝节的尺寸，从而可以极快地得到匹配时的尺寸，相对于 HFSS 来讲，仿真速度更快。因此，在 HFSS 仿真之前，采用 ADS 来进行辅助设计。

由图 5-11 可知，匹配枝节对应的阻抗匹配在 0.9 GHz 以及 1.8 GHz，其 S_{11} 均低

于 -35 dB，实现了良好的阻抗匹配。

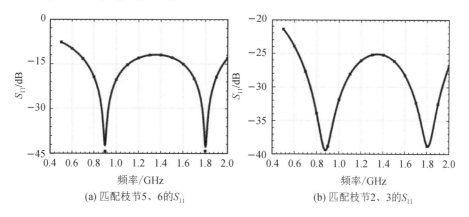

(a) 匹配枝节 5、6 的 S_{11}　　　　　　(b) 匹配枝节 2、3 的 S_{11}

图 5 - 11　匹配枝节 S_{11} 示意图

3. 馈电网络设计

根据 5.2.2 小节以及 5.2.3 小节理论分析，通过合理地设计匹配枝节以及拐角，同时对过渡枝节尺寸调控以实现所需的阻抗，所得到的模型在 HFSS 里进行仿真、优化，最终得到整体馈电网络的仿真结果。馈线网络的回波损耗如图 5 - 12(a)所示，相位差分布如图 5 - 12(b)所示。

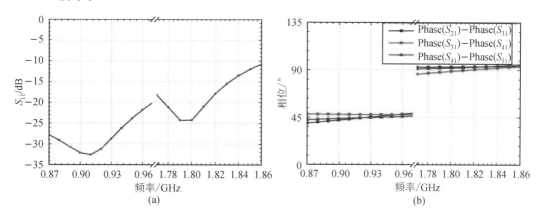

图 5 - 12　馈电网络 S_{11} 及各端口相位差分布

如图 5 - 12(a)所示，馈线网络在 0.9 GHz 以及 1.8 GHz，其回波损耗均低于 -20 dB。

如图 5 - 12(b)所示，在 0.9 GHz 时，port2、port3、port4、port5 之间的相位差约为 45°；在 1.8 GHz 时，port2、port3、port4、port5 之间相位差约为 90°。由于馈线网络下半部分是由馈线网络上半部分旋转 180° 而得，因此上半部分与下半部分不仅相位分布对称相同，相差分布也相同。如图 5 - 10 所示，馈线网络的馈电端口 port2、port3、port4、port5 相位依次对应 port6、port7、port8、port9，因此，在 0.9 GHz 时，port6、port7、port8、port9 之间的相位差约为 45°，在 1.8 GHz 时，port6、port7、port8、port9 之间相位差约为 90°。综上，馈电网络的回波损耗以及各端口的相位差均满足所需要的设计，因此，最终采用上述网络设计阵列天线。

5.2.3 OAM 阵列

1. 阵列综合设计

将馈电网络与 H 型微带缝隙天线结合，如图 5-13 所示，可以得到 8 单元阵列天线的结构示意图以及回波损耗的仿真与实测结果。在 0.9 GHz 以及 1.8 GHz，阵列天线的 S_{11} 均低于 -20 dB，实测与仿真结果的差异性是由实测时介质板的介电常数与仿真所设置的偏差导致的。

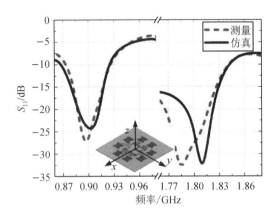

图 5-13 阵列天线仿真与实测 S_{11} 以及阵列天线结构示意图

根据经典腔模理论，微带天线的辐射可以等效为缝隙边缘处的面磁流辐射。在 0.9 GHz，阵列天线下半部分的面磁流与上半部分方向相反，根据镜像原理，在远场区，阵列天线下半部分的相位较上半部分滞后 180°；在 1.8 GHz，阵列天线下半部分的面磁流与上半部分方向相同，根据镜像原理，在远场区，阵列天线下半部分的相位较上半部分滞后 0° 或 360°。

在 0.9 GHz 时，port2、port3、port4、port5 之间的相位延迟约为 45°，同样地，port6、port7、port8、port9 之间的相位延迟也为 45°。根据镜像原理，阵列天线下半部分的相位滞后上半部分 180°。综合分析，设置端口 port2 为相位参考端口，相位为 0°，则 port2、port3、port4、port5 的相位分别为 0°、45°、90°、135°，port6、port7、port8、port9 的相位与上半部分相同，也是 0°、45°、90°、135°，由于下半部分相位滞后上半部分 180°，因此，下半部分的 port6、port7、port8、port9 的相位为 180°、225°、270°、315°。最终可以得到，阵列天线 8 个端口 port2 到 port9 之间的相位延迟为 45°。同理，在 1.8 GHz，由于各端口 port2、port3、port4、port5 之间与 port6、port7、port8、port9 之间的相位差约为 90°，且阵列天线下半部分的相位较上半部分滞后 0° 或 360°，因此，阵列天线 8 个端口 port2 到 port9 各端口之间的相位差为 90°。

根据 5.1 节分析可知，阵列天线的单元个数为 S，阵列产生的模态 l 与阵列单元之间的相位差 δ_φ 满足：$\delta_\varphi = 2\pi l / S$。在 0.9 GHz，阵列天线各单元之间的相位差为 45°，因此可产生模态为 1 的涡旋电磁波；在 1.8 GHz，阵列天线各单元之间的相位差为 90°，因此可产生模态为 2 的涡旋电磁波。

根据以上所述阵列天线，可得到阵列天线的近场矢量电场与相位分布图，如图 5 - 14 所示。所有观察面的大小均为 600 mm×600 mm，距离阵列天线为 0.9λ。在 0.9 GHz，近场电场为两条矢量电场分布，且在一周内，相位变化为 360°，可产生模态为 1 的涡旋电磁波；在 1.8 GHz，近场电场为四条矢量电场分布，且在一周内，相位变化为 720°，可产生模态为 2 的涡旋电磁波。

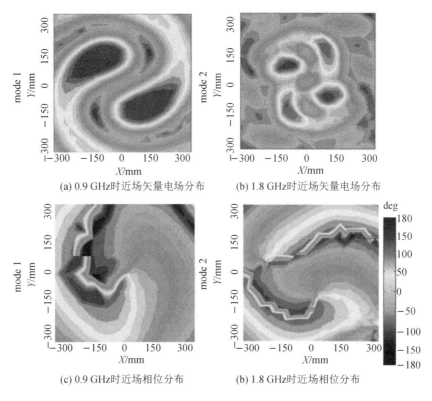

(a) 0.9 GHz时近场矢量电场分布　　　(b) 1.8 GHz时近场矢量电场分布

(c) 0.9 GHz时近场相位分布　　　(b) 1.8 GHz时近场相位分布

图 5 - 14　阵列近场矢量电场及相位分布的仿真结果

2. 阵列模态分析

根据上述理论，这里采用 OAM 谱对阵列的模态进行分析，如图 5 - 15 所示。

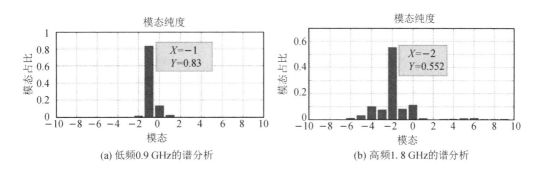

(a) 低频0.9 GHz的谱分析　　　　　　(b) 高频1.8 GHz的谱分析

图 5 - 15　双模阵列天线 OAM 谱图

根据谱分析可以得知，低频 0.9 GHz 可以产生模态为 -1 的涡旋电磁波，主模的能量占比为 83%，因此，低频时可以得到模态纯度相对较高的涡旋电磁波；高频 1.8 GHz 可以产生模态为−2 的涡旋电磁波，主模的能量占比为 55%，因此高频时的模态纯度较低。从相位也能看出纯度关系，由图 5-14 可以发现，低频的旋转相位特性明显好于高频，不会出现"间断"的情况。

阵列单元的相位误差对模态纯度具有一定的影响[5]，现在结合本例模型简要分析模态的纯度以及相位分布在不同频率下出现差别的原因。通过 5.2.1 小节分析可以得知，根据经典腔模理论：低频时单元工作模式为主模 TM_{10}，单元的电流分布单一，且馈电网络上下镜像分布，单元组阵之后的电流分布如图 5-16(a)所示；高频时单元工作模式为高次模 TM_{20}，单元的电流分布出现分叉，即表面电流不再单一，而是以单元中心位置上下相反，这样，组合之后的阵列出现两种不同的电流分布图，如图 5-16(b)与图 5-16(c)所示。

由于单元之间的相位差为 45°(见图 5-16(a))，且下半部分电流的辐射电场在远场相对于上半部分相位滞后 180°，因此图 5-16(a)相位分布满足公式：$\delta_\varphi = 2\pi l/S$，可以得到模态为 1 且纯度极好的涡旋电磁波。

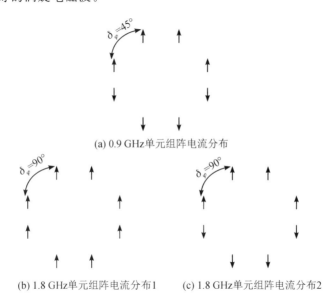

(a) 0.9 GHz 单元组阵电流分布

(b) 1.8 GHz 单元组阵电流分布1　　　(c) 1.8 GHz 单元组阵电流分布2

图 5-16　单元组阵电流分布示意图

图 5-16(b)为高频时的第一种电流组合示意图，由于单元之间的相位差为 90°，相位分布满足理论设计，可以得到模态为 2 的涡旋电磁波；图 5-16(c)为高频时的第二种电流组合示意图，由于单元之间的相位差为 90°，但阵列上下两部分镜像对称，下半部分电流的辐射电场在远场相对于上半部分相位滞后 180°，不再满足生成涡旋电磁波模态为 2 的条件，而是引入了其他高次模态，图 5-15(b)证明引入了模态为−1、−3 的涡旋电磁波。因此，最终在高频 1.8 GHz 生成的涡旋电磁波模态纯度较低。

综上，低频可以产生模态纯度以及相位分布极好的涡旋电磁波，高频产生的模态纯度以及相位分布相对较差。若要同时实现低频与高频两个频率下模态纯度极好的涡旋电磁波，我们需要对单元重新设计，或者说对阵列重新设计，实现低频与高频满足所需的相位分布，且不会引入其他高次模态，影响涡旋电磁波的纯度。

3. 实验结果

通过对阵列天线的各参数进行优化，并对设计的模型加工之后，阵列天线的模型如图 5 - 17 所示。

图 5 - 17　阵列天线实物图

对最终加工的阵列天线远场辐射方向图进行测试，可得到在 0.9 GHz 以及 1.8 GHz 的 E 面与 H 面辐射方向图，如图 5 - 18 所示。从图中可以看到，测试与仿真吻合良好，但由于复杂的室内环境造成了电磁波的发射、折射、透射现象，因此，会导致测试结果与仿真结果存在部分偏差。但是测试结果与仿真结果辐射方向图的最大值均偏离中心轴线方向，

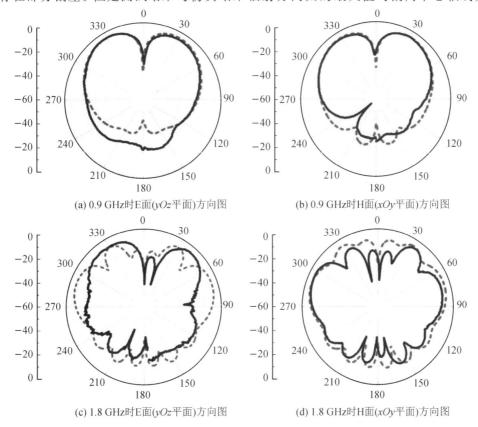

(a) 0.9 GHz时E面(yOz平面)方向图　　　　(b) 0.9 GHz时H面(xOy平面)方向图

(c) 1.8 GHz时E面(yOz平面)方向图　　　　(d) 1.8 GHz时H面(xOy平面)方向图

图 5 - 18　测试结果(黑色实线)以及仿真结果(短红线)的辐射方向图

且在中心位置出现一个凹陷，符合涡旋电磁波中心能量为 0、辐射的最大指向偏离中心位置的特点。

本节设计了可工作在 0.9 GHz 以及 1.8 GHz 的双频微带缝隙天线以及双频差相馈电网络，将馈电网络与单元组阵之后，设计了一款双频带、双模态涡旋电磁波阵列天线，在 0.9 GHz 以及 1.8 GHz 分别产生模态为 1 与 2 的涡旋电磁波。系统分析了所设计的阵列天线在各频率下的模态纯度，为接下来的改进做了一定的分析设计。与传统的阵列天线产生单一模态相比，所设计的 8 单元阵列天线扩展了阵列的口径利用率，进一步拓展了目前基于阵列天线生成涡旋电磁波的方法。

5.3 电磁超表面阵列天线 OAM 调制器

5.3.1 PB 单元设计

基于 5.1.3 小节分析，本节设计了一款符合要求的能同时实现透射与反射的 PB 单元，示意图如图 5-19 所示。

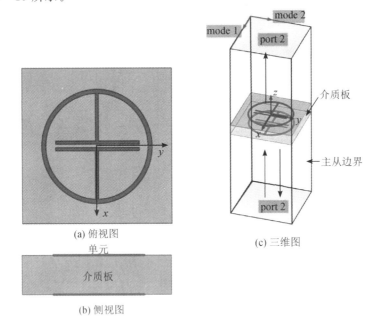

(a) 俯视图

(b) 侧视图

(c) 三维图

图 5-19　PB 单元结构示意图

在仿真软件 HFSS 里面构建单元模型，设置端口"port1"与"port2"，其激励方式为 Floquet 激励，单元四周设置为主从边界。激励单元时，x 方向设置激励模式 1，y 方向设置激励模式 2，从"port1"激励两种不同的模式，通过观察透射到腔体上表面"port2"与反射到腔体下表面"port1"两种模式的幅度，从而确定单元的透射系数与反射系数。控制单元在 x 方向与 y 方向的长度，即单元的半径与单元的"T"字形横向长度，同时控制单元印制金属线的宽度以及介质板的厚度，从而控制单元的透射系数与反射系数，以及透射和反射时两种模式的相位差。

如图 5 - 20 所示为单元在 10 GHz 时的激励模式 1 和激励模式 2 的透射系数与反射系数。从图可见，在 10 GHz 时，当"port1"激励模式为 1，则模式 1 的反射系数与透射系数分别为 0.6 与 0.8；当"port1"激励模式为 2，则模式 2 的反射系数与透射系数分别为 0.6 与 0.8。因此，入射到单元的模式 1 与模式 2，即单元的 x 极化与 y 极化分量，透射系数均为 0.8，反射系数均为 0.6，透射率与反射率都比较高。这样，在采用单元组阵时，超表面的透射与反射两个方向都可以达到一个比较高的增益。

如图 5 - 21 所示，当"port1"采用模式 1 激励且反射到"port1"的模式为 1 时，单元引起的相位变化为 phase(1111)；当"port1"采用模式 2 激励且反射到"port1"的模式为 2 时，单元引起的相位变化为 phase(1212)，单元激励的两种模式 1 和 2 各自引起两种模式的反射，其相位差为 phase(1111−1212)=187°；同样，当"port1"采用模式 1 激励且透射到"port2"的模式为 1，此时单元引起的相位变化为 phase(1121)；当"Port1"采用模式 2 激励且透射到"port2"的模式为 2，此时单元引起的相位变化为 phase(1222)，此时单元激励的两种模式 1 和 2 各自引起两种模式的透射，其相位差为 phase(1121−1222)=185°。

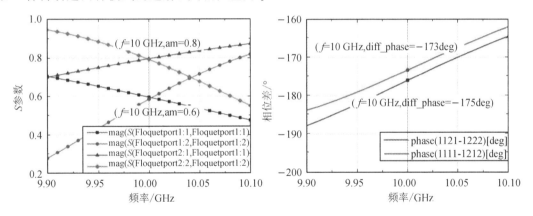

图 5 - 20　单元透射系数与反射系数　　　图 5 - 21　单元的透射相位差与反射相位差

当透射系数 $T_x = T_y$、反射系数 $R_x = R_y$、透射相位 $\varphi_x - \varphi_y = 180°$、反射相位 $\varphi'_x - \varphi'_y = 180°$ 时，透射波将产生 LHCP 且相位偏移 -2θ，反射波将产生 RHCP 且相位偏移 2θ。所设计的单元，其模式 1 对应 x 极化，模式 2 对应 y 极化，x 极化与 y 极化的透射系数均为 0.8，反射系数均为 0.6，且透射相位差 phase（1121 − 1222）=185°，反射相位差 phase(1111−1212)=187°，两者的透射相位差与反射相位差基本在 180°。

5.3.2　OAM 超表面设计

超表面需要满足特定的相位分布才能产生涡旋电磁波。根据之前的单元分析与设计，首先，需要将设计的单元旋转相应的角度，将其放到超表面特定的位置上实现此处入射电磁波相应的相移；其次，需要设计馈源的位置，实现透射波的 RHCP 与反射波的 LHCP 较低，最终所设计的超表面天线可以产生纯度极高的涡旋电磁波。

1. 超表面相位分析以及单元排布

采用上述单元设计超表面阵列天线以产生涡旋电磁波，产生模态为 l 的涡旋电磁波[6]。

超表面阵列的相位分布如图 5-22(a)所示，初始相位分布满足 $\varphi_R = l\varphi_{mn}$，其中，$l$ 为涡旋电磁波的模态值，φ_{mn} 为单元 (m, n) 与超表面中心 O 构成的方位角。馈源到超表面上任意单元 (m, n)，由于波程的不同从而引入不同的相位，因此，需要在初始相位的基础上减去波程引入的相位 φ_l，最终超表面的相位分布满足：$\varphi_{mn} = \varphi_R - \varphi_l$。最终的相位分布呈现一种涡旋的相位结构，且在中心区域的一周内相位变化 $2\pi l$。

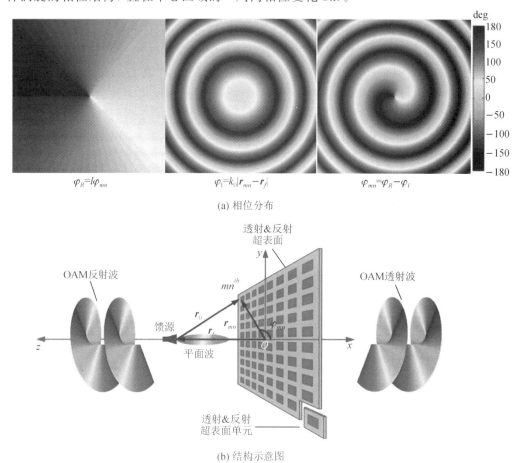

(a) 相位分布

(b) 结构示意图

图 5-22 超表面相位分布及结构示意图

如图 5-22(b)所示，超表面每个位置 (m, n) 满足相应的相位分布关系：$\varphi_{mn} = \varphi_R - \varphi_l = l\varphi_{mn} - k_0 | r_{mn} - r_f |$，采用 MATLAB 软件编写脚本程序并与 HFSS 联合仿真，在超表面每个位置 (m, n) 放置相应的单元，单元相位满足 φ_{mn}。需要注意的是，单元转动角度 θ 与相移 φ_{mn} 满足：$\theta = 2\varphi_{mn}$。根据 5.3.1 小节分析，以透射坐标系为参照坐标系，所设计的单元顺时针转动角度为 θ 时，电磁波在透射坐标系相移改变 -2θ，且产生 LHCP 电磁波；在反射坐标系相移改变 2θ，且产生 RHCP 电磁波。当电磁波入射到超表面单元时，在透射坐标系沿着 $-z$ 到 $+z$ 看去，即沿着透射电磁波的传播方向看去，相位改变为 $-l\varphi_{mn}$；那么在反射坐标系沿着 $+z$ 到 $-z$ 看去，即沿着反射电磁波的传播方向看去，相位改变将会变为

$l\Phi_{mn}$。综上，透射电磁波将会产生模态值为 l 且极化方式为 LHCP 的涡旋电磁波，反射电磁波将会产生模态值为 $-l$ 且极化方式为 RHCP 的涡旋电磁波。

2. 馈源位置设计

由图 5 - 22 可知所设计的馈源到超表面距离为 r_f，馈源放在超表面中心轴线上且到超表面的距离为 3.5λ。由于涡旋电磁波的波束中心能量为 0，因此馈源放在中心，超表面激励产生的涡旋电磁波的波束可绕过馈源天线，对涡旋电磁波的产生没有影响。

接下来，分析馈源与超表面的距离设置为 3.5λ 的原因。以右旋圆极化电磁波作入射波为例，超表面单元采用 5.2.1 小节所设计的单元，超表面大小为 20×20 单元，馈源放置在超表面中心，分析距离设置为 3.5λ 的原因。若入射波为右旋圆极化波，则透射分量应为其 LHCP 分量，即左旋圆极化波；接下来分析入射波为右旋圆极化，透射波的 RHCP 与 LHCP 随距离改变的特性。

如图 5 - 23(a)所示，方形标注的折线与圆形标注的折线分别为 LHCP 增益和 RHCP 增益与距离的关系曲线，三角形标注的折线为 LHCP 增益减去 RHCP 增益的变化曲线。

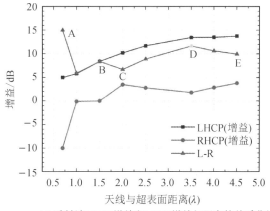

(a) 透射波RHCP增益和LHCP增益与距离的关系曲线

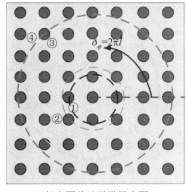

(b) 超表面单元激励示意图

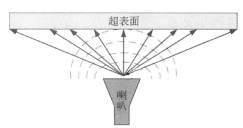

(c) 喇叭辐射与超表面激励侧视图

图 5 - 23　透射波各极化分量增益与超表面结构示意图

由图 5 - 23(a)可知：

(1) AB 段，距离开始在 0.5λ 到 1.5λ 时 LHCP 增益和 RHCP 增益都不高，此时透射波的相位基本看不出 OAM 特性。这是因为馈源与超表面的距离过近，电磁波由馈源到超表面只有少部分超表面单元被照射到，此时只有超表面中心极少的几个单元被激励而辐射，且中心位置的少数激励单元引起的相位改变过于离散化，如图 5-23(b)虚线①所示。虚线①圆圈内为近距离下的激励单元，由于激励单元过少，导致天线口径面过小，因此导致透射波的 LHCP 增益较低。并且由于激励单元引起的相位分布过于离散化，激励辐射单元过少，导致涡旋电磁波的模态纯度极低，可以类比第 2 章阵列天线的不同参数对模态纯度的影响，此时的透射波将难以看出其相位特性。因此，AB 段的激励单元过少，导致 LHCP 增益以及纯度均较低。

（2）BC 段，此时 LHCP 增益与 RHCP 增益随着距离增加而变大，超表面激励单元变多，如图 5-23(b)虚线②所示，透射波已经初步具备涡旋电磁波的相位特性，模态纯度提高。由图 5-23(a)可以发现，RHCP 增益变大速度明显高于 LHCP 增益，这是因为喇叭馈源到超表面距离仍过近，导致入射到此边缘单元的电磁波方向过于倾斜，从而导致斜入射的边缘单元激励相位不再满足 180°，根据 5.3.1 小节分析，以透射波为例，其电场表达关系式为

$$E_t = E_0 \left[(\hat{x}'\cos\theta' + \hat{y}'\sin\theta') T'_x e^{j\varphi'_x} - j(-\hat{x}'\sin\theta' + \hat{y}'\cos\theta') T'_y e^{j\varphi'_y} \right] e^{-jkz'} e^{-j\theta'}$$

$$= \begin{cases} \dfrac{E_0}{2} (\hat{x}' + j\hat{y}') (T'_x e^{j\varphi'_x} - T'_y e^{j\varphi'_y}) e^{-jkz'} e^{-j2\theta'}, & \text{LHCP} \\[3mm] \dfrac{E_0}{2} (\hat{x}' - j\hat{y}') (T'_x e^{j\varphi'_x} + T'_y e^{j\varphi'_y}) e^{-jkz'}, & \text{RHCP} \end{cases} \quad (5-38)$$

因此，根据式(5-38)可知，若相位差 $\varphi'_x - \varphi'_y \neq 180°$，那么透射波将不仅包含 LHCP 分量，也包含 RHCP 分量。BC 段，随着喇叭到馈源的距离增加，此时斜入射单元引入的 x 极化分量与 y 极化分量，其相位差不再满足 180°，因此引入了 RHCP 分量。由于喇叭辐射的波束较窄，能量主要集中在超表面中心区域，而中心区域满足馈源辐射到单元的入射波方向接近 90°，因此 LHCP 产生的更多；但由于随着距离增加，斜入射的单元变多，此时电磁波入射到中心区域的单元引入的 LHCP，相对于电磁波斜入射四周单元引入的 RHCP，前者增益变大速度小于后者，需注意的是，LHCP 仍然占主要。因此，BC 段，垂直入射中心区域的 LHCP 增益变大速度小于斜入射四周单元的 RHCP 增益变大速度。

需要注意的是，根据式(5-38)，单元透射的 LHCP 会有 2θ 的相移，而 RHCP 不会引入相移。单元旋转 θ 产生指定的相移 2θ，同时对单元排布满足超表面的涡旋相位分布，可产生 LHCP 涡旋电磁波；但产生的 RHCP 不会引入相移，从而只能产生平面电磁波，因此，引入的 RHCP 产生模态为 0 的涡旋电磁波。我们需要极力增加 LHCP 而减小 RHCP，即 LHCP 与 RHCP 的差值越大，越有利于产生的涡旋电磁波模态纯度更高。

（3）CD 段，可以发现 LHCP 的增益变大速度明显高于 RHCP，且 RHCP 变小，这是因为随着距离的进一步增大，被喇叭接近垂直照射的超表面单元变多，如图 5-23(b)虚线③所示；并且喇叭辐射的波束较窄，能量主要集中在中心区域，因此 LHCP 产生的更多；斜入射单元相对于 BC 段变得更少，因此 RHCP 增益下降。相对于斜入射引入的 RHCP，此时垂直入射中心区域的作用更加明显。因此，CD 段，垂直入射中心区域引起的 LHCP 增益变大速度大于斜入射四周单元引起的 RHCP。可以发现，在距离变为 3.5λ 时，透射波的 LHCP 与 RHCP 的差值最大，此时产生的涡旋电磁波的模态纯度最高。

（4）DE 段，LHCP 的增益变大速度明显小于 RHCP，这是由于电磁波到达超表面边缘绕射引起的。在 D 点处，当距离为 3.5λ 时增益已经达到最大，此时超表面单元中心位置基本满足垂直入射，少数边缘单元此时引起的 RHCP 可以忽略不计，如图 5 - 23(b)虚线④所示，因此，LHCP 增益达到最大。随着距离的进一步增加，超表面边缘单的入射方向进一步接近垂直入射，因此 LHCP 增益进一步增加。但是此时部分入射电磁波会绕过超表面，入射波为 RHCP，因此，绕射过去的电磁波仍然为 RHCP。此时，产生的涡旋电磁波的纯度相对于在距离为 3.5λ 时变小，随着距离的进一步增加，绕射的 RHCP 变多，涡旋电磁波的纯度随距离的进一步增加而下降。

综上分析，结合图 5 - 23，我们可以得到：（1）随着喇叭到超表面的距离增加，LHCP 增益逐渐增加，RHCP 增益逐渐下降；随着距离的增加，LHCP 增益和 RHCP 增益都增加，但是可以看到，随着距离的增加，LHCP 增益越来越平缓稳定，RHCP 增益有增加的趋势。（2）AB 段，超表面激励单元过少，导致 LHCP 增益以及纯度均较低；BC 段，电磁波垂直入射中心区域引起的 LHCP 起决定作用，但增益变大速度小于斜入射引起的 RHCP；CD 段，电磁波垂直入射中心区域引起的 LHCP 仍起决定作用，但增益变大速度大于斜入射引起的 RHCP；DE 段，电磁波绕射产生的 RHCP 变多，且变大速率大于垂直入射中心区域引起的 LHCP。（3）根据 LHCP 增益与 RHCP 增益的差值来判断透射波的涡旋电磁波纯度，可以发现，在距离变为 3.5λ 时，透射波的 LHCP 与 RHCP 的差值最大，此时产生的涡旋电磁波的模态纯度最高。

对于反射波来讲，由于反射波与入射波关于超表面在极化、方向、模态"镜像对称"，辐射特性基本类似，在距离为 3.5λ 附近依然可以得到纯度极高的反射涡旋电磁波，本节不再分析。因此，我们可以在距离 3.5λ 附近找到一个最合适的距离，使得 LHCP 增益较大，RHCP 增益较低，极化纯度与模态纯度较高。

5.3.3　仿真及模态分析

以右旋圆极化喇叭天线作为馈源，放在距离超表面 3.5λ 的中心轴线上，超表面单元个数设置为 34×34。为了产生透射波模态为 -1 的涡旋电磁波，结合 5.3.1 小节所设计的单元以及相位分析，在 MATLAB 编写脚本程序，按照超表面所需的相位对单元旋转并放在超表面对应的位置，最终得到所需的超表面模型。

1. 相位以及方向图仿真结果分析

将所设计的模型在 HFSS 仿真软件建模并进行仿真，得到超表面透射波为 LHCP 与反射波为 RHCP 的仿真结果以及超表面透射波 RHCP 与反射波 LHCP 的仿真结果。

透射波 LHCP 与反射波 RHCP 的仿真结果如图 5 - 24 所示。从模型 5 - 24(a)所示的示意图 $-z$ 到 $+z$ 方向看去，得到如图 5 - 24(c)所示的相位分布图，可以看到在一周内相位逆时针增加 $360°$，产生模态为 -1 的涡旋电磁波；从模型 5 - 24(b)所示的示意图 $+z$ 到 $-z$ 方向看去，得到如图 5 - 24(d)所示的相位分布图，可以看到在一周内相位顺时针增加 $360°$，产生模态为 $+1$ 的涡旋电磁波。当入射波为右旋圆极化电磁波，如图 5 - 24(e)、(f)、(g)、(h)所示，透射波能量最大的极化状态为左旋圆极化电磁波，反射波为右旋圆极化电磁波，且中心电场幅度为最小，符合涡旋电磁波的辐射特点。因此，根据上述分析，所设计的超表面天线，采用右旋圆极化喇叭天线为馈源，透射波的模态为－1且极化方式为左旋的涡旋电磁波，反射波的模态为＋1且极化方式为右旋的涡旋电磁波。

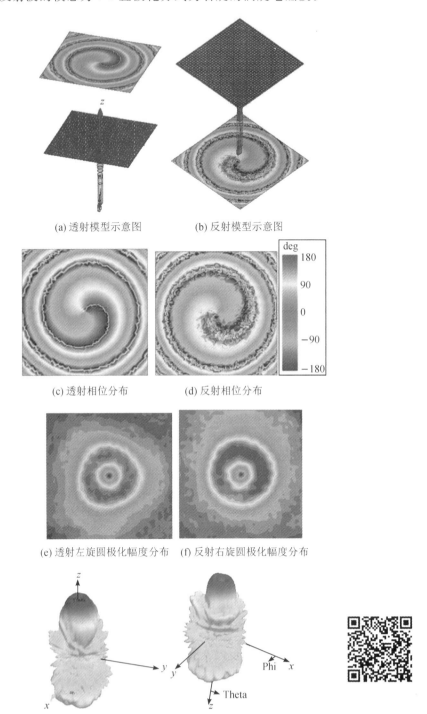

(a) 透射模型示意图 　　　　(b) 反射模型示意图

(c) 透射相位分布 　　　　(d) 反射相位分布

(e) 透射左旋圆极化幅度分布 　(f) 反射右旋圆极化幅度分布

(g) 透射左旋圆极化三维方向图 　(h) 反射右旋圆极化三维方向图

图 5 - 24　超表面透射左旋圆极化波与反射右旋圆极化波的幅相仿真结果

透射波 RHCP 与反射波 LHCP 的仿真结果如图 5 - 25 所示，从模型 5 - 25(a)所示的示意图－z 到＋z 方向看去，得到如图 5 - 25(c)所示的相位分布图，可以看到相位在一周内并不变化，符合平面电磁波的相位分布特点，因此透射波 RHCP 为模态 0 的涡旋电磁波；从模型 5 - 25(b)所示的示意图＋z 到－z 方向看去，得到如图 5 - 25(d)所示的相位分布图，与图 5 - 25(c)相类似，相位在一周内并不变化，因此反射波 LHCP 为模态 0 的涡旋电磁波。如图 5 - 25(e)、(f)所示，当入射波为右旋圆极化电磁波时，透射波 RHCP 极化的能量基本集中在中心区域，符合平面电磁波的特点；反射波 LHCP 极化的能量集中区域本应在中心区域，但由于喇叭的遮挡作用，导致中心区域能量最小，而向四周分散，因此呈现中心能量最小、四周能量最大的特点。因此，根据上述分析，所设计的超表面天线，采用右旋圆极化喇叭天线为馈源，透射波 RHCP 的分量为平面电磁波，反射波 LHCP 的分量也为平面电磁波。

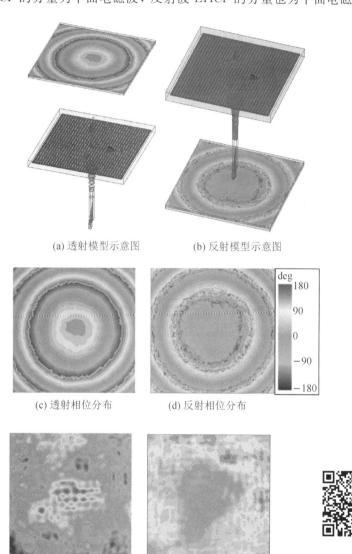

(a) 透射模型示意图　　　　　(b) 反射模型示意图

(c) 透射相位分布　　　　　(d) 反射相位分布

(e) 透射右旋圆极化幅度分布　(f) 反射左旋圆极化幅度分布

图 5 - 25　超表面透射右旋圆极化波与反射左旋圆极化波的幅相仿真结果

在超表面辐射的最大增益方向上，如表 5-2 所示为透射波与反射波各自的 RHCP 增益与 LHCP 增益及其差值。可以发现，透射波或反射波各自的极化隔离度相对较高，可以使得透射波的 LHCP 分量或反射波的 RHCP 分量，各自对应达到一个较高的模态纯度。值得一提的是，隔离度只是作为模态的一个参考，接下来需要对模态量化分析。

表 5-2 透射波与反射波各自的 RHCP 增益与 LHCP 增益及其差值

	LHCP	RHCP	差值
透射波	11.5 dB	3.5 dB	8 dB
反射波	0.2 dB	13.8 dB	−13.6 dB

2. OAM 谱分析

根据上节的仿真结果，对产生的涡旋电磁波的模态进行分析，得到如图 5-26 所示的 OAM 谱以及如图 5-27 所示的各极化分量纯度谱。

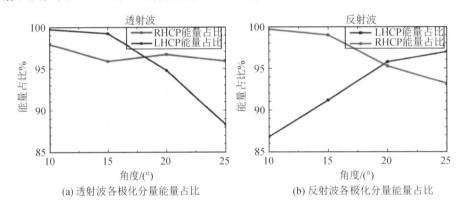

(a) 透射波各极化分量能量占比　　(b) 反射波各极化分量能量占比

图 5-26 透射波与反射波各极化分量能量占比

根据 5.3.3 小节理论分析以及 5.3.4 小节仿真结果，透射波 LHCP 为模态 −1 的涡旋电磁波，RHCP 为模态 0 的涡旋电磁波；反射 RHCP 是模态为 1 的涡旋电磁波，LHCP 为模态 0 的涡旋电磁波。图 5-27 对应的能量占比计算过程如下：分别对透射波与反射波的各极化分量进行傅里叶变换，得到各极化分量的模态分布。由于透射波的 LHCP 对应模态为 −1 的涡旋电磁波，因此图 5-26(a) 的黑色曲线对应 LHCP 中模态为 −1 的电场能量与所有模态的电场能量的能量比值；红色曲线对应 RHCP 中模态为 0 的电场能量与所有模态的电场能量的能量比值，即各自极化的主模电场能量与对应极化的所有模态电场能量比值。

由图 5-26(a) 可知：(1) 透射波 LHCP 是模态为 −1 的涡旋电磁波，其模态纯度极高，即使偏离主轴角度 25°，模态纯度也在 88% 以上，可以得到一个纯度极好的涡旋电磁波，满足大角度下极好的模态纯度；随着偏离中心轴线角度的增加，模态纯度下降，这是由于超表面设计相位分布时，是在主轴方向满足所需的涡旋相位，偏离主轴方向越大，涡旋电磁波的相位越不满足，此时 LHCP 的纯度必然下降。(2) RHCP 的模态纯度一直很高，这是因为 RHCP 为模态 0 的涡旋电磁波，即平面电磁波，距离设置为 3.5λ 时，除超表面中心区域产生模态为 −1 的涡旋电磁波，超表面边缘斜入射将产生 RHCP，同时部分绕射同样产生 RHCP，而 RHCP 电磁波与入射波相比并没有相位的调控，因此斜入射以及绕射的电磁波为平面电磁波，对应 RHCP 电磁波；偏离中心轴线方向，绕射产生的平面电磁波在超表面上方的辐射基本一致，而斜入射导致的 RHCP 分量由于不会引入相移，并不会参与相位调控实现特定的辐射，因此在主轴方向以及在偏离中心轴线方向均影响不大。

　　由图 5-27(b)可知：(1) 反射波 RHCP 是模态为 1 的涡旋电磁波，其纯度极高，即使偏离主轴角度为 25°时，模态纯度也在 93% 以上，可以得到一个纯度极好的涡旋电磁波，满足大角度下极好的模态纯度。(2) LHCP 的模态纯度一直很高，分析方法与上述相同。

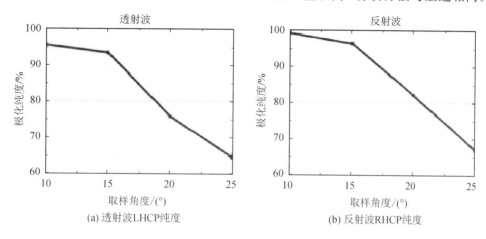

图 5-27　透射波与反射波各极化分量纯度

　　图 5-27 的极化纯度计算过程如下：透射波 LHCP 模态为 -1 的电场幅度与所有极化分量电场幅度的比值，即为 $|E_{\mathrm{LHCP}}|/\sqrt{|E_{\mathrm{LHCP}}|^2+|E_{\mathrm{RHCP}}|^2}$；反射波 RHCP 模态为 1 的电场幅度与所有极化分量电场幅度的比值，即为 $|E_{\mathrm{RHCP}}|/\sqrt{|E_{\mathrm{LHCP}}|^2+|E_{\mathrm{RHCP}}|^2}$。

　　我们知道，设计的超表面天线，反射波与透射波的特性正好像一面"镜子"，透射波的极化、模态、方向与反射波的极化、模态、方向相反，但是辐射特性相近。根据上述透射波分析以及超表面镜面特性，对于反射波来讲，可以得到同样的分析结果。相关分析方法与透射波相同，不再详细论述，因此只简单介绍结论。

　　综合上述分析，可以得出结论：所设计的超表面天线，无论对于透射波还是反射波来讲，在较宽的角域内产生的涡旋电磁波均具有极高的模态纯度以及良好的极化纯度。

5.4　全空间 OAM 涡旋波束调控

5.4.1　圆极化单元仿真分析

　　通过精准设计单元，使得其满足全空间调控圆极化电磁波的要求。在右旋圆极化波的入射下，设计的单元能够在反射方向调控同极化波，同时在透射方向调控交叉极化波。全空间电磁波调控在很大程度上提高了空间的利用率。

　　实现上述功能的单元结构如图 5-28 所示，它是由上下两层相同的金属单元结构与中间介质基板组成的。图中的结构参数 $r_1 = 4.2$ mm，$r_2 = 4.4$ mm，$d = 6.65$ mm，$w = 0.2$ mm，$s = 0.1$ mm，单元的周期 $p = 12$ mm。选取相对介电常数为 2.2，高度 $h = 2.9$ mm 的介质基板，本节将各参数优化至工作频率 10 GHz 处。

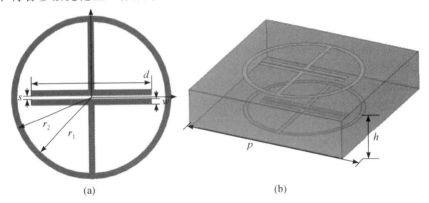

图 5 - 28　单元结构示意图

本节将对此单元在 CST2019 环境下进行仿真优化设计。将上述幅度和相位差参数优化至工作频率 10 GHz 处。首先，使用仿真器中的 TM 模式和 TE 模式波照射单元，获得如图 5 - 29 所示的仿真结果。

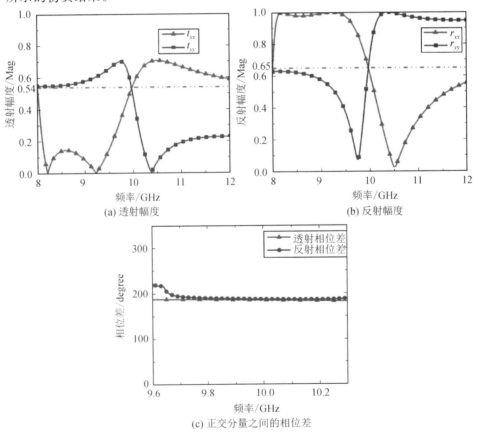

图 5 - 29　TE 模式和 TM 模式波入射时的仿真结果

从图 5 - 29 中的仿真结果可以看出，在频率 10 GHz 处，TE 模式和 TM 模式波入射时的透射波幅度相等且为 0.54，反射波幅度也相等且为 0.65。在频率 9.8～10.2 GHz 范围内，透射波和反射波之间存在 180° 的相位差，从而满足 Pancharatnam-Berry 相位调控的条件。在实际设计过程中，相位差满足 $|\varphi_{xx}-\varphi_{yy}|=180°\pm10°$ 也符合要求。然后，使用右旋圆极化波入射，验证 TM 模式和 TE 模式波入射时的准确性，即满足式（5 - 26）和式（5 - 29）。从图 5 - 30 中可以看出，在频率 10 GHz 处，透射波中的左旋圆极化占主导，且右旋圆极化部分极小；反射波中的右旋圆极化占主导，而左旋圆极化波部分也很小。图 5 - 30 与式（5 - 26）、式（5 - 27）、式（5 - 29）、式（5 - 30）描述的内容相吻合，从而验证了上述调控机理的可行性，为下一步的超表面阵列设计提供了有力支撑。

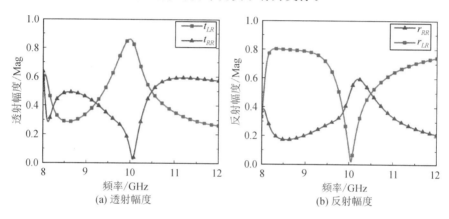

图 5 - 30　右旋圆极化波入射时的仿真结果

5.4.2　圆极化超表面设计仿真分析

　　本节从 5.4.1 小节中设计的圆极化单元出发，根据不同的功能设计超表面，分别实现零阶贝塞尔波束、OAM 涡旋波束、一阶贝塞尔波束。

1. 零阶贝塞尔波束

　　贝塞尔波束是一类无衍射波束，即在某个距离范围内传播，其横向平面的能量近似不变，在某个无衍射距离处能量聚焦，所以也可以将其看成一种透镜。无衍射波束在很多方面有巨大的应用，比如光镊技术和毫米波成像等方面。大部分关于贝塞尔波束的产生、物理特性和应用等研究都是在光学层面，而在微波频段研究尚少。本节所讨论的贝塞尔波束产生原理如图 5 - 31(a) 所示。一束平面波穿过电磁超表面后，由透射的平面波相干涉，能量聚焦在某处，其中 $Z_{\max}$ 称为无衍射距离。对于第一类零阶贝塞尔波束的产生，超表面需要补偿一个锥形相位分布。将工作频率设置为 10 GHz，锥角 $\beta=10°$，周期 $p=12$ mm，单元数 33×33 个代入相位补偿公式，使用 MATLAB 可视化网格数据，如图 5 - 31(b)。

$$\varphi(x,y)=2\pi-\frac{2\pi}{\lambda}\sqrt{x^{2}+y^{2}}\sin\beta \tag{5-39}$$

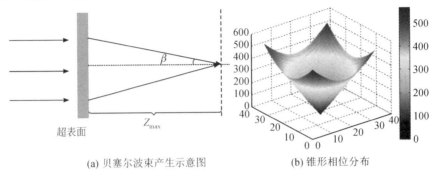

(a) 贝塞尔波束产生示意图　　　　　　(b) 锥形相位分布

图 5 - 31　贝塞尔波束产生示意图及相位分布

　　针对式(5 - 39)计算得到的相位补偿,下一步需要使用 5.4.1 小节中的圆极化单元,进行准周期排列建模。那么如何将补偿相位进行到物理建模这一步骤呢? 由 Pancharatnam-Berry 相位机理可知,在超表面阵列的每个位置上,周期单元旋转的角度为 $\varphi(x, y) / 2$。进而获得目标波束所需的相移量,实现圆极化贝塞尔波束精准调控。由于零阶贝塞尔波束仅在某个距离范围内是无衍射的,所以这里着重研究无衍射距离 Z_{max} 以内的贝塞尔波束电磁传播特性。因此,根据式(5 - 40)可以计算出贝塞尔波束的理论无衍射距离为 739 mm。

$$Z_{max} = \frac{D/2}{\tan\beta} \tag{5 - 40}$$

其中,D 为超表面的物理尺寸,β 为锥角。

　　经过理论设计分析后,需要通过仿真来验证理论设计的可行性。由于单元数较多,可以使用 MATLAB-HFSS 脚本完成联合建模,在基于有限元法的电磁仿真软件 HFSS 环境中全波仿真。最终优化的焦距为 272.5 mm,即右旋圆极化喇叭的相位中心位于超表面正上方 272.5 mm 处。由于喇叭遮挡的原因,反射波的纵向传播距离只仿真了一部分。下面给出了零阶贝塞尔波束纵向和横向平面的电场分布仿真结果,如图 5 - 32 所示。

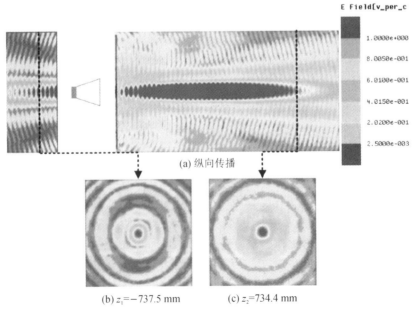

(a) 纵向传播

(b) $z_1 = -737.5$ mm　　　　(c) $z_2 = 734.4$ mm

图 5 - 32　零阶贝塞尔波束圆极化电场幅度仿真结果

从图 5 - 32(a)中可以看出，纵向传播的电场分布较为集中。在传播轴的中心，反射和透射方向的电场幅度分布几乎不变，与零阶贝塞尔波束的传播特征一致。图 5 - 32(b)表示反射方向中横向平面 $z_1 = -737.5$ mm 处的右旋圆极化电场幅度分布，出现了能量光斑，且聚集在阵面中心。图 5 - 32(c)表示透射方向中横向平面 $z_2 = 734.4$ mm 处的左旋圆极化电场幅度分布，也出现了能量光斑并聚集在阵面中心。结合纵向和横向电场分布可知，反射和透射方向的无衍射距离仿真结果分别为 -737.5 mm 和 734.4 mm，分别对应纵向传播图中虚线处。无衍射距离仿真结果与式(5 - 40)计算的理论距离 739 mm 之间存在少量误差。这些误差是由于仿真环境及绕过阵面边缘的电磁波干扰所致的，但在允许范围之内，因此符合前面的理论设计。天线从设计到应用，不仅需要全波仿真，还需将实物进行 PCB 加工，实物图如图 5 - 33(a)所示。通过实验进一步验证天线的准确性。将电磁超表面和右旋圆极化喇叭天线组装在测试支架上，放置在微波暗室转台上进行测量，如图 5 - 33(b)所示。由于测试条件的局限性，本节只测试了横向平面 $z_1 = -737.5$ mm 和 $z_2 = 734.4$ mm 的电场分布。

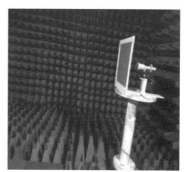

(a) 超表面PCB实物图　　　　　　　　　(b) 微波暗室测试环境

图 5 - 33　超表面实物及测试环境图

微波暗室测试的是水平极化分量和垂直极化分量的电场分布，使用 MATLAB 将测试数据处理成圆极化电场，最终测试结果如图 5 - 34 所示。从图 5 - 34(a)反射方向的测试结果可以看出，右旋圆极化电场分布中心出现能量光斑，与仿真结果吻合较好。从图 5 - 34(b)透射方向的测试结果可以看出，左旋圆极化电场分布中心也出现了能量光斑，与图 5 - 32(c)仿真结果对比，存在一些误差。造成误差的主要原因是：在测量过程中，波导探头没有对准和阵面边缘绕射的电磁波干扰所导致。综合以上仿真和实验测试结果，误差在允许范围之内，符合预期的设计效果，从而说明了本节设计的可行性和准确性。

(a) 反射方向　　　　　　　　　(b) 透射方向

图 5 - 34　零阶贝塞尔波束圆极化电场幅度测试结果

在光学中,贝塞尔波束除了无衍射特性外,还具有自汇聚效应,并且已经被研究人员通过实验验证。然而在更低的微波频段,关于自汇聚效应特性的研究甚少。接下来,将以全波仿真的方式探索研究贝塞尔波束在频率 10 GHz 处传播是否也具有自汇聚效应。也就是说,贝塞尔波束遇到障碍物之后,是否会恢复到之前的无衍射状态。分别使用大小为一个波长和两个波长的实心金属球作为障碍物,放置于电磁超表面的正前方,仿真示意图如图 5 - 35 所示。

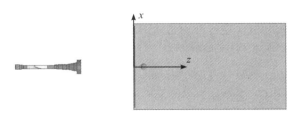

图 5 - 35   自汇聚特性仿真示意图

首先,分析零阶贝塞尔波束传播过程中遇到一个波长大小的金属球后,电场是如何分布的。在 HFSS 环境下全波仿真,提取如图 5 - 36 所示的电场分布。从图 5 - 36(a)纵向传播中可以看出,贝塞尔波束整体呈现无衍射状态。与图 5 - 36(a)相比,在金属球(障碍物)附近,电场分布出现部分衍射,穿过障碍物之后继续恢复到无衍射状态,初步可以判定具有自汇聚效应。在 $z_1 = 600$ mm 和 $z_2 = 700$ mm 处分别设置横向观察面,如图 5 - 36(b)和图 5 - 36(c)中的电场分布,在阵面中心出现了能量光斑。

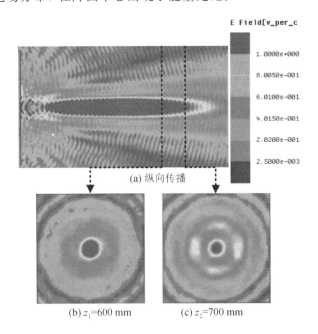

图 5 - 36   小金属球时的圆极化电场仿真图

为了更为细致地观察电场分布,这里提取观察面 $z_1 = 600$ mm 和 $z_2 = 700$ mm 处的一维电场分布,如图 5 - 37 所示。从图中可以看出,在 600 mm 处电场分布的旁瓣较小,而在

700 mm 处电场分布的旁瓣开始出现。但整体而言，贝塞尔波束的能量聚集在中心，与无衍射特性描述一致。

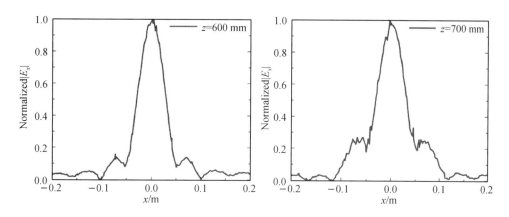

图 5 - 37　横向一维电场分布 1

下面讨论当金属球大小为两个波长时，其对贝塞尔波束传播的影响。仅改变金属球的大小，其他设置不变，仿真结果如图 5 - 38 所示。

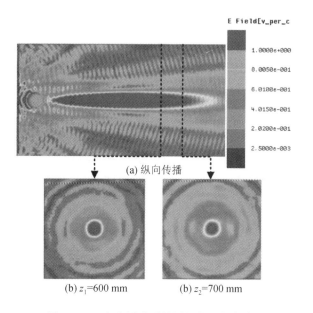

(a) 纵向传播

(b) z_1=600 mm　　(b) z_2=700 mm

图 5 - 38　大金属球时的圆极化电场仿真图

从图 5 - 38(a)中可以看出，金属球附近的电场分布较为杂散，无能量聚焦的效果。当贝塞尔波束继续向前传播时，恢复了中心能量聚焦的效果。与小障碍物时的图 5 - 36(a)相比，仅金属球附近电场分布较弱，穿过障碍物之后的贝塞尔波束能量强度整体几乎相同。图 5 - 38(b)和(c)分别为图 5 - 38(a)中虚线对应处的横向电场分布，可以看出，横向平面的电场分布较为直观地显示了波束能量集中在中心附近。

同理，为了从多个角度观察电场分布，下面分别给出 $z_1 = 600$ mm 和 $z_2 = 700$ mm 处的一维电场分布，如图 5-39 所示。从图中可知，两端的旁瓣幅度值均较小，从 600 mm 传播到 700 mm 的电场分布均聚焦在中心，且几乎不变。由上述自汇聚验证仿真结果分析可知，当贝塞尔波束在传播过程中遇到大于或等于一个波长大小的障碍物时，障碍物附近的能量杂散且较弱。贝塞尔波束穿过障碍物后继续传播时，其能量分布可以恢复到聚焦状态，从而证实了贝塞尔波束具有自汇聚效应。

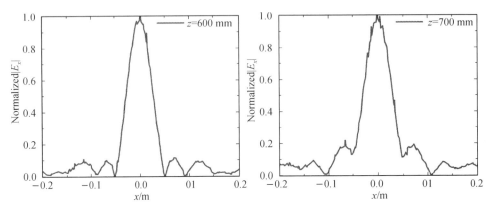

图 5-39　横向一维电场分布 2

2. OAM 涡旋波束

在此研究之前，基于电磁超表面的 OAM 涡旋波产生方法均是纯透射型或纯反射型的，即使有关于全空间调控的电磁超表面也是线极化的。本节提出的方法是在 5.4.1 小节中圆极化单元基础上，设计一个在两个方向同时产生不同圆极化的涡旋电磁波，并且透射方向的涡旋波发生了极化转换。使用圆极化喇叭天线空中馈电时，会产生一个由波程差引起的相位差因子 $\exp(-jk_0|r_{mn} - r_f|)$。若想要产生的涡旋波较为理想，需将涡旋相位 $\exp(-jl\varphi)$ 与相位差进行矢量叠加。给出如下主要参数：工作频率为 10 GHz，焦距 $F = 272.5$ mm，模态数 $l = 1$，单元数为 33×33 个，电磁超表面大小为 0.4 m$\times$0.4 m。将上述参数代入矢量叠加公式后，使用 MATLAB 可视化网格点数据，如图 5-40 所示。从图中可以看出，等号右边的补偿相位分布呈现了一个螺旋臂，这也初步说明了设计的可行性。

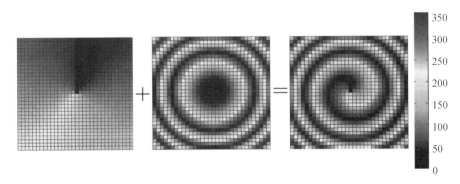

图 5-40　矢量相位叠加过程

　　为了进一步说明理论设计的可行性，在基于有限元法的电磁仿真软件 HFSS 环境下，将正 z 轴设置为透射方向，对该阵列进行全波仿真计算。图 5－41、图 5－42 分别给出了该圆极化超表面三维和二维的辐射方向图及仿真结果。从图 5－41 中可以看出，透射方向的左旋圆极化分量(LHCP)和反射方向的右旋圆极化分量(RHCP)均出现了中心凹陷，符合 OAM 涡旋方向图的特征。从图 5－42 二维方向中可以看出，在透射主波束方向，左旋圆极化分量占主导，增益达 18.1 dB，对应方向的右旋圆极化增益为－2.4 dB；在反射主波束方向，右旋圆极化分量占主导，增益达到 17.6 dB，对应方向的左旋圆极化增益为－0.2 dB。因此，在透射主波束方向，左旋圆极化的增益大于右旋圆极化 20.5 dB；在反射主波束方向，右旋圆极化增益大于左旋圆极化 17.8 dB。上述圆极化增益均符合轴比 AR 的要求。

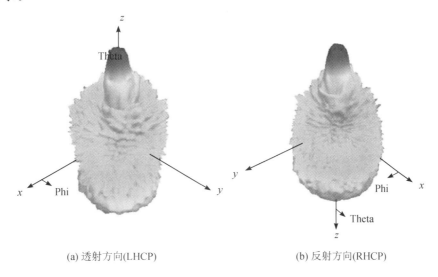

(a) 透射方向(LHCP)　　　　　　　　　　(b) 反射方向(RHCP)

图 5－41　OAM 涡旋波 3D 辐射方向图仿真结果

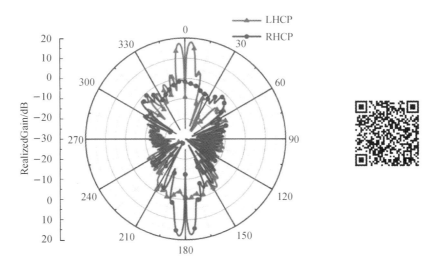

图 5－42　涡旋波辐射方向图仿真结果

接下来，详细分析 OAM 涡旋波在近场传播特性的仿真结果。图 5-43(a)展示了其纵向电场分布，明显可以看出，在透射方向和反射方向，涡旋波随着距离传播时，中心能量较弱，两端能量强，且呈现了发散的现象，这与传统的 OAM 涡旋波特性一致。同时，在图 5-43(a)中虚线对应处，即 $z=-700$ mm 和 700 mm 处设置观察面，分别提取横向平面的电场幅度和相位，处理成右旋和左旋圆极化电场分布，如图 5-43(b)、(c)、(d)、(e)所示。

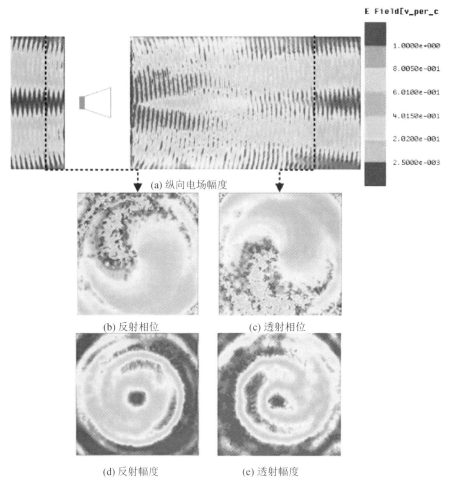

(a) 纵向电场幅度

(b) 反射相位　　　　　　　(c) 透射相位

(d) 反射幅度　　　　　　　(e) 透射幅度

图 5-43　圆极化涡旋波电场仿真结果

　　从图 5-43(b)和(c)电场相位分布可以看出，右图整体呈现模态数 $l=1$ 的涡旋相位，左图整体呈现模态数 $l=-1$ 的涡旋相位，但涡旋相位一般，造成这一问题的主要原因是喇叭馈源遮挡和边缘绕射的电磁波干扰所致。图 5-43(d)和(e)中圆极化电场幅度分布呈现中心比较弱、圆环能量较强的特点，与涡旋波的特征相吻合。由以上远场和近场仿真结果分析可知，全空间调控电磁超表面能够在透射方向和反射方向同时产生不同圆极化的 OAM 涡旋波。

　　为了进一步验证所设计电磁超表面的准确性，将仿真模型实际加工，图 5-44 展示了该超表面的实物图。放置在微波暗室的环境中进行实验测试，测试方法和环境与 5.4.1 小节一致。获得如图 5-45 所示的二维远场辐射方向图的测试结果。从图中可以看出，两个圆极化分量的增益图分别在透射方向和反射方向出现了中心凹陷，且最大增益的主波束方向与仿真结果吻合良好。但由于测量和加工等误差的原因，导致测试的两个增益分量与仿真结果均相差 0.8 dB 左右。同时还对近场进行了测试，使用波导探头水平和垂直扫描 $z=-700$ mm 和 $z=700$ mm 两个横向平面。由于测试获取的数据为水平和垂直极化电场分量，还需使用 MATLAB 将其处理成圆极化形式，如图 5-46 所示。从图 5-46(a) 中可以看出，在靠近中心部分，整体呈现了涡旋相位的特征，而在外环部分，相位杂乱无序。图 5-45 与图 5-42 的仿真结果对比，存在一定的误差，而这一误差是由喇叭馈源天线遮挡所致。图 5-46(b) 中电场分布的中心幅度值较小，圆环能量强，符合中心零深的特点，与仿真结果吻合较好。

图 5-44　调控涡旋波的超表面实物图

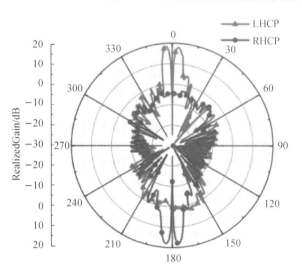

图 5-45　涡旋波辐射方向图测试结果

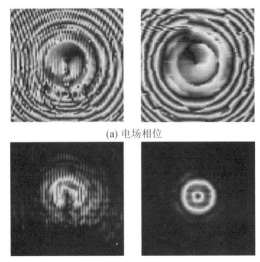

(a) 电场相位

(b) 电场幅度

图 5-46　圆极化涡旋波近场测试结果

通过以上的仿真和测试结果分析可以得出，本节设计的电磁超表面可以在反射方向产生右旋圆极化且模态数 l 为 -1 的涡旋波，同时在透射方向产生左旋圆极化且模态数 l 为 1 的涡旋波，并在透射方向发生极化转换。

3. 一阶贝塞尔波束

由于 OAM 涡旋波在传播的过程中，会遭遇衍射发散等影响。若将其应用于无线通信技术，则需要无限大的天线接收 OAM 涡旋波的能量，这显然是不切实际的。为此，本节结合零阶贝塞尔波束的无衍射能量聚焦的特性，探索研究 OAM 涡旋波的衍射发散效应是否可以降低以及提升其传输距离。贝塞尔波束与普通的电磁波类似，均是波动方程某种形式的解。在无源的自由空间中，时域的波动方程如式(5-41)所示。

$$\nabla^2 \boldsymbol{E}(\boldsymbol{r},\ t) - \frac{1}{c^2}\frac{\partial^2}{\partial t^2}\boldsymbol{E}(\boldsymbol{r},\ t) = 0 \qquad (5-41)$$

其中，$\boldsymbol{r}$ 表示位置矢量，t 代表时间，$\boldsymbol{E}$ 是电场强度矢量，c 是光速。若式(5-41)求解的是柱面波，即在柱坐标系下，式(5-41)求解的形式如下：

$$\boldsymbol{E}(\boldsymbol{r},\ t) = \boldsymbol{E}_0 \mathrm{J}_l(k_\perp \rho)\exp(-\mathrm{j}l\varphi)\exp(\mathrm{j}(\omega t - k_z z)) \qquad (5-42)$$

从式(5-42)可以明显看出，它是高阶贝塞尔波束的表达形式。所谓高阶，是为了区分零阶贝塞尔波束，即 l 阶贝塞尔函数 $\mathrm{J}_l(k_\perp \rho)$ 中的 $l=1, 2, 3, \cdots$。而因子 $\exp(-\mathrm{j}l\varphi)$ 是 OAM 涡旋波形式的特征，正好满足所需的贝塞尔锥形相位和涡旋相位的结合。本节设计的是 $l=1$，称之为一阶贝塞尔波束。接下来将式(5-39)计算的相位叠加到图 5-40 中，得到叠加后的相位分布如图 5-47 所示。与补偿相位图相比，叠加了锥形相位之后的补偿相位，在同等观察面可以观察到更多的螺旋臂，初步可以看出该方法的可行性。为了验证上述相位矢量叠加方法的可行性，在 HFSS 的仿真环境中全波仿真计算。便于和上节进行对比，分别在 $z=-700$ mm 和 $z=700$ mm 处设置观察面，其他设置与上节相同。图 5-48 展示的是一阶贝塞尔波束在纵向和横向平面传播的仿真结果。

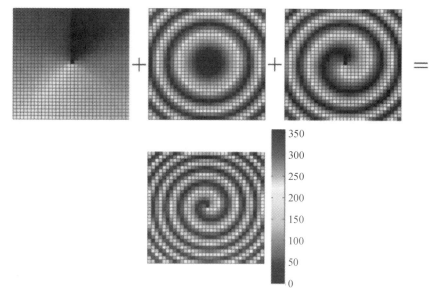

图 5 - 47 锥形相位和涡旋相位叠加后的效果图

从纵向传播看出,无论是反射方向,还是透射方向,波束传播轴中心的能量都很小,且波束准直性较好。与图 5 - 43(a)相比,整体而言,一阶贝塞尔波束无明显发散效应,很好地解决了涡旋波在传输过程中的衍射发散现象。

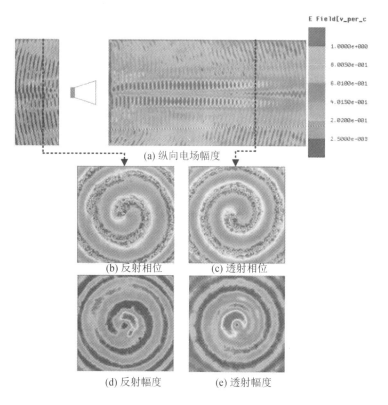

图 5 - 48 一阶贝塞尔波束圆极化电场仿真结果

从横向平面的角度来看，图 5-48(b)和(c)中的透射方向相位呈现一个右旋的螺旋臂，反射方向相位呈现一个左旋的螺旋臂。与图 5-43(b)和(c)相比，在同一距离观察面处，可以观察到更多的螺旋臂。对比图 5-43(d)和(e)，图 5-48(d)和(e)中圆极化电场幅度分布的中心零深圈的半径更小。综合图 5-48 和图 5-43 分析可知，加载了锥形相位之后，涡旋波的发散效应明显减小。从而可以判断，OAM 涡旋波发散效应的问题在一定程度上得到解决。为了进一步验证一阶贝塞尔波束的仿真结果，加工了如图 5-49 的 PCB 板子。在微波暗室环境中测试，得到如图 5-50 的测试结果。从测试结果可以看出，圆极化相位较为杂乱，但整体呈现了涡旋相位的轮廓，造成这一问题的原因是加工误差和测试探头不准。圆极化幅度分布的中心圈较小，与中心零深的特点一致，且与仿真结果吻合较好，符合 OAM 涡旋波特征。综上，本小节在上节的基础上，加载了锥形相位，设计了一个工作在 10 GHz 的一阶贝塞尔波束产生器。从 MATLAB-HFSS 可视化补偿相位中，初步观察出该方法的可行性。从仿真和实验测试结果可以看出，涡旋波随距离传播时，波束整体准直性效果较好，初步解决了涡旋波衍射发散现象。

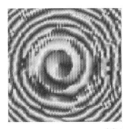

(a) 电场相位

(b) 电场幅度

图 5-49　调控一阶贝塞尔波束的超表面实物图　　图 5-50　一阶贝塞尔波束圆极化电场测试结果

本节主要围绕三个电磁超表面模型进行相关的理论分析、仿真设计和实验测试。在右旋圆极化波入射的基础上，结合 Pancharatnam-Berry 相位机理，设计能够在反射方向调控同极化波、透射方向调控交叉极化波的圆极化单元。这三个电磁超表面模型均是基于上述圆极化单元展开研究的，具体如下：

首先，对零阶贝塞尔波束产生器的原理、设计方法进行了相关介绍。从仿真和测试结果分析可知，在透射方向和反射方向同时产生了不同圆极化的零阶贝塞尔波束，证明了该方法的可行性。

其次，使用两个不同大小的实心金属球作为障碍物，探索验证 10 GHz 处的零阶贝塞尔波束是否具有自汇聚特性。从仿真结果看出，微波频段的零阶贝塞尔波束在传播过程中遇到障碍物后，能量分布可以恢复到无衍射状态，即具有自汇聚特性。

然后，分析了 OAM 涡旋波产生器的相位矢量叠加机理。从远场方向图、近场电场分布的仿真和测试结果分析得出，在透射方向和反射方向成功地产生了 OAM 涡旋波，与理论分析一致。从纵向传播电场来看，与传统的涡旋特征相同，随距离传播时，呈现衍射发散效应。

最后，综合零阶贝塞尔波束的能量聚焦特性，将锥形相位与涡旋相位进行结合，详细分析了一阶贝塞尔波束的相位矢量叠加原理。对比 OAM 涡旋波产生器的结果，加载了锥形相位后的一阶贝塞尔波束，整体上解决了 OAM 涡旋波的发散效应。

综合以上研究工作，多功能电磁超表面结合涡旋波调控，为未来的涡旋波在无线通信、雷达成像、目标探测等方面的应用进一步提供了可行性。

5.5　基于全息阻抗表面的波束调控

上一节关于 OAM 涡旋波的调控方法是基于反射阵天线的原理，整个天线体积比较大。为此，本节介绍另一种全新的低剖面 OAM 涡旋波产生器，即基于全息阻抗表面天线的原理对 OAM 涡旋波进行调控。首先介绍了全息阻抗表面调控波束的背景、原理及设计的整个流程，最后设计了一个全息标量圆极化天线和全息张量阻抗表面圆极化涡旋波束天线。

5.5.1　全息阻抗表面原理

全息的概念源于光学频段，它利用专门的感应材料记录参考波和目标波之间的干涉图样。当参考波照射这块感应材料时，能够在特定的方向上辐射出目标波束。在微波频段，微波全息没有相应的感应材料，无法记录电磁场，所以微波全息的研究一直受到限制。直到最近，有研究人员使用金属条带或者周期结构再现目标波束，使得全息天线的研究再次进入人们的视野。微波全息的机理就是将柱面波通过调制转换成所需的空间笔形波束，如图 5-51 所示。

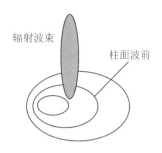

图 5-51　全息阻抗表面原理图

5.5.2　全息阻抗表面设计方案

本节主要介绍的是由正弦阻抗调制表面和全息天线相结合的全息阻抗表面。全息阻抗表面又分为标量全息阻抗表面和张量全息阻抗表面。通常来说，标量全息阻抗表面能够调控电磁波的方向及波束宽度，而张量全息阻抗表面能够控制电磁波的极化。全息阻抗表面的设计分为表面阻抗提取和阻抗调制两个主要过程。本节的调制结构采用周期排列的方形金属贴片，通过使用单极子天线激励起表面波，表面波经过正弦形式的阻抗调制，进而转换成空间漏波，如笔形波束或者涡旋波束。全息阻抗表面设计流程如图 5-52 所示。首先，使用 CST 的本征模仿真器，通过参数扫描之后，后处理获得 TM 模式波的色散曲线图；其次，使用 MATLAB 拟合出金属单元的尺寸与表面阻抗的映射曲线及数学表达式；然后，根据全息干涉原理，将参考波和所设计的目标波用数学表达式进行干涉（数学相乘后取实部），得到全息图，即阻抗表面阵列中每个位置的表面阻抗分布；最后，将阻抗分布图通过拟合曲线一一映射成实际的物理结构，并且使用全波仿真软件 HFSS 对实际物理结构进行仿真，验证所设计的全息阻抗表面天线。

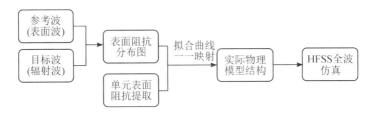

图 5-52　全息阻抗表面设计流程

1. 表面阻抗类型

表面阻抗可以分为两类：标量表面阻抗和张量表面阻抗，如图 5-53 所示。图(a)为各向同性单元，各类单元在结构上是对称的。而图(b)是各向异性单元，在结构上是非对称的。尽管本节着重对张量阻抗表面调控电磁波展开研究，但标量表面阻抗是张量表面阻抗调控电磁波的基础。因此，首先分析标量表面阻抗的设计过程，再拓展到张量表面阻抗。

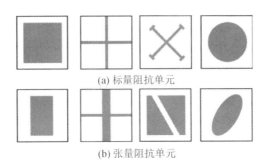

(a) 标量阻抗单元

(b) 张量阻抗单元

图 5-53　全息阻抗表面单元

本节的标量阻抗单元使用方形金属贴片，而张量阻抗单元采用带斜缝隙的方形金属贴片。因为目前研究较多的都是 TM 模式表面波，即带地介质基板的形式，所以也采用类似的形式。在带地介质基板上方按照设计阻抗分布的要求，周期排列方形金属贴片。

2. 标量表面阻抗提取

下面从全息阻抗表面调制原理出发，将波矢分解为横向波矢和法向波矢，导波结构分解图如图 5-54 所示。从图中可知，横向平面为 yOz 面时，对于沿着横向表面传播的 TM 模式表面电磁波，其表面阻抗定义为横向电场与横向磁场的比值，即

$$\eta_{\text{TM}} = \frac{E_z}{H_y} \big|_{x=0} \tag{5-43}$$

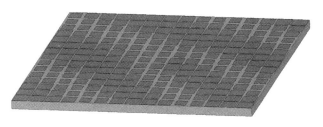

图 5 - 54　导波结构分解图

而使用周期边界条件仿真阻抗单元时，可计算出整个元胞空间的场，进而体积分求出整个单元的表面阻抗，具体如下：

$$Z_{\text{TM}} = \int_V \eta_{\text{TM}} \, ds \tag{5-44}$$

式(5-44)求解的是周期边界所包围的体积分。而积分计算较为复杂，故有研究人员提出使用较为简单的表面阻抗公式。根据麦克斯韦方程组及阻抗边界条件的限定，TM 模式表面波阻抗与垂直于横向表面的衰减常数相关(远离边界时，表面波呈现法向衰减)，即

$$Z_{\text{TM}} = \text{j} Z_0 \frac{\alpha_z}{k_0} \tag{5-45}$$

其中，k_0、Z_0 分别为自由空间的波数、波阻抗。波数 $k_z = -\text{j}\alpha_z$，α_z 为 z 方向上的衰减常数，且 $k_t^2 + k_z^2 = k_0^2$。为了提取表面阻抗更加简便，对式(5-45)再次推导变形，由 $k_t^2 - \alpha_z^2 = k_0^2$ 可得式(5-46)。结合式(5-46)和式(5-47)，最终的标量阻抗提取表达式如式(5-48)所示。

$$Z_{\text{TM}} = \text{j} Z_0 \frac{\alpha_z}{k_0} = \text{j} Z_0 \frac{\sqrt{k_t^2 - k_0^2}}{k_0} = \text{j} Z_0 \sqrt{\left(\frac{k_t}{k_0}\right)^2 - 1} = \text{j} Z_0 \sqrt{n^2 - 1} \tag{5-46}$$

$$n = \frac{c}{v_p} = \frac{c}{\omega / k_t} = \frac{k_t \cdot c}{\omega} = \frac{(\varphi / a) \cdot c}{\omega} \tag{5-47}$$

$$Z_{\text{TM}} = \text{j} Z_0 \frac{\alpha_z}{k_0} = \text{j} Z_0 \sqrt{n^2 - 1} = \frac{(\varphi / a) \cdot c}{\omega} = \text{j} Z_0 \sqrt{\left(\frac{\varphi c}{a\omega}\right)^2 - 1} \tag{5-48}$$

其中，n 为等效折射率，c 为光速，ω 为角频率，而 φ 为 TM 模式表面波传播一个元胞晶格时的相移量。本节采用带地介质板的方形金属贴片作为标量阻抗单元，介电常数为 2.2，厚度为 3.175 mm，晶格周期为 4 mm。使用 CST 的本征模仿真器，其仿真示意图如图 5-55 所示。使用本征模求解器仿真时，为了不让其他模式干扰本征模式，必须将其他模式完全衰减。故金属单元贴片正上方的 PEC 边界距离阻抗单元表面 0.5 个波长($\lambda/2$)左右。工作频率选择为 14 GHz，即空气的高度设置为 10.7 mm。将金属贴片间距 g 和式(5-48)中的相移量参数扫描仿真。由于表面波在标量阻抗表面上 x 方向和 y 方向的传播特

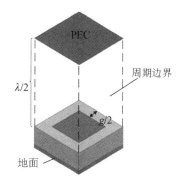

图 5 - 55　标量阻抗单元仿真示意图

性是一致的，所以只对 x 方向的 φ_x 参数扫描。可以提取该单元的 TM 模式表面波色散曲线图，如图 5-56 所示。从色散曲线图中可以看出，TM 模式表面波的色散曲线大部分位于光线(Light Line)的右边，符合慢波的特性。选取工作频率为 14 GHz 时，对应不同的 g 和相移量 φ_x。

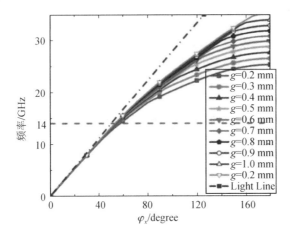

图 5-56　标量阻抗单元的色散曲线图

为了提取标量阻抗 Z_{TM} 与单元间距 g 之间的关系，需将不同 g 对应的不同相位差代入式(5-48)中。重复上述操作，提取单元间距 g 与标量阻抗 Z_{TM} 之间的映射关系。但上述仅仅是离散关系，为了使得误差最小和建模方便，使用 MATLAB 进行多项式数据拟合。获得贴片间距 g 与标量表面阻抗 Z_{TM} 之间的函数关系(式(5-49))，拟合曲线与本征模仿真数据对比如图 5-57 所示。这里选取的单元阻抗值范围为 238～340，所以，平均阻抗 X 的值为 289，调制深度 M 为 179.2。在实际的操作中，需要对 X 和 M 适当优化调整，获取最优值。

$$g = (4.136 \times 10^{-9})Z_{TM}^4 - (5.241 \times 10^{-6})Z_{TM}^3 + (2.523 \times 10^{-3})Z_{TM}^3 - 0.5511Z_{TM} + 46.65$$

$$(5-49)$$

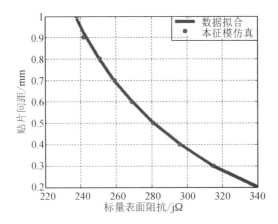

图 5-57　方形贴片间距与标量表面阻抗之间的关系

3. 张量表面阻抗提取

张量表面阻抗是与表面波传播方向相联系的，并且支持传播 TM 模式和 TE 模式的混合模式波，这是与标量表面阻抗本质的区别。本节采用的单元是带缝隙的方形金属贴片，表面波在张量阻抗表面传播示意图如图 5-58 所示。由于单元中间斜缝隙的存在，使得电磁场的 x 和 y 分量之间存在耦合，使得调控圆极化波具备可行性。

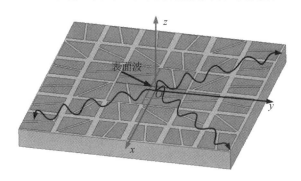

图 5-58　张量阻抗表面与表面波传播示意图

张量表面阻抗是各向异性的，即张量表面阻抗与表面波在某个位置的单元传播方向相关。因此，张量表面阻抗的定义与普通表面阻抗(式(5-43))不同。研究人员根据张量阻抗边界条件进行定义。假设张量阻抗表面为如图 5-58 所示的准周期排列，则张量阻抗边界条件如下：

$$\boldsymbol{E} = \overline{\overline{\boldsymbol{Z}}} \cdot (\hat{z} \times \boldsymbol{H}) = \overline{\overline{\boldsymbol{Z}}} \cdot \boldsymbol{J} \tag{5-50}$$

其中，$\boldsymbol{E}$、$\boldsymbol{H}$、$\boldsymbol{J}$、$\hat{z}$ 分别为矢量电场、矢量磁场、矢量表面电流、xOy 平面的单位法向矢量；$\overline{\overline{\boldsymbol{Z}}}$ 为张量阻抗。

$$\begin{bmatrix} E_x \\ E_y \end{bmatrix} = \begin{bmatrix} Z_{xx} & Z_{xy} \\ Z_{yx} & Z_{yy} \end{bmatrix} \begin{bmatrix} J_x \\ J_y \end{bmatrix} \tag{5-51}$$

将式(5-50)按照 x 和 y 分量展开，得到如式(5-51)所示的等式。从式(5-51)中可以看出，张量阻抗各个分量可以将阻抗表面上电场与表面电流的 x 和 y 分量联系起来，形成某种张量关系。张量阻抗矩阵还需满足能量守恒定律，即要求张量 Z 的每个分量必须是满足 Hermitian(转置共轭)的关系。同时，互易性质又限定每个张量分量必须是纯虚数[7]。由此可知，三个张量阻抗分量 Z_{xx}、Z_{xy} 和 Z_{yy} 为线性不相关的独立分量，得到如下关系式：

$$Z_{xy} = Z_{yx} \tag{5-52}$$

$$\overline{\overline{\boldsymbol{Z}}} = \mathrm{j} \begin{bmatrix} |Z_x| & |Z_{xy}| \\ |Z_{yx}| & |Z_{yy}| \end{bmatrix} \tag{5-53}$$

接下来，推导张量阻抗分量与表面波参数之间的关系。对于位于 xOy 平面的阻抗表面，当远离 xOy 平面时，束缚在分界面的表面波呈指数衰减，如 $\exp(-\mathrm{j}\boldsymbol{k}_t \cdot \boldsymbol{p}) \exp(-\alpha_z z)$，$\boldsymbol{k}_t$、$\boldsymbol{p}$ 分别表示 xOy 平面的横向波矢量及位置矢量。对于 TM 模式表面波，电磁场表达式如下：

$$\boldsymbol{H}_{\mathrm{TM}} = \hat{z} \times \exp(-\mathrm{j}\boldsymbol{k}_t \cdot \boldsymbol{p}) \exp(-\alpha_z z) \tag{5-54}$$

$$\boldsymbol{E}_{\mathrm{TM}} = \frac{-Z_0}{k} (\hat{z}k_t^2 + \mathrm{j}\alpha_z \boldsymbol{k}_t) \cdot \exp(-\mathrm{j}\boldsymbol{k}_t \cdot \boldsymbol{p}) \exp(-\alpha_z z) \tag{5-55}$$

同理，TE 模式表面波的电磁场表达式为

$$\boldsymbol{E}_{\text{TE}} = Z_0 \left[\hat{\boldsymbol{z}} \times \boldsymbol{k}_t \exp(-\mathrm{j}\boldsymbol{k}_t \cdot \boldsymbol{p} - \alpha_z z) \right] \tag{5-56}$$

$$\boldsymbol{H}_{\text{TE}} = \frac{1}{k} (\hat{\boldsymbol{z}} k_t^2 + \mathrm{j}\alpha_z \boldsymbol{k}_t) \exp(-\mathrm{j}\boldsymbol{k}_t \cdot \boldsymbol{p}) \exp(-\alpha_z z) \tag{5-57}$$

对于横向波矢量，可分解为 $\boldsymbol{k}_t = k_x \hat{\boldsymbol{x}} + k_y \hat{\boldsymbol{y}}$，那么表面波在张量阻抗表面上的传播方向和波数可表示如下：

$$\theta_k = \arctan \left(\frac{k_y}{k_x} \right) \tag{5-58}$$

$$k^2 = k_t^2 - \alpha_z^2 = k_x^2 + k_y^2 - \alpha_z^2 \tag{5-59}$$

在波动方程中，每个传播方向的波数由式(5-59)联系起来。在等式(5-60)的限定下，张量阻抗表面上传播的表面波通常是 TM 模式和 TE 模式的混合模式。因此，该混合模式的表面波电磁场可写成如下形式：

$$E = E_{\text{TM}} + \gamma E_{\text{TE}} \tag{5-60}$$

$$H = H_{\text{TM}} + \gamma H_{\text{TE}} \tag{5-61}$$

其中，γ 是占比的分数，即表示 TE 模式波占混合模式的比例。将上述混合电磁场的表达式代入张量阻抗边界条件，即式(5-50)，获得如式(5-62)所示的矩阵形式。在式(5-45)中，α_z/k 称为归一化表面阻抗，而式(5-60)中电场和电流每个分量也含式子 α_z/k，因此称之为张量阻抗的等效归一化标量阻抗。将式(5-60)展开并重新组合之后，获得式(5-63)。若已知张量阻抗分量 Z_{xx}、Z_{xy} 和 Z_{yy} 及表面波传播方向 θ_k，可以求得等效归一化标量阻抗 α_z/k。

$$Z_0 \begin{bmatrix} -\mathrm{j}\dfrac{\alpha_z}{k}\cos\theta_k - \gamma\sin\theta_k \\[2mm] -\mathrm{j}\dfrac{\alpha_z}{k}\sin\theta_k + \gamma\cos\theta_k \end{bmatrix} = \begin{bmatrix} Z_{xx} & Z_{xy} \\ Z_{yx} & Z_{yy} \end{bmatrix} \begin{bmatrix} -\cos\theta_k - \mathrm{j}\gamma\dfrac{\alpha_z}{k}\sin\theta_k \\[2mm] -\sin\theta_k + \mathrm{j}\gamma\dfrac{\alpha_z}{k}\cos\theta_k \end{bmatrix} \tag{5-62}$$

$$\frac{\alpha_z(\theta_k)}{k} = \frac{-\mathrm{j}(Z_0^2 + Z_{xx}Z_{yy} - Z_{xy}^2) \pm \sqrt{\Delta}}{2Z_0(Z_{xx}\sin^2\theta_k + Z_{yy}\cos^2\theta_k - Z_{xy}\sin2\theta_k)} \tag{5-63}$$

其中，参数 $\Delta = b^2 - 4ac$，系数 $a = 4Z_0^2(Z_{xx}\sin^2\theta_k + Z_{yy}\cos^2\theta_k - Z_{xy}\sin2\theta_k)$，$b = \mathrm{j}(Z_0^2 + Z_{xx}Z_{yy} - Z_{xy}^2)$，$c = -(Z_{xx}\cos^2\theta_k + Z_{yy}\sin^2\theta_k + Z_{xy}\sin2\theta_k)$。

在式(5-63)中，"+"支持传播感性的 TM 模式表面波，表示张量阻抗矩阵具有感性本征值，而"-"支持传播容性的 TE 模式表面波，表示张量阻抗矩阵具有容性本征值。α_z/k 称为归于空间波阻抗 Z 的等效归一化标量阻抗，为了更好地与式(5-45)进行对比，表征张量阻抗的等效标量阻抗应该与式(5-46)有类似的形式，写成如式(5-64)所示的形式。$Z(\theta_k)$ 也可以写成各分量 Z_{xx}、Z_{xy}、Z_{yy} 和传播方向 θ_k 的函数形式，如式(5-65)所示。

$$Z(\theta_k) = \mathrm{j}Z_0 \frac{\alpha_z(\theta_k)}{k} \tag{5-64}$$

$$Z(\theta_k) = f(Z_{xx}, Z_{xy}, Z_{yy}, \theta_k) \tag{5-65}$$

至此，完成了等效标量阻抗与表面波传播方向的理论分析工作。从式(5-64)中可知，每个等效标量阻抗值对应每一个传播方向，张量阻抗分量均与传播方向存在某种关系，这是与标量阻抗之间本质的区别。

下面通过电磁仿真进一步探索研究张量阻抗与单元物理参数之间的关系。采用斜缝隙方形金属贴片作为张量阻抗单元，介电常数为 2.2，介质基板的厚度为 1.6 mm，晶格周期为 3 mm，CST 仿真示意图如图 5-59 所示。选取参数 $g_s = 0.2$ mm，$g = 0.2$ mm，$\theta_s = 30°$。在 x 方向和 y 方向设置 φ_x 和 φ_y 参数扫描，其他与标量阻抗单元仿真设置一致，提取每组色散曲线，如图 5-60 所示。从图 5-60 中可以看出，色散曲线间距合适，没有聚集在某一点处，方便后续阻抗提取。在频率 17 GHz 处，从色散曲线图中选取 5 组不同表面波传播方向 θ_k 及等效标量阻抗 $Z(\theta_k)$ 数据，求解非线性方程组 (5-64)，获得 Z_{xx}、Z_{xy} 和 Z_{yy} 的数值解。然后重新代入等效标量阻抗式 (5-62)，获取等效标量值随方向传播的椭圆曲线，如图 5-61 所示。从图中可以看出，红色点是本征模仿真的数据，椭圆曲线是拟合之后的曲线，整体拟合的较好。

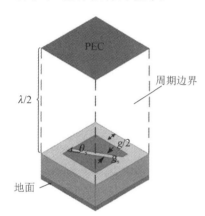

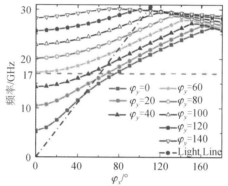

图 5-59　张量阻抗单元仿真示意图　　图 5-60　张量阻抗单元的色散曲线

　　若每一对参数 g 和 θ_s 都重复上述色散曲线提取和非线性方程组求解的操作，数据量将十分庞大，也不利于阵列建模。因此，利用等效标量阻抗最大值 $Z(\theta_{k\max})$ 及其对应的传播方向 $\theta_{k\max}$ 表征整个椭圆曲线的信息。这就意味着当等效标量阻抗取最大值时，在该方向的电场值是最大的，即 $E = Z(\theta_{k\max}) \cdot J$ 最大，且表面波的传播方向也由 $\theta_{k\max}$ 主导。这将有利于对两个独立参量 g 和 θ_s 进行一一映射。当参数 $g_s = 0.2$ mm，$g = 0.2$ mm，斜缝隙角度 θ_s 为 30°、60°、80°、90°、110°、130° 时，分别重复上述色散曲线仿真和非线性方程组求解操作，如图 5-61 所示。从图中可以看出，仅斜缝隙角度 θ_s 变化时，等效标量阻抗最大值在 364 Ω 上下浮动，且变化不大。椭圆曲线最大值对应的角度 $\theta_{k\max}$ 与斜缝隙角度 θ_s 基本一致。因此，我们可以推断，斜缝隙角度 θ_s 主要影响表面波传播方向 $\theta_{k\max}$，而对等效表面阻抗最大值几乎没有影响。这里使用的是 CST2019 环境中的本征模求解器，所以不存在论文中[8] 本征频率跳变的问题，且误差更小。

$$Z(\theta_{k1}) = f(Z_{xx}, Z_{xy}, Z_{yy}, \theta_{k1})$$
$$Z(\theta_{k2}) = f(Z_{xx}, Z_{xy}, Z_{yy}, \theta_{k2})$$
$$Z(\theta_{k3}) = f(Z_{xx}, Z_{xy}, Z_{yy}, \theta_{k3}) \qquad (5-66)$$
$$Z(\theta_{k4}) = f(Z_{xx}, Z_{xy}, Z_{yy}, \theta_{k4})$$
$$Z(\theta_{k5}) = f(Z_{xx}, Z_{xy}, Z_{yy}, \theta_{k5})$$

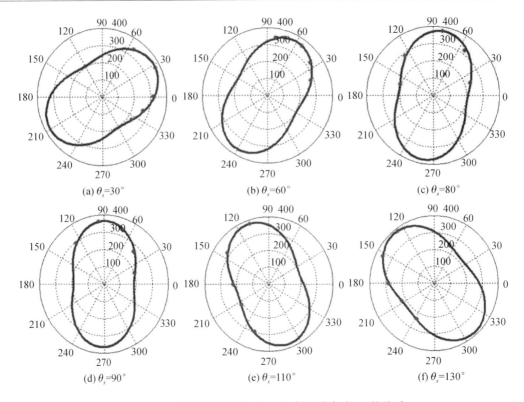

图 5-61　等效标量阻抗 $Z(\theta_k)$ 与斜缝隙角度 θ_s 的关系

接下来，分析金属贴片间距 g 对等效标量阻抗最大值及其对应方向有何影响。同理，固定 $g_s = 0.2$ mm，$\theta_s = 120°$，选取 g 为 0.1 mm、0.5 mm、0.9 mm，重复本征模仿真及非线性方程组求解，获得张量阻抗分量 Z_{xx}、Z_{xy} 和 Z_{yy} 的值。将其代入式(5-66)，使用 MATLAB 可视化等效标量阻抗 $Z(\theta_k)$ 随传播方向 θ_k 的变化曲线，如图 5-62 所示。从图中可知，仅金属贴片间距 g 改变时，等效标量阻抗最大值从 399 Ω 下降至 261 Ω。而椭圆曲线最大值对应方向在 119.6°左右，误差可忽略不计，与缝隙角度 120°几乎相等。

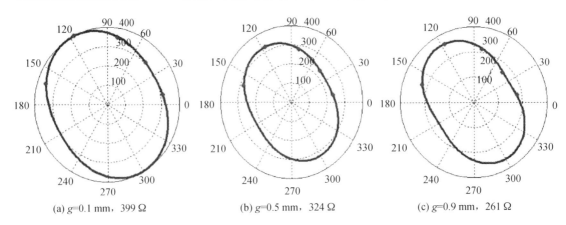

图 5-62　等效标量阻抗 $Z(\theta_k)$ 与贴片间距 g 的关系

由此可以推断，金属贴片间距 g 对等效标量阻抗最大值 $Z(\theta_{k\max})$ 影响较大，且存在某种映射关系，而对表面波传播方向影响甚微。根据仿真数据分析可知，可以利用缝隙角度 θ_s 调控表面波传播方向 $\theta_{k\max}$，贴片间距 g 控制等效标量阻抗最大值 $Z(\theta_{k\max})$。经过多次仿真验证后，MATLAB 数据拟合结果如图 5-63 所示，物理参数和模型结构之间的函数关系式如式(5-67)和式(5-68)所示，为后续的建模提供很大方便。

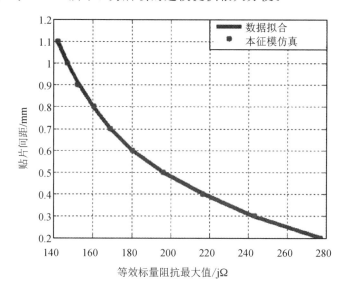

图 5-63　等效标量阻抗的最大值 $Z(\theta_{k\max})$ 与贴片间距 g 之间的关系

$$g = (5.2\times10^{-9})\,Z(\theta_{k\max})^4 - (4.9\times10^{-6})\,Z(\theta_{k\max})^3 +$$
$$0.0017Z(\theta_{k\max})^2 - 0.2704(\theta_{k\max}) + 16.94 \tag{5-67}$$
$$\theta_s = \theta_{k\max} \tag{5-68}$$

其实，等效标量阻抗曲线中的阻抗最大值及对应的角度是与阻抗张量 Z 的本征值和本征矢量一一对应的。所以可以通过求解阻抗张量 Z 的本征值和本征矢量反过来验证上述所求解的等效标量阻抗最大值及其方向是否准确。自此，阻抗提取的步骤已经完成，对比标量阻抗和张量阻抗提取过程，张量阻抗提取过程较为复杂，但却有很大的研究意义。

5.5.3　全息阻抗调制

全息阻抗调制分为标量阻抗调制和张量阻抗调制，这是设计全息天线的关键步骤，其实质是为了提取参考波与目标辐射波的干涉图。它们之间的区别是：参考波和目标辐射波是否存在矢量场。目前关于全息天线的研究大部分是基于波束的方向调控，关于极化调控甚少。本节将开展基于标量全息阻抗表面和张量全息阻抗表面实现对波束极化的调控研究。

1. 标量阻抗分布图

阻抗调制就是源天线产生的参考场与目标辐射场进行干涉之后得到阻抗分布图。在本节中，以垂直于 xOy 平面的单极子天线作为馈源天线，其激励起的参考场可近似为柱面波，可用式（5 - 69）表示。

$$\psi_{\mathrm{rad}} = \exp(-jkn\rho) \tag{5-69}$$

其中，n 为等效折射率，ρ 为 xOy 平面的位置函数。假设目标辐射场是 φ_{b}、θ_{b} 方向的笔形波束，则场表达式如式（5 - 70）所示。根据场的干涉定义，参考场与目标辐射场的干涉表达式如式（5 - 71）。

$$\psi_{\mathrm{rad}} = \exp(-jk\sin\theta_{\mathrm{b}}(x\cos\varphi_{\mathrm{b}} + y\sin\varphi_{\mathrm{b}})) \tag{5-70}$$

$$
\begin{aligned}
Z(x, y) &= j[X + M\mathrm{Re}(\psi_{\mathrm{rad}} \cdot \psi_{\mathrm{surf}}^{*})] \\
&= j[X + M\cos(kn\rho - k\sin\theta_{\mathrm{b}}(x\cos\varphi_{\mathrm{b}} + y\sin\varphi_{\mathrm{b}}))]
\end{aligned}
\tag{5-71}
$$

其中，X、M 分别为平均阻抗和调制深度，与标量阻抗提取过程中拟合的单元阻抗范围有关。而参数 $\rho = \sqrt{x^2 + y^2}$，是全息图中每个单元的位置。

2. 张量阻抗分布图

张量阻抗全息图是广义化的标量阻抗全息图，张量阻抗调制因其辐射场和参考场都是矢量场，相对标量而言，更加复杂。目标辐射场[9]为右旋圆极化波时，其矢量波表达式为式（5 - 72），而左旋圆极化波的矢量表达式如式（5 - 73），表达式中，$\boldsymbol{r} = (x, y, z)$，$\boldsymbol{k} = k_0(\sin\theta\cos\varphi, \sin\theta\sin\varphi, \cos\theta)$，$k_0$ 为自由空间的波数。而参考场为单极子天线产生的矢量柱面波，$\boldsymbol{k}_t$ 为表面波的波矢量，$\rho = \sqrt{x^2 + y^2}$，表达式如下：

$$\boldsymbol{E}_{\mathrm{rad}}^{R} = (-\sin\varphi + j\cos\theta\cos\varphi, \cos\varphi + j\cos\theta\cos\varphi, -j\sin\theta)\exp(-j\boldsymbol{k} \cdot \boldsymbol{r} - jl\varphi) \tag{5-72}$$

$$\boldsymbol{E}_{\mathrm{rad}}^{L} = (-\sin\varphi - j\cos\theta\cos\varphi, \cos\varphi - j\cos\theta\cos\varphi, -j\sin\theta)\exp(-j\boldsymbol{k} \cdot \boldsymbol{r} - jl\varphi) \tag{5-73}$$

$$\boldsymbol{J}_{\mathrm{surf}} = \frac{(x, y, 0)}{\rho}\exp(-j\boldsymbol{k} \cdot \boldsymbol{r} - jl\varphi) \tag{5-74}$$

由能量守恒原理和互易性定理的限定，可以得到全息张量阻抗调制公式为

$$Z = \begin{bmatrix} Z_{xx} & Z_{xy} \\ Z_{yx} & Z_{yy} \end{bmatrix} = j\begin{bmatrix} X & 0 \\ 0 & X \end{bmatrix} + j\frac{M}{2}\mathrm{Im}(\boldsymbol{E}_{\mathrm{rad}} \otimes \boldsymbol{J}_{\mathrm{surf}}^{+} - \boldsymbol{J}_{\mathrm{surf}} \otimes \boldsymbol{E}_{\mathrm{rad}}^{+}) \tag{5-75}$$

其中，符号"$\otimes$"表示向量外积，而右上角的"$+$"表示转置共轭，X、M 分别表示等效标量阻抗最大值曲线的平均阻抗和调制深度。本节选取右旋圆极化波为研究对象，将参考场与目标辐射场右旋圆极化代入式（5 - 75），可得到三个张量阻抗分量如下：

$$Z_{xx} = X + M\frac{x}{\rho}\cos\theta\cos\beta \tag{5-76}$$

$$Z_{xy} = \frac{M}{2\rho}(y\cos\theta\cos\beta - x\sin\beta) \tag{5-77}$$

$$Z_{yy} = X - M\frac{y}{\rho}\sin\beta \tag{5-78}$$

其中，$\beta = k_0 x\sin\theta\cos\varphi + k_0 y\sin\theta\sin\varphi + l\varphi - k_t\rho$。

5.5.4　全息阻抗圆极化天线

传统的标量阻抗表面研究均是工作在相位匹配频率下。由于前向波和后向波具有相同的相位，使得主波束方向的同极化分量增益高，而交叉极化分量增益小。比如，全息阻抗表面使用单极子天线馈电时，最终设计的全息天线的极化只能是垂直极化。目前也有文献[10, 11]通过调整全息干涉图，使全息阻抗表面工作在非相位匹配频率处，以提高交叉极化分量的增益，即获得水平极化的全息天线。接下来，通过调整四个象限的标量阻抗分布、调控水平和垂直极化分量值，实现左旋圆极化辐射。

1. 标量阻抗可视化

为了使标量全息阻抗表面具有调控圆极化波的能力，本节设计一个能够辐射左旋圆极化波的标量全息阻抗表面。采用 5.4 节中讨论的方形金属单元，设计的主波束方向为 $\varphi = 0$，$\theta = 45°$，60×60 个单元数，工作频率设置在 12 GHz。在式 $(5-71)$ 的基础上进行修改，调整全息干涉图，添加补偿相位 π，使得辐射电场正交分量之间获得 $90°$ 的相位差。阻抗调制表达式如下：

$$Z_1(x, y) = \begin{cases} X + M\cos(k, \rho - kx\sin\theta), & x \leqslant 0 \\ X + M\cos(k, \rho - kx\sin\theta + \pi), & x > 0 \end{cases} \quad (5-79)$$

$$Z_2(x, y) = \begin{cases} X + M\cos\left(k, \rho - kx\sin\theta + \dfrac{\pi}{2}\right), & y \leqslant 0 \\ X + M\cos\left(k, \rho - kx\sin\theta + \dfrac{3\pi}{2}\right), & y > 0 \end{cases} \quad (5-80)$$

$$Z(x, y) = \frac{Z_1(x, y) + Z_2(x, y)}{2} \quad (5-81)$$

上述公式是对水平极化和垂直极化的阻抗分布进行相应调整，使用 MATLAB 将式 $(5-79)$ 的全息阻抗分布图可视化，如图 5-64 所示，并与未进行相位补偿的全息图进行对比。

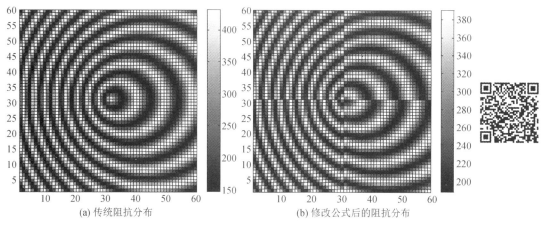

(a) 传统阻抗分布　　　　　　　　(b) 修改公式后的阻抗分布

图 5-64　标量全息阻抗分布

从阻抗分布图 5-64 中可以看出，与传统的全息图相比，由于补偿了相位差，相邻的象限之间阻抗分布衔接的不完美。正是衔接的不完美，使得辐射圆极化波成为可能。为了获得实际的物理结构，需要将阻抗分布转换成单元的结构参数分布，即根据拟合曲线公式一一映射而成。位于阻抗表面阵列的中心是单极子天线，高度为 6.25 mm，作为馈源辐射表面波，结构如图 5-65 所示。

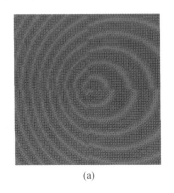
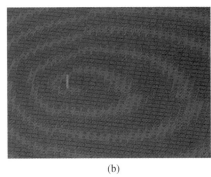

(a)　　　　　　　　　　　　　　(b)

图 5-65　标量阻抗表面局部结构图

2. 全波仿真分析

经过上一节的理论设计分析，下面需要对相位补偿后的标量阻抗表面进行仿真验证。将在 HFSS 环境下进行电磁仿真，得到其散射参数 S_{11}，如图 5-66 所示。从仿真结果可以看出，在工作频率 12 GHz 处的 S_{11} 为 -24.8 dB，并且在整个频带附近范围内，均满足 $S_{11} < -10$ dB 的要求，说明输入端阻抗匹配较好。

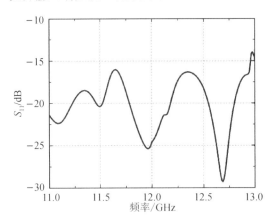

图 5-66　标量阻抗表面的 S_{11} 仿真结果

接下来，给出该天线在 xOz 平面的远场辐射方向图的仿真结果，如图 5-67 所示。从图中可以观察到，在主波束方向 $\theta = 45°$ 时，左旋圆极化增益分量为 19.2 dB，而右旋圆极化增益分量为 -4.3 dB，即左旋圆极化分量大于右旋圆极化分量 23.5 dB，满足圆极化轴比要求（大于 15 dB）。由于本节研究的工作频率是单频，下面给出轴比随俯仰角变化的仿真结果，如图 5-68 所示。从图中可以明显看出，在 $\theta = 45°$ 时，轴比为 2.52 dB，满足设计要求。从而验证了标量全息阻抗表面能够产生左旋圆极化波。

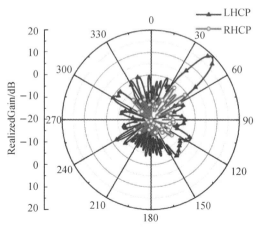

图 5 - 67　远场辐射方向图的仿真结果

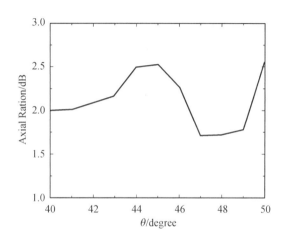

图 5 - 68　轴比随俯仰角 θ 的曲线变化图

　　综上，从各参数的仿真结果分析可以得出，标量全息阻抗表面通过适当的相位补偿，电场的正交方向分量之间满足 90° 的相位差，从而产生了左旋圆极化波辐射，验证了上述方法的可行性，为后续关于标量全息实现圆极化调控研究提供支持。

5.5.5　张量阻抗表面天线

　　尽管标量全息可以实现圆极化电磁波，但是调控并不灵活，且可设计的圆极化天线单一，无法实现多功能的圆极化阻抗表面，比如多波束、波束偏转等。因而有人提出使用张量阻抗的概念实现圆极化波辐射，本节将设计一个低剖面的圆极化 OAM 涡旋波产生器。

1. 张量阻抗可视化

　　相对全息标量阻抗而言，张量阻抗专门用来调控电磁波的极化。正如上节分析所示，使用 3 个独立的张量阻抗分量调控圆极化波。本节借用全息干涉的概念设计一个法向辐射圆极化涡旋波的张量阻抗表面。该阻抗表面工作频率为 17 GHz，相对介电常数为 2.65，阻

抗表面由 60×60 个单元组成。使用前文所述的缝隙方形贴片作为张量阻抗单元。

根据理论设计要求，将各参数 $\theta=0$、$\varphi=0$、模态数 $l=1$ 分别代入式(5-74)、式(5-75)、式(5-76)，使用 MATLAB 可视化各个张量阻抗分布，如图 5-69 所示。将上述所计算得到的张量阻抗分量值代入式(5-74)，提取等效标量阻抗最大值 $Z(\theta_{k\max})$ 及 $\theta_{k\max}$，如图 5-69 中的物理参数 g 和 θ_s 分布。从图 5-69 中可以看出，张量阻抗分量 Z_{xy}、贴片间距 g、斜缝隙角度 θ_s 的分布呈现螺旋状。

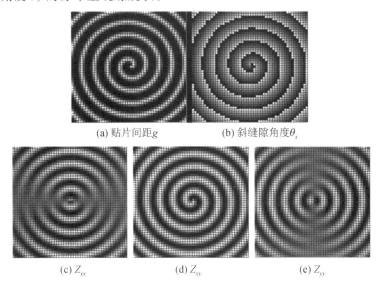

(a) 贴片间距 g (b) 斜缝隙角度 θ_s

(c) Z_{xx} (d) Z_{xy} (e) Z_{yy}

图 5-69 张量阻抗表面参数分布

2. 全波仿真分析

根据图 5-69 所示的参数分布，联合建模得到模型结构，如图 5-70 所示。从俯视图 5-70(a)可以看出，整体呈现平面螺旋状结构。局部结构图 5-70(b)的中心圆柱为馈源单极子天线，且高度为 4.45 mm，由它激励的矢量表面波作为参考源。通过位于表面不同位置的张量阻抗对它进行调制，将表面波转换为圆极化 OAM 涡旋波辐射。在 HFSS 环境中进行电磁仿真，提取主要参数的仿

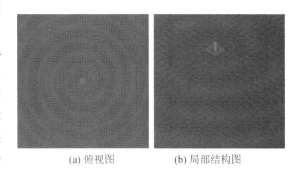

(a) 俯视图   (b) 局部结构图

图 5-70 张量阻抗表面物理结构图

真结果。首先，需要观察该张量阻抗调制天线是否正常工作，观察散射参数 S_{11} 的仿真结果，如图 5-71 所示。从图中看出，在 17 GHz 时的 S_{11} 为 -26.8 dB 中，可知天线的输入端的匹配较好。在工作频率 17 GHz 时，该天线在 $\varphi=0$ 平面的主极化和交叉极化的远场辐射方向图仿真结果如图 5-72 所示。从仿真结果来看，在理论设计的方向，即垂直于阻抗表面的法向方向上，右旋圆极化增益分量出现了中心凹陷，符合涡旋波远场特征。同时，在俯仰角 θ 为 5°或者 -5°上，右旋圆极化增益分量获得最大增益 17.8 dB。而左旋圆极化分量的

增益均小于 -14 dB，即在最大增益方向上主极化大于交叉极化 31.8 dB。因而，极化旋向符合前面的理论设计。正如图 5-73 的轴比随俯仰角 θ 曲线变化所示，轴比在半功率波束宽度范围内较好，在 $\theta=5°$ 时，轴比为 2.48 dB，且在一定的角度范围内，均满足 AR<3 dB 的圆极化要求。

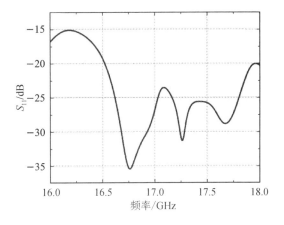

图 5-71　散射参数 S_{11} 的仿真结果

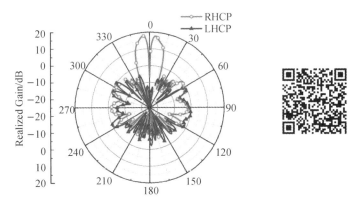

图 5-72　远场辐射方向

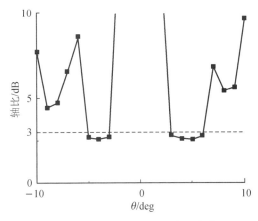

图 5-73　轴比随俯仰角 θ 曲线变化图

接下来，在 HFSS 电磁仿真环境中 $z = 1.5$ m 处设置观察面，提取圆极化电场幅度和相位分布，如图 5 - 74 所示。从图中可以明显看出，电场相位携带一个螺旋臂，涡旋相位整体完好，且电场幅度呈现圆环周围能量强、中心能量弱的特点，与 OAM 涡旋波的特征相吻合。

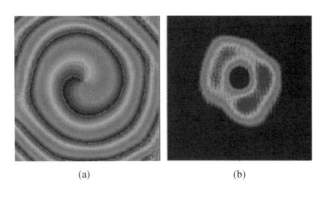

(a)   (b)

图 5 - 74   圆极化涡旋波电场分布

综上，仿真结果符合预期的设想，与理论设计吻合较好。从而证明此类张量阻抗表面是可以产生右旋圆极化的 OAM 涡旋波。至此，完成了张量阻抗表面的所有设计过程。尽管张量阻抗表面的设计过程相对较为复杂，然而它的优势显而易见。相比于传统的空中馈电方式，全息阻抗具有低剖面以及容易共形在柱面或球面的能力。

本节围绕两个全息天线模型进行相关的理论分析、仿真设计。简要回顾了传统全息天线调控电磁波的优缺点及目前存在问题。在此基础上，进一步探索研究全息阻抗表面。首先，研究的是标量全息天线模型，详细地分析了标量阻抗提取和调制的过程。在传统标量全息模型的基础上添加补偿相位 π，设计一个工作在 12 GHz 的左旋圆极化天线。全波仿真结果和理论分析吻合良好，验证了标量全息阻抗实现极化调控的可行性。其次，设计的是张量全息天线模型，讨论了张量阻抗表面与标量阻抗表面在阻抗提取及调制上的关系，并指出了与标量调制理论的区别所在。以张量阻抗调制表面为背景，将涡旋相位加载到阻抗调制公式中。设计一个工作频率为 17 GHz、模态数 $l = -1$ 的左旋圆极化的张量阻抗表面。仿真结果表明张量阻抗表面能够用来控制轨道角动量。本节介绍的方法将成为一种新型的 OAM 涡旋波产生器。

参 考 文 献

[1] YU N，GENEVET P，KATS M A，et al. Light propagation with phase discontinuities：generalized laws of reflection and refraction［J］. science，2011，334(6054)：333 - 337.

[2] ZHUANG Y，WANG G，ZHANG C，et al. Single-layer transmissive phase gradient metasurface with high-efficiency anomalous refraction［C］. IEEE International

Conference on Microwave and Millimeter Wave Technology. IEEE，2016：1018－1020.

［3］ HASMAN E，KLEINER V，BIENER G，et al. Polarization dependent focusing lens by use of quantized Pancharatnam-Berry phase diffractive optics［J］. Applied Physics Letters，2003，82(3)：328－330.

［4］ S WEIGAND，K M LUK. Analysis and design of broad-band single-layer rectangular U-slot microstrip patch antennas［J］. IEEE Transactions on Antennas and Propagation，2003，51(3)：457－468.

［5］ LIU K，LIU H，QIN Y，et al. Generation of OAM Beams Using Phased Array in the Microwave Band［J］. IEEE Transactions on Antennas & Propagation，2016，64(9)：3850－3857.

［6］ YU S，LI L，SHI G，et al. Design，fabrication，and measurement of reflective metasurface for oribital angular momentum vortex wave in radio frequency domain ［J］. Applied Physics Letters，2016，108(12)：121903-1-121903-5.

［7］ FONG B H，COLBURN J S，OTTUSCH J J，et al. Scalar and tensor holographic artificial impedance surfaces［J］. IEEE Transactions on Antennas and Propagation，2010，58(10)：3212－3221.

［8］ 龙宇. 全息张量阻抗调制表面天线研究［D］. 成都：电子科技大学，2012.

［9］ WAN X，CHEN T Y，ZHANG Q，et al. Manipulations of Dual Beams with Dual Polarizations by Full-Tensor Metasurfaces［J］. Advanced Optical Materials，2016，4(10)：1567－1572.

［10］ PANDI S. Holographic Metasurface Leaky Wave Antennas［D］. Tempe：Arizona State Universit y，2017.

［11］ 张静雅. 标量全息阻抗表面天线设计［D］. 西安：西安电子科技大学，2018.